高原航空概论

易健宏　主编
朱兴东　张靠民　副主编

科学出版社
北　京

内 容 简 介

本书围绕高原航空器、航空环境、航空运行与保障、机场运行与保障、航空器维修与可靠性、飞行、航空应急救援和通用航空8个方面，在注重知识体系完整性的基础上，突出高原航空特色，并结合国家现行相关标准和规定编写而成。本书系统介绍了民航基本概念、基础知识和发展现状，并力求对高原航空做比较全面的介绍。

本书可作为高等教育民航类专业的学生教材和教学参考书，也可供从事航空及相关领域工作的科研、生产等工程技术人员参考。

图书在版编目（CIP）数据

高原航空概论/易健宏主编. —北京：科学出版社，2024.2
ISBN 978-7-03-077951-9

Ⅰ. ①高⋯ Ⅱ. ①易⋯ Ⅲ. ①高原－航空运输－高等学校－教材 Ⅳ. ①V2

中国国家版本馆 CIP 数据核字（2024）第 013925 号

责任编辑：叶苏苏　程雷星/责任校对：郝甜甜
责任印制：罗　科/封面设计：义和文创

科学出版社 出版
北京东黄城根北街16号
邮政编码：100717
http://www.sciencep.com

四川煤田地质制图印务有限责任公司 印刷
科学出版社发行　各地新华书店经销

*

2024年2月第 一 版　开本：787×1092　1/16
2024年2月第一次印刷　印张：14
字数：341 000
定价：99.00元
（如有印装质量问题，我社负责调换）

前　言

　　交通运输业是基础性、先导性、战略性和服务性产业，是经济社会发展的重要支撑和强力保障，构成了经济的脉络和文明的纽带。民航运输具有快速、远程、舒适、安全的特点，在现代交通运输体系中具有不可替代的优势，在国民经济建设与社会发展中发挥着越来越重要的作用。新中国成立至今，我国民航业取得了举世瞩目的伟大成就，中国民航强国建设稳步推进。2020 年，我国民航在运输规模上首次超过美国，位居世界第一，我国民航的国际地位和影响力与日俱增。

　　民航业专业集成度高、学科交叉特色鲜明，培养高素质复合型民航人才是保障民航业高质量发展的基础。在新发展阶段，新理论、新技术不断涌现，新型航空器、大数据技术、高通量通信技术、星基导航监视技术等不断融入民航、服务民航，推动民航领域技术创新。在这种背景下，大批高等院校、科研院所积极主动推进国家民航强国战略，在民航科技创新、高素质人才培养等方面积极行动，开展民航科研育人服务，以实际行动支撑国家发展战略。

　　高原机场具有海拔高、空气稀薄、气候多变和地形复杂等特点。我国是高原机场和高高原机场较多的国家，拥有世界上目前最多的高高原机场。云南作为我国民航大省，不但航空运输规模长期位居我国前列，而且航空运输环境独具高原特色。本着服务民航、教书育人的初心，本课程团队在易健宏教授的带领下，经过五年时间的学习积累，吸收前人研究成果，凝练高原航空特色，尝试编写了本书。

　　本书统编工作由易健宏、朱兴东、张靠民完成。第 1 章由朱兴东、张靠民编写，第 2 章由杨晓峰、邹杨坤编写，第 3 章由张靠民、秦宇焘编写，第 4 章由肖蘅编写，第 5 章由严荣编写，第 6 章由夏丰领、赵成俊编写，第 7 章由郭建波编写，第 8 章由杨剑挺、邵小路编写，最后由易健宏、朱兴东、张靠民进行系统的修改校订。研究生郑博文、李世林、赵雪睿等参与了书中部分图表的制作，朱颖墨博士对第 2 章提出了宝贵建议，在此一并感谢。

　　由于民航领域学科交叉特色突出，高原航空的知识面也非常广泛，加之编者水平有限，书中难免存在疏漏和不足之处，敬请读者批评指正。

编　者

2023 年 6 月

目 录

前言
第1章 绪论 ··· 1
  1.1 民航与高原航空 ·· 1
    1.1.1 人类航空活动发展概况 ·· 1
    1.1.2 民用航空的定义和分类 ·· 6
    1.1.3 民用航空发展现状与趋势 ··· 7
    1.1.4 高原航空基本概念 ··· 10
  1.2 航空器与飞机 ··· 11
    1.2.1 航空器与飞机的分类 ·· 11
    1.2.2 飞机的主要结构 ·· 13
    1.2.3 飞机主要系统及作用 ·· 14
  1.3 飞行原理 ·· 17
    1.3.1 空气动力学基本概念 ·· 17
    1.3.2 飞行力学基本概念 ··· 18
  1.4 民用航空组织与管理机构 ··· 21
    1.4.1 中国民用航空管理机构 ··· 21
    1.4.2 国际民航组织 ··· 22
    1.4.3 国际航空运输协会 ··· 23
  1.5 航空运行控制 ··· 24
    1.5.1 航空运行控制概况 ··· 24
    1.5.2 我国航空运行控制发展概况 ·· 25
  思考题 ·· 26
  参考文献 ·· 26
第2章 高原航空环境 ·· 28
  2.1 航空地理概述 ··· 28
  2.2 地球运动与飞行 ·· 28
    2.2.1 地球运动 ··· 28
    2.2.2 飞行导航 ··· 30
    2.2.3 时间与时差 ·· 31
  2.3 航空运输布局 ··· 33
    2.3.1 航空运输布局概述 ··· 33
    2.3.2 世界航空区域的划分 ·· 35

2.3.3　中国航空运输地理概况……………………………………35
　　2.3.4　中国高原航空运输地理……………………………………37
2.4　航空运输布局的影响因素……………………………………………40
　　2.4.1　地理位置对航空布局的影响………………………………40
　　2.4.2　自然条件对航空布局的影响………………………………40
　　2.4.3　经济因素对航空布局的影响………………………………41
　　2.4.4　科技因素对航空布局的影响………………………………42
2.5　航空气象………………………………………………………………43
　　2.5.1　航空气象基本要素…………………………………………44
　　2.5.2　航空危险天气………………………………………………49
2.6　高原航空环境特征……………………………………………………52
　　2.6.1　青藏高原航空环境特征……………………………………52
　　2.6.2　云贵高原航空环境特征……………………………………55
2.7　典型高原机场的地理和航空气象特征………………………………60
　　2.7.1　国内典型高原机场…………………………………………60
　　2.7.2　国内典型高高原机场………………………………………62
思考题…………………………………………………………………………65
参考文献………………………………………………………………………66

第3章　高原航空运行与保障……………………………………………67
3.1　航空运行概况…………………………………………………………67
　　3.1.1　航空公司运行合格审定基本概念…………………………67
　　3.1.2　运行控制中心基本框架与职能……………………………69
　　3.1.3　航班计划与管理基本概念…………………………………72
3.2　高原航空运行与保障…………………………………………………72
　　3.2.1　高原航线规划基本原则……………………………………72
　　3.2.2　高原航线运行基本要求……………………………………73
　　3.2.3　高原航线运行保障重点……………………………………75
3.3　高原运行签派放行规则………………………………………………80
　　3.3.1　航空器放行评估重点………………………………………80
　　3.3.2　机组放行评估重点和影响…………………………………84
　　3.3.3　进近区域气象要素最低标准和影响………………………86
思考题…………………………………………………………………………87
参考文献………………………………………………………………………88

第4章　高原机场运行与保障……………………………………………89
4.1　机场运行概述…………………………………………………………89
　　4.1.1　机场的概念及发展…………………………………………89
　　4.1.2　机场的功能分区……………………………………………95
　　4.1.3　机场的管理模式……………………………………………102

4.2 高原机场概述 ··· 103
4.2.1 高原机场的概念及发展 ··· 103
4.2.2 高原机场对航空运行的影响 ·· 104
4.2.3 高原机场在经济发展中的作用 ··· 107
4.3 机场的运营管理 ··· 108
4.3.1 机场的组织与职能 ··· 108
4.3.2 机场的运行服务 ·· 110
4.3.3 机场的财务管理 ·· 112
4.3.4 机场的社会关系管理 ·· 113
4.4 高原机场的发展和规划 ··· 114
4.4.1 高原机场的总体规划 ·· 114
4.4.2 高原机场的容量 ·· 115
4.4.3 高原机场的发展趋势 ·· 116
思考题 ·· 117
参考文献 ··· 117

第 5 章 高原航空器维修与可靠性 ··· 119
5.1 飞机维修概论 ·· 119
5.1.1 维修的定义及维修分类 ··· 119
5.1.2 维修单位要求 ··· 120
5.1.3 维修人员要求 ··· 121
5.1.4 民用航空维修人员执照管理规则 ·· 122
5.2 持续适航管理 ·· 123
5.2.1 维修单位适航文件 ··· 123
5.2.2 常用维修手册 ··· 123
5.3 航空维修思想及其发展 ··· 125
5.3.1 维修指导小组的产生 ·· 125
5.3.2 程序主导型维修 ·· 125
5.3.3 任务主导型维修 ·· 128
5.3.4 航空器典型故障模式 ·· 132
5.3.5 航空器可靠性保障 ··· 133
5.4 高原运行维修与保障 ·· 134
5.4.1 高原航空器系统要求 ·· 134
5.4.2 高原运行航空器维修保障要求 ··· 135
5.4.3 高高原机场运行可靠性方案 ·· 138
5.4.4 实施高高原机场运行飞机维修单位的管理要求 ···································· 140
思考题 ·· 140
参考文献 ··· 141

第 6 章　高原飞行 …………………………………………………………………… 142
6.1　飞行基本规则 ……………………………………………………………… 143
6.1.1　目视飞行规则 ………………………………………………………… 143
6.1.2　仪表飞行规则 ………………………………………………………… 146
6.2　航空发动机及其高原性能 ………………………………………………… 148
6.2.1　航空发动机简介及性能分析 ………………………………………… 149
6.2.2　高原环境对航空发动机起动性能的影响 …………………………… 153
6.2.3　高原环境对航空发动机推力性能的影响 …………………………… 154
6.3　航空器及其高原性能 ……………………………………………………… 154
6.3.1　飞行原理 ………………………………………………………………… 155
6.3.2　高原环境对飞机性能的影响 ………………………………………… 158
6.4　高原环境对飞行的影响 …………………………………………………… 159
6.4.1　高原环境影响飞行的主要因素 ……………………………………… 159
6.4.2　起飞离场 ………………………………………………………………… 161
6.4.3　进近着陆 ………………………………………………………………… 164
6.4.4　快速过站 ………………………………………………………………… 166
思考题 …………………………………………………………………………… 167
参考文献 ………………………………………………………………………… 168

第 7 章　高原航空应急救援 ………………………………………………………… 169
7.1　概述 …………………………………………………………………………… 169
7.1.1　高原航空应急救援的概念 …………………………………………… 169
7.1.2　高原航空应急救援的主体 …………………………………………… 170
7.1.3　高原航空应急救援类型及特征 ……………………………………… 171
7.1.4　高原航空应急救援的原则 …………………………………………… 172
7.2　高原机场应急救援 ………………………………………………………… 173
7.2.1　高原机场应急救援概述 ……………………………………………… 173
7.2.2　高原机场应急救援计划 ……………………………………………… 176
7.2.3　高原机场应急救援的组织结构与运行机制 ………………………… 180
7.2.4　高原机场医学紧急事件 ……………………………………………… 183
7.3　高原航线飞行突发事件应急救援 ………………………………………… 185
7.3.1　高原航线飞行突发事件应急救援概述 ……………………………… 185
7.3.2　高原航线飞行突发事件应急救援的响应 …………………………… 186
7.3.3　高原航线飞行航空器失事应急救援案例 …………………………… 186
7.3.4　高原航线飞行过程中非法干扰行为的应急救援 …………………… 188
思考题 …………………………………………………………………………… 192
参考文献 ………………………………………………………………………… 192

第 8 章　通用航空 …………………………………………………………………… 193
8.1　通用航空概述 ……………………………………………………………… 193

8.1.1　通用航空定义及内涵 ……………………………………………… 193
　　8.1.2　通用航空管理 ………………………………………………………… 196
　　8.1.3　通用航空运行与保障 ………………………………………………… 199
　　8.1.4　通用航空发展趋势 …………………………………………………… 203
8.2　高原通用航空 …………………………………………………………………… 205
　　8.2.1　高原通用航空器 ……………………………………………………… 206
　　8.2.2　高原通用机场 ………………………………………………………… 206
　　8.2.3　通用航线高原特性 …………………………………………………… 208
　　8.2.4　通用航空高原运行与管理特点 ……………………………………… 208
思考题 ……………………………………………………………………………………… 210
参考文献 …………………………………………………………………………………… 210
附录　中英文释义 ……………………………………………………………………… 211

第 1 章 绪　　论

交通运输业是国家的公益性事业，其发展水平在某种程度上代表了一个国家的经济发展水平。航空运输是交通运输的一种重要模式，是综合运输系统的一部分，是现代人类文明的标志之一。航空运输通过飞机的快速飞行实现人和物的长距离便捷运输，与陆路运输、水路运输既相互竞争又相辅相成，共同组成国家综合运输系统。

1.1 民航与高原航空

航空运输、铁路运输、公路运输、水路运输和管道运输是当今世界的五大运输方式，航空运输是其中重要的一种。自从 1903 年美国莱特兄弟研制出第一款真正具有现代飞机特征的航空器以来，在短短 100 多年的时间里，航空运输以其速度快、地域适应性强、安全性高、舒适度高等特点，迅速发展成为重要的、不可替代的现代化快速运输方式。从平原到山区、从陆地到海洋、从丛林到沙漠，航空运输无处不在，是目前为止唯一不受地理环境限制的快速运输方式[1]。

中国幅员辽阔，高原山区约占 1/3，主要分布在西部地区。因高原山区地理和气象环境的特殊性，高原航空活动在相对低海拔地区更加复杂，运行安全保障的要求也更高。随着我国民航强国战略的深入实施，高原地区的航空基础设施不断完善，航空飞行活动不断增多，高原山区人民群众对安全、可靠、舒适、便捷的航空运输需求也更加迫切。在这种情况下，发展高原航空运输、增强高原航空运输保障能力，成为高原航空运输产业快速发展、支撑民航强国战略的重要基础。

1.1.1 人类航空活动发展概况

人类天生没有翅膀，但从未停止追求飞行和梦想的脚步。中国的远古神话嫦娥奔月展现了远古先人对飞天梦想的美好渴求。1903 年 12 月 17 日，莱特兄弟制造的第一架飞机"飞行者一号"在美国北卡罗来纳州试飞成功，为人类飞行的梦想插上了翅膀。1914 年，世界首个固定翼民航航班从美国佛罗里达州圣彼得斯堡起飞前往坦帕，商业航班走进了人类生活。在人类航空技术发展史上，中外文明交相辉映，展现了人类追求梦想、创造文明的不懈追求。

1. 古代时期的飞行梦想

在中国，嫦娥奔月的神话故事家喻户晓。最早记录嫦娥奔月故事的是商代的巫卜书籍——王家台秦墓出土的秦简《归藏》，西汉初期的《淮南子》也记录了嫦娥奔月的故事。嫦娥奔月的故事有很多版本，在此不做赘述，但其背后反映的远古时期华夏先人超凡的艺术构思、美好的飞天梦想令人敬仰，为人类开启了飞天的思想之门。

图 1.1 是我国佛爷庙墓群出土的西晋时期神马雕刻彩绘砖①。彩绘中的神马脊背上长着两翼，飞天姿势栩栩如生。人们不仅赞叹先人们鬼斧神工的彩绘雕刻技术和工匠精神，更为他们天马行空般的丰富想象力而折服。《山海经》中有关于奇肱国飞车的描述[2]。相传商汤时期，只有一只胳膊的奇肱国人，造出了会飞的车子，能够顺风飞行，日行万里。《淮南子·齐俗训》中有"鲁般、墨子以木为鸢而飞之，三日不集"的记载。汉朝王莽时期，有人用鸟翎做成两只翅膀，飞了数百步之远，这可能是人类历史上对飞行的第一次实际尝试。上述这些记载表明，华夏儿女不仅拥有飞行梦，还对梦想进行了大胆尝试。

图 1.1 西晋时期神马雕刻彩绘砖

在欧洲，古希腊神话中的代达罗斯父子，为了摆脱国王弥诺斯对他们的禁锢，用蜡和羽毛复合制成翅膀，飞出禁锢牢笼，飞向大海。结果，欣喜若狂的儿子伊卡洛斯不听劝告，越飞越高，最后因蜡在太阳的灼烤下融化，翅膀被破坏，最终掉进大海。阿拉伯神话中的波斯飞行地毯、古条顿传说中魏兰的飞行马甲、斯堪的纳维亚神话中能飞的金属羽衣，都反映了古人对飞行的美好梦想和期盼。

2. 近代时期的飞行探索

文艺复兴时期的达·芬奇，第一次提出了直升机的原始模型，但由于当时技术限制，模型没能变为现实，未能为推动航空事业发挥真正的作用。人类真正的飞行始于 1783 年，法国人蒙哥尔费兄弟成功制成了可以载人的热气球。同年，罗奇埃乘坐这个热气球在凡尔赛宫上空飞行了 25 分钟，人类真正开始了"空中时代"。

1852 年 9 月 24 日，法国人亨利·吉法尔在气球上安装了由蒸汽机带动的三叶螺旋桨推进装置，制成了世界上第一艘具有一定可操纵性的飞艇（图 1.2）[3]。该飞艇时速可达到 8km，飞行距离近 30km，实现了人类历史上第一次有动力可操纵的飞行。

---

① http://www.dhbwg.org.cn/guancangwenwu/79.

图 1.2　第一艘具有一定可操纵性的飞艇

3. 近代飞机的出现

飞艇没有像鸟一样的外形，并不是人类理想的飞行工具。在热气球这种轻于空气的航空器出现之前，人们就有了制造如飞机这样的重于空气的航空器的设想。19 世纪 60~90 年代，出现了无动力的滑翔机，英国科学家凯利（G. Cayley）和德国科学家李林达尔（O.Lilienthal）等对滑翔机做了大量的研究和实践。凯利在 1809 年发表了关于基本空气动力学的论文，该论文涉及飞行器重量、动力、阻力和推力之间的关系，随后出版的《论空中航行》认为，当时飞行器唯一欠缺的是发动机，这为固定翼飞机的发明奠定了理论基础。李林达尔既是飞行实践者又是飞行理论的奠基人，在 1891~1896 年短短六年的时间里，他完成了 2000 多次的机动滑翔，用移动身体中心的办法来操纵滑翔机，是第一个让没有发动机的飞行器具有操纵性的人。李林达尔 1889 年出版的《鸟类飞行——航空的基础》，是现代空气动力学的基础。

发明飞机需要突破三个技术瓶颈：一是让飞机获得足够的升力，以克服自身重力；二是要解决飞机的飞行稳定性和操纵性问题；三是要有合适的动力装置，以克服飞机在飞行中的气动阻力，使飞机获得前进的速度。李林达尔等关于空气动力理论、飞机构造和操纵性的研究为飞机的出现奠定了理论基础和技术基础。同时，蒸汽机、内燃机和电力技术革命的完成，为航空器由滑翔机向飞机进展创造了动力条件。1903 年 12 月 17 日，在美国北卡罗来纳州基蒂霍克镇，莱特兄弟在滑翔机的基础上制成了"飞行者一号"飞机（图 1.3），并完成了人类历史上第一次持续的、有动力的、可控制的固定翼飞机飞行，虽然仅仅持续了 1 分钟，飞行高度只有 260 多米，飞机也是由木材、布和绳子通过手工制成，但确实是人类历史上第一次有动力、可操纵、载人的飞行，解决了横向稳定和操纵问题，被公认为是飞机发明的开始，飞机从此正式诞生了。

中国近代也在追逐飞翔的路上不断行进着，在飞机出现 6 年之后的 1909 年，旅美华侨冯如（图 1.4）独立设计、制造了飞机。1909 年 12 月，中国人冯如驾驶自制的飞机以 76km/h 获得第一次国际飞行竞赛冠军，为我国在早期世界航空史上赢得了很高的声誉。1910 年，冯如在北京南苑成功试制一架飞机，并由此开启了近代中国航空事业的篇章。冯如生长在清末民初我国受欺侮、遭霸凌的年代，他认为："倘得千百只飞机分守中国港口，内地可保无虞"，提出了"壮国体，挽利权"的航空事业目标，下定决心

(a) "飞行者一号"飞机

(b) 莱特兄弟

图 1.3　"飞行者一号"飞机和莱特兄弟[4]

(a) 冯如试飞及改进的双翼飞机

(b) 冯如

图 1.4　冯如试飞及改进的双翼飞机和冯如[5]

双翼飞机的发动机为液冷式，起落架为前三点式，图（a）中自左至右分别为冯如、朱竹泉、朱兆槐、司徒壁如

"苟无成，毋宁死"，冯如先生是第一个为实现航空救国而献出宝贵生命的航空先驱。1911年辛亥革命之后，中国开始积极发展航空。1918年，北洋政府设立中国第一个主管民航事务的正式管理机构——航空事务处。1920年，开通了我国的第一条航线：北京—天津航线。

4. 现代航空技术的飞速发展

1）超音速飞机的出现

第一次世界大战时期是航空技术快速发展的一个时期，飞机被用于空战。第二次世界大战的爆发极大地推动了航空制造和应用技术的发展。1937年，德国科学家冯·奥海因研制出世界上第一种轴流式喷气发动机，并于1939年装配在He-178飞机上，成为世界上第一架成功飞行的喷气式飞机。两年后，装配离心式涡轮喷气发动机的飞机E-28成功试飞，速度达到850km/h，飞行速度超越当时所有的活塞式发动机。第二次世界大战结束后，1947年10月，美国人耶格尔驾驶贝尔公司X-1飞机，第一次在12800m高空实现飞行，速度为1078km/h，首次突破音障。1955年，美国F-100佩刀战斗机成功实现水平航线中的超音速飞行，正式拉开超音速飞行时代的序幕。

2）第一款喷气式客机"彗星"号

1949年，英国的德·哈维兰公司率先推出世界上第一款涡轮喷气式客机"彗星"号，该飞机载客36人，巡航速度达到788km/h，能够在平流层飞行，具有高度稳定性，代表了英国乃至世界的航空技术水平。然而，航空技术的发展从来都不是一帆风顺的。正当英国准备用"彗星"号飞机大举进军世界民用喷气机市场时，"彗星"号的航空事故却接连发生。1953年5月2日，一架"彗星"号飞机从印度加尔各答机场起飞，在热带雷暴天气下，飞机起飞不久后突然坠毁，机上42人全部遇难。1954年1月10日，同一款飞机直飞罗马至伦敦的航班，在天气良好的情况下，在地中海上空突然爆炸解体，29名乘客和6名机组成员随飞机碎片一起全部坠入大海。同年4月1日，又一架"彗星"号飞机从罗马飞往开罗，起飞后不久再次在地中海上空爆炸解体。

"彗星"号飞机的三次恶性事故，给英国航空工业带来沉重打击。调查结果显示，"彗星"号飞机事故是由飞机增压座舱舷窗处的机身蒙皮出现的一条细裂缝引起的。而这个裂缝不是由于材料本身的强度不够，而是机身蒙皮在不断起飞和降落的过程中受到客舱增减压的疲劳载荷，也就是现在人们熟知的"疲劳损伤"，也由此人们对飞机服役破坏性能有了全新的认识，并提出新的飞机结构设计思想。

3）民航客机的发展与走向市场

在"彗星"号飞机研制的同一时期，美国波音飞机公司（简称波音公司）也看到了第二次世界大战以后广阔的民航市场，也在开展喷气式民航客机的研制。1954年7月15日，波音707原型机首飞成功，航程达到5800km，载客达到105人，最大巡航速度达到960km/h。随后，波音公司又在第一代波音飞机的基础上，研制了第二代喷气客机波音727。同时代的第二代喷气客机还有美国麦道公司的DC-9、英国的"三叉戟"和苏联的伊尔-62。

20世纪60年代中期，为补充当时市场需求，波音公司研制了单通道双发中短程窄体客机，命名为波音737（B737）。B737飞机于1964年5月开始研制，1967年4月原型机首飞成功，1968年2月投入商业运行。该飞机一投入市场就取得了巨大成功，先后发展了 B737-100/200/300/400/500（经典型）、B737-600/700/800/900（新一代）等多种型号。波音737系列飞机市场定位精准、技术性能先进、可靠性高，是目前民航运输市场上占有量最多的大型飞机。

几乎在同一时间，欧洲空客公司（简称空客公司）推出了A300机型，这种飞机是当时大型客机中唯一一种双发双过道的宽体客机，而且采用了一系列先进的技术，如数位式驾驶舱技术，使空客公司在民用航空市场上占据了一席之地。随后推出的A320系列、A330系列、A340系列等机型，进一步巩固了空客公司民用飞机的市场占有量。时至今日，在世界大型民航客机市场上，波音公司和空客公司两强并存，几乎垄断了世界民航客机市场。

4）中国的大飞机梦与民航强国战略

中国作为具有世界影响力的大国，长期以来没有大飞机制造能力，我国航空公司几乎全部购买波音公司或者空客公司的飞机。进入21世纪以后，我国决定自主制造国产大飞机。2007年，国务院原则批准大型飞机研制重大科技专项正式立项。该专项是党中央、国务院建设创新型国家、提高我国自主创新能力和增强国家核心竞争力的重大战略决策，是《国家中长期科学和技术发展规划纲要（2006～2020年）》确定的16个重大专项之一。C919属于中短程双发窄体民用运输机，承载着中华儿女的大飞机梦想。2017年5月，C919飞机在上海浦东机场圆满首飞，2020年11月，C919飞机进入局方审定试飞阶段（图1.5），2022年12月，首架C919飞机正式交付中国东方航空股份有限公司。人们有理由相信，在不久的将来，中国人自己的大飞机将走进世界民用航空市场，为世界民航发展贡献中国智慧。

图1.5　C919飞机试验飞行

1.1.2　民用航空的定义和分类

一般来讲，民用航空是指使用各类航空器从事除了军事性质（包括国防、警察和海关）以外的所有航空活动。民用航空是航空飞行和交通运输业的交叉与叠加，是一个以飞行为中心，由运行机构、机场、管制机构、监管机构及其保障机构和企事业单位组成的复杂系统。按照航线特点和运载工具的不同，民用航空可分为运输航空和通用航空两个主要部分。

运输航空即商业航空，是以经营性活动为目标，以航空器为载运工具，开展客货运输的航空运输活动。运输航空是交通运输的重要组成部分，和铁路运输、公路运输、水路运输和管道运输构成五大交通运输方式，共同组成综合交通运输系统。民用航空的其余部分统称为通用航空，按照国际民航组织（International Civil Aviation Organization，ICAO）的分类，通用航空可以划分为航空作业和其他类型通用航空两个部分。通用航空内容多，范围广，开展形式多样，如航空救援、农业航空、航空探测、航空运动等。

1.1.3 民用航空发展现状与趋势

1. 国际民航运输发展现状与趋势

自1914年世界上第一条民航航线在美国开通，距今已有100多年的历史。进入21世纪，世界航空运输得到了快速发展，据世界银行统计，2019年全球经济增速为2.4%，比2018年下降0.8个百分点，而世界民航全年共完成定期航班运输总周转量10429亿t·km，2010～2019年，世界民航运输总周转量年均增长5.4%。2019年，区域航空业务收入分布如下：亚太地区占35%，欧洲地区占26.7%，美国和加拿大占21.5%，中东地区占10%，拉丁美洲地区占4.6%，非洲地区占2.2%，民航运输发展呈现出地域不均衡的特征。21世纪以来，我国航空运输始终保持快速发展。《民航行业发展统计公报》显示，2010～2019年的10年间，我国民航运输总周转量的年均增长率高达11.85%，2019年高达1293.25亿t·km，长期稳居世界第二。疫情暴发以后，世界各国民航运输量骤降，而我国由于执行科学的防疫政策，迅速控制住疫情，民航运输量在2021年反超美国，跃居世界第一。

在技术方面，国际航空运输呈现出运营环保化、智能化、数字化的发展趋势。在这种背景下，欧美等国家和地区提出"未来一代航空运输系统"的构想。

1）航空运营环保化

在减排降碳的大背景下，"绿色、环保"已经成为世界民航业发展的主题，我国提出的四型机场建设，"绿色"机场就是其中之一。随着民航运输规模的持续增大，预计到2050年，航空运输业的二氧化碳排放量将会增加到3%，民航绿色发展面临巨大挑战，民航与航空科技的创新是航空运输业实现"绿色、环保"的关键。为了提高竞争力和可持续发展能力，空客公司从2020年起，所有新设计的飞机要比2000年设计的飞机减少50%的二氧化碳排放量，噪声水平降低50%。波音公司也将碳纤维复合材料技术、高涵道比大推力发动机技术、自然层流技术作为未来提高飞机竞争力的三项关键技术。我国国产飞机C919也在碳纤维增强复合材料等轻量化技术方面进行了探索与创新。同时，全球大力发展电动飞机，探索新的航空运行模式（图1.6）[6]，这有望成为未来航空运输的主要发展方向之一，以实现航空运输的绿色化、便捷化。

2）航空运行智能化

航空运行控制是一个涉及航空器、机组、运行环境的负责系统，先进的运行控制平台是实现安全运行的基础。航行新技术的成熟和使用、更智能化的签派放行辅助决策系统、更可靠的运行风险控制系统、更先进的航空通信导航设备和技术等都是新时期航空运输智能化的支撑和体现，也是当前航空运行技术的发展方向。

图 1.6 波音公司 2021 年可持续发展报告中对未来航空器和运行生态的展望

随着人工智能技术、数字化技术的不断发展及其同各个领域的深度融合，智能化、智慧化的航空运行控制系统正在引起民航业的重视，世界各国的民航机构和航空公司都在大力推进，如电子飞行包（electronic flight bag，EFB）的建设和应用、具有自主放行功能的运行控制系统的开发建设、电子飞行记录本（electronic log book，ELB）等。此外，协同决策是未来建设民航安全的必要手段，开发建设协同决策平台，促进不同民航运行主体间的数据共享，也正在成为民航技术研发和平台建设的主要内容。

3）航空制造维修数字化

20 世纪 80 年代，航空数字化开始出现在国外航空企业，应用在 B777、B787、F35 等先进民用飞机及军用飞机的研制过程中。B777 飞机整个设计过程完全抛弃了传统的绘图纸方式，是世界上第一型完全以计算机三维辅助技术完成设计的民用飞机，展示了数字化设计技术在航空工业的应用潜力。时至今日，数字化技术已经渗透到航空工业领域的方方面面。美国已经实现数字化的总体论证、需求工程、工程分析、设计确认、生产管理、维修规划、保障分析和预先维修流程，以模型和数据为核心范式的数字化转型发展正在持续推进。

高质量、高效率航空器维修是保障航空器持续适航的重要基础。航空器维修是一个系统工程，将数字化技术用于航空器维修是支撑维修安全的重要技术手段。例如，通过数字化技术可实现预测性维修过程建模仿真、数字化智能装配，从而提高维修效率；通过数字化技术，可建立更加可靠的航空器维修系统安全评估平台，进而提高维修安全保障水平。航空器维修数字化转型是当前航空器维修的重要发展方向，数字化维修平台的建设也成为各大航空公司竞相发展的技术[7]。数字化转型的本质是全行业全业务数字化，其基础是全要素数字化，关键是全要素互联，核心是现实世界与数字镜像构建的信息物理系统（cyber-physical systems，CPS）。图 1.7 揭示了数据智能与数字镜像技术在航空器寿命评估与使用维护中的应用情景[8]。

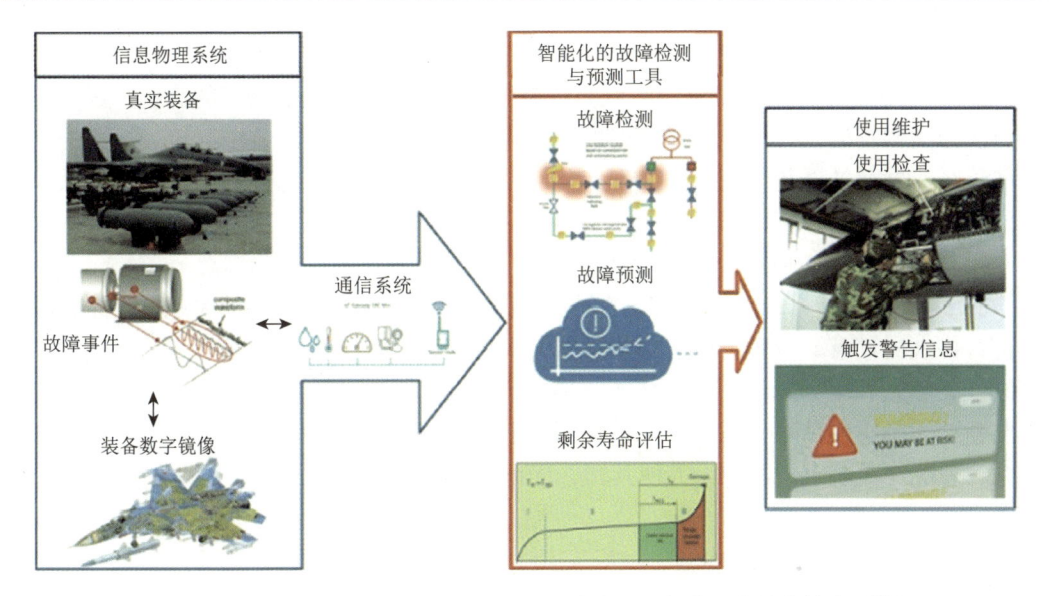

图 1.7　数据智能与数字镜像技术在航空器寿命评估与使用维护中的应用情景

2. 中国民航运输发展现状与趋势

中国民航事业诞生于战火之中。20 世纪 30 年代，中国民航开始起步。受当时国内外环境的影响，中国民航发展缓慢，而且主要为军事运输服务。中华人民共和国成立后，中国民航事业发展迎来了重要转折和机遇。1949 年 11 月，新中国民用航空局（简称民航局）成立，中国民航事业发展揭开新的一页。1957 年 10 月 5 日，周恩来总理在民航局《关于中缅通航一周年的总结报告》上做出批示："保证安全第一，改善服务工作，争取飞行正常"，成为民航工作的指导方针。1978 年党的十一届三中全会以来，中国民航事业在航空运输、通用航空、机场建设、运行保障、安全体系建设、专业化人才队伍建设、民航资质建设等方面都取得了显著发展，中国民航在相当长一段时间内保持着 20%左右的年增长量。到 2000 年前后，我国民航全面实现企业化改革，中国成为民航大国。据统计，2002 年底，中国内地民航运输总周转量已经达到 165 亿 t·km，上升为世界第五位，旅客运输量为世界第四位，货物运输量为世界第六位。2002 年至今，随着我国经济持续快速发展，我国民航运输产业继续保持快速上升态势。2019 年，我国民航完成旅客运输量 65993.42 万人次，位居世界第二；运输航空公司 62 家，其中国有控股 48 家，民营控股 14 家，中外合资航空公司 10 家；民航全行业运输飞机在册架数 3818 架，绝大多数是载客量在 100 人以上的大型飞机；定期航班航线有 5512 条，通航 65 个国家的 167 个城市。2019 年底，我国共有颁证运输机场 238 个，新建成的北京大兴国际机场更是按照"平安、绿色、智慧、人文"等新标准建设的国际一流水平的大型国际枢纽机场，为我国乃至世界今后的机场建设树立了新的标杆。

目前，我国正处于由民航大国向民航强国转变的重要阶段。2018 年 11 月民航局印发了《新时代民航强国建设行动纲要》，将民航强国建设分两个阶段推进，建设周期为 2021 年到 21 世纪中叶。

（1）第一阶段（2021～2035 年），建成多领域的民航强国。

2021～2035 年，实现从单一的航空运输强国向多领域的民航强国的跨越。我国民航综合实力大幅提升，形成全球领先的航空公司，辐射力强的国际航空枢纽，一流的航空服务体系，发达的通用航空体系，现代化空中交通管理体系，完备的安全保障体系和高效的民航治理体系，有力支撑基本实现社会主义现代化。

（2）第二阶段（2036 年到 21 世纪中叶），建成全方位的民航强国。

到 21 世纪中叶，实现由多领域的民航强国向全方位的民航强国的跨越，全面建成保障有力、人民满意、竞争力强的民航强国。民航的创新能力、治理能力、综合实力、可持续发展能力和国际竞争力领跑全球，形成产业辐射功能强大的现代民航产业，全方位参与新型国际民航治理体系建设。机场网、航线网和信息网深度融合发展，网络化、数字化、智能化民航全面实现，人便其行、货畅其流。

1.1.4　高原航空基本概念

1. 高原机场的概念

我国幅员辽阔，山地众多，海拔 1500m 以上的高原约占全国总面积的 1/3。海拔不同，地理环境、气候、大气特性等也有所不同。例如，不同高度下空气的密度不同，使得航空器在飞行过程中的空气动力学特性出现变化，进而影响整个飞行过程，甚至会带来一些不安全因素与特殊的运行要求。

按照机场所处的海拔不同，机场可以分为一般高原机场、高高原机场和一般机场。一般高原机场是指海拔在 1524m 及以上，但低于 2438m 的机场；高高原机场是指海拔在 2438m 及以上的机场。一般高原机场和高高原机场统称高原机场。高原机场之外的为一般机场。此外，有些机场区域飞行环境复杂、机场保障条件不足，为保证飞行安全需要采取特别措施，这类机场统称为特殊机场。特殊机场一般位于高原山谷地区，地理环境复杂，气象条件恶劣，净空保障困难，先进通信导航监视设施匮乏。我国高原机场大部分属于特殊机场。

我国西南地区以高原、山地为主，大多数机场为高原机场。多年来，我国持续推进高原地区航空基础设施建设，随着越来越多的高原机场建设运行，我国西南地区高原航线网络越织越密，极大改善了高原边远地区落后的交通面貌，促进了当地经济社会的发展。然而，高原航线运行的难度较大，在保障安全的前提下，如何提高高原航线经营效率，降低运行成本，就成为高原航空运输发展需要解决的重要课题。自1965年成都至拉萨航线开通以来，经过近 60 年的发展，我国西南地区高原航空运输在机场保障能力、航空器运行水平、通信导航监视技术、安全管理体系建设等方面取得了系统性发展和进步，为西南地区民航运输的全面发展奠定了基础。

2. 世界高原机场、高高原机场分布现状

全世界范围内高原机场、高高原机场主要分布在中国、尼泊尔、墨西哥、埃塞俄比亚、秘鲁、玻利维亚、厄瓜多尔等国，其中中国占据了大多数。我国地域面积广阔，因此拥有大量的民航机场，这些机场包含国际机场和国内短线航班。并且我国是一个多高原、多山区、与众多邻国接壤的国家，地理情况复杂，因此造就了多种类型的机场，如平原机场、高原机场、高高原机场等。截至 2020 年底，我国颁证用于民用运输的民用航空机场有 241 座，其中高原机场有 19 座，高高原机场有 20 座。云南拥有高原、山地的特殊地理位置，因此云南的机场为高原机场、高高原机场或特殊机场。

3. 高原航线的特殊性

以高原机场为起始点或终止点的航线称为高原航线。随着我国高原机场数量的不断增多，越来越多的航空公司加入高原机场的运行序列。但是，高原机场及高原航线有其特殊性，运行难度较大。高原航线的特殊性主要体现在如下三个方面。

1）飞机性能降低

高原地区空气稀薄，空气密度低，通常会直接影响飞机飞行的升力、阻力以及发动机的推力等，从而导致飞机飞行性能下降，影响飞机运行过程，为飞机的安全运行和高效运行带来一系列挑战。

2）环境复杂多变

高原机场大多地处高山峡谷之中，障碍物多，气流复杂不稳定，净空要求较高，供飞机机动飞行的空间小，可用的备降机场少，起飞降落阶段安全保障困难较大。高原机场天气复杂多变，区域性特点突出，时常出现大风、雷暴、低云、低能见度和低空风切变等天气现象，增加了安全飞行的难度，严重影响航班的正常运行。

3）机组成员身心容易疲劳

高原环境对人体的影响通过大气物理、地球化学的变化等产生，常见的高原环境有低气压、低氧、低温、低湿和太阳强辐射等。对于执行高原航线的机组来讲，上述因素往往综合作用于人体，容易对机组成员的身心造成伤害，其中低氧就是较为严重的一种。在低氧环境下，人的思维迟钝，反应能力下降，严重降低了机组成员的执行能力。

1.2 航空器与飞机

1.2.1 航空器与飞机的分类

任何由人制造、能飞离地面、在空间进行可控制飞行的器械均称为飞行器。在大气层中进行飞行的飞行器称为航空器，而飞到大气层之外的飞行器称为航天器。

航空器根据航空器和空气的相对密度分为两大类：第一类由于总体的密度小于空气，依靠空气的浮力而飘浮于空中的称为轻于空气的航空器。这一类又分为气球和飞艇，气球和飞艇的主要区别在于气球上不装有动力，它的飞行方向不由本身控制；而飞艇上装有动力，它可用本身的动力控制飞行方向。第二类航空器本身密度大于空气，它的升空依靠自身与空气之间的相对运动产生的空气动力克服重力升空。这类航空器分为非动力驱动和动力驱动两类，非动力驱动的有滑翔机和风筝，动力驱动的分为飞机（或称固定翼航空器）、旋翼航空器和扑翼机三类。

航空器按照其与空气相对密度的关系进行分类，见图1.8。

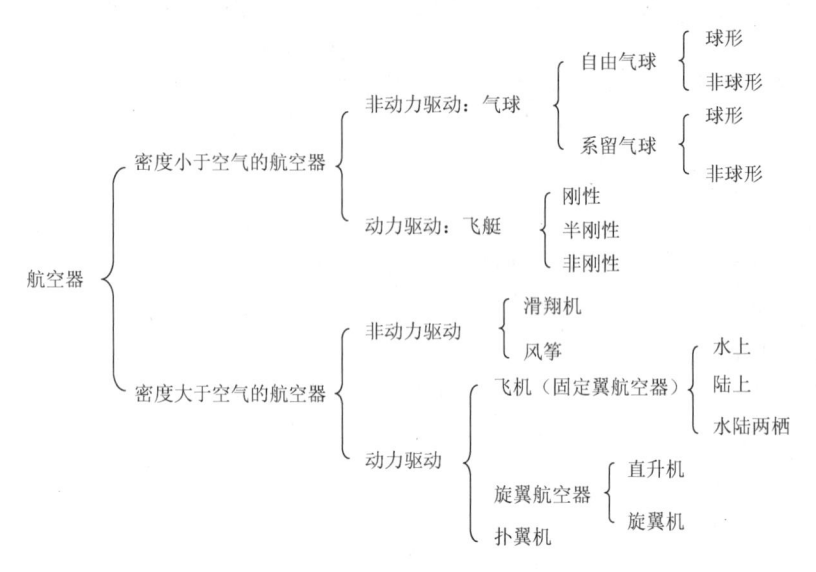

图1.8 航空器按和空气相对密度的关系分类

按照上述分类标准，飞机是指具有固定翼、依靠动力装置驱动的密度大于空气的航空器。民航客机可根据进近速度和航线类型进行分类。

1. 按进近速度进行分类

根据空中交通管制的要求，在满足最大允许着陆重量的条件下，仪表进近程序规定的进近速度一般是着陆形态下失速速度的1.3倍，按照进近速度的不同，可以将飞机分为五类，如下。

A 类：指示空速小于169km/h（91kts）。
B 类：指示空速169km/h（91kts）或以上，但小于224km/h（121kts）。
C 类：指示空速224km/h（121kts）或以上，但小于261km/h（141kts）。
D 类：指示空速261km/h（141kts）或以上，但小于307km/h（166kts）。
E 类：指示空速307km/h（166kts）或以上，但小于391km/h（211kts）。

以上分类标准根据目前民用客机发展水平而定，在实际使用中，随着飞机制造水平、运行保证能力、飞机性能特点等的变化，进近速度的标准需要进行相应调整。

2. 按航线类型进行分类

根据飞机所飞航线的类型不同，现代民航飞机可以分为干线飞机和支线飞机（图1.9）。现代干线飞机一般指大中型、中远程、高亚音速巡航、宽体或半宽体涡扇式喷气飞机，主要在国际航线和国内远程航线之间飞行，如B737NG、A320、B787、A350等机型。支线飞机一般指小型、短程、低速、窄体飞机，配备涡桨式或活塞式发动机，主要在国内短程航线飞行，如中国商飞的 ARJ21 飞机。

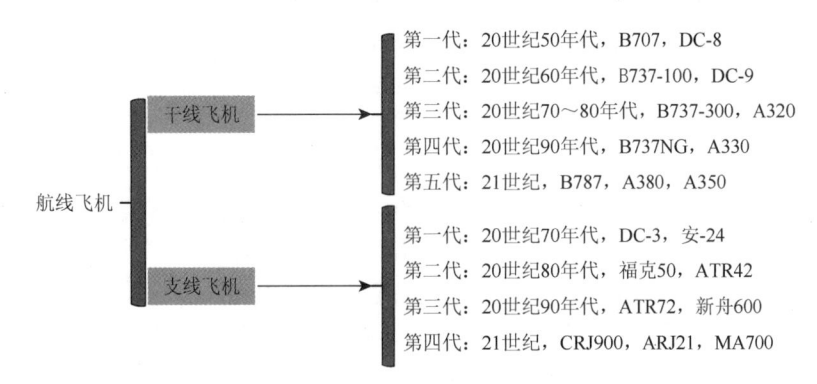

```
                    ┌─────────┐    第一代：20世纪50年代，B707，DC-8
                    │         │    第二代：20世纪60年代，B737-100，DC-9
                    │ 干线飞机 │──► 第三代：20世纪70~80年代，B737-300，A320
                    │         │    第四代：20世纪90年代，B737NG，A330
        航线飞机     └─────────┘    第五代：21世纪，B787，A380，A350
                    ┌─────────┐    第一代：20世纪70年代，DC-3，安-24
                    │         │    第二代：20世纪80年代，福克50，ATR42
                    │ 支线飞机 │──► 第三代：20世纪90年代，ATR72，新舟600
                    │         │    第四代：21世纪，CRJ900，ARJ21，MA700
                    └─────────┘
```

图 1.9　干线飞机和支线飞机的发展历程及代表型号

1.2.2　飞机的主要结构

飞机的主要结构可以分为三大部分：机身、起落架和发动机[9]。

1. 机身

机身是飞机的主体部分，把机翼、尾翼和起落架连在一起。

机身包括机头、前机身、中部机身和尾部机身。机头部分主要是驾驶舱，是驾驶员控制飞机的空间；前机身、中部机身是客舱或货舱，用来装载旅客、货物、燃油和设备；尾部机身和尾翼相连，同时安装辅助动力装置（auxiliary power unit，APU）。

1）机翼

机翼是飞机升力的主要来源，它是飞机必不可缺的部分。此外，机翼除了提供升力外，还为油箱和起落架舱提供空间及安装位置，还可以吊装发动机。机翼分为四个部分：翼根、前缘、后缘、翼尖。翼根是机翼和机身的结合部分，承受着机身重力及由升力和重力产生的弯矩，是机翼受力最大的部位，也是结构强度最强的部位；机翼的前缘和后缘是机翼主要操纵舵面的安装位置，如前缘缝翼、后缘襟翼等；机翼翼尖对整个机翼的空气动力特性有影响，通过优化翼尖构型，可以抑制翼尖失速，减小气动阻力。机翼的剖面称为翼型，是机翼构型的主要构成部分，直接影响飞机的飞行性能。一般来讲，选用的翼型要具有大的升阻比，高的最大升力系数和小的阻力系数，同时还要兼顾结构、强度和成型工艺的要求。

2）尾翼

尾翼包括飞机尾部的水平尾翼和垂直尾翼两部分，它的作用是保证飞机三个轴的方向稳定性和操纵性。

水平尾翼由水平安定面（horizontal stabilizer，HS）和升降舵（elevator）组成，水平安定面是固定的，而升降舵可以上、下偏转。水平安定面的作用是保持飞机在飞行纵向的稳定，升降舵则可以控制飞机的俯仰运动。现代高速客机的水平尾翼常常做成可以整体运动的部件，称为全动式尾翼，以提高纵向操纵的效率。

垂直尾翼由固定的垂直安定面（vertical stabilizer，VS）和活动的方向舵（rudder）组成，方向舵可以左、右转动，控制飞行的方向。垂直安定面的作用是当飞机受到干扰偏离航向时，它就会受到迎面气流的力，使飞机恢复到原来的航向，保证飞机侧向和横向的稳定性。

2. 起落架

民用飞机绝大多数是在陆上起飞和着陆的，使用的是轮式起落架，只有极少数水上飞机使用浮筒式或船身式起落装置，这里只讨论轮式起落架。

起落架的作用是在地面上支撑飞机，并保证飞机在起飞、滑跑和在地面上移动时的运动功能，它除了承受飞机停放时的重力和运动时的动载荷外，还承受着陆时的冲击载荷，影响飞机起降时的性能和安全。现代飞机的起落架一般包括刹车装置、减震装置、收放装置和前轮转弯机构等几个主要部分。

3. 发动机

发动机是飞机的动力装置，目前主要是活塞发动机和燃气涡轮发动机两类。活塞发动机主要用于轻型螺旋桨飞机，燃气涡轮发动机主要用于大型喷气式飞机，是目前民航客机的主要动力装置。

1.2.3　飞机主要系统及作用

飞机系统主要包括导航系统、飞机座舱环境控制系统、液压系统、飞行管理系统（flight management system，FMS）、飞机通信系统、防冰防火系统等，本节对这些系统进行简要介绍。

1. 导航系统

飞机导航是指引飞机按照预定的航线，准确到达预定位置，完成航行任务的方法。早期飞机的导航是依靠目视地面目标，对照地图来实现的。这种方法受天气、人为因素影响很大，既不安全有时又无法实行，于是随着技术的进步出现了多种导航方法。飞行安全是民航的第一要求，其对导航提出了高要求，为此研究者不断改进空中和地面的导航系统，以进行全面的空中交通管理，使飞机能安全、正点地离场和到达预定地点。广义地讲，导航系统包括所有为飞机确定位置、方向的设备，狭义的导航只包括在航路上使用的设备。在民航飞机上常用的导航有无线电导航、惯性导航和卫星导航等。

2. 飞机座舱环境控制系统

现代民航客机的飞行高度一般在10000m以上，低压、低温、低氧是飞机巡航阶段主要的外部环境特征。飞机座舱环境控制系统就是为乘客和机组提供安全舒适的舱内环境的系统，一般包括三个部分：氧气系统、增压座舱和空调系统。

1) 氧气系统

现代大型飞机正常飞行时的座舱高度一般不超过 2438m，因此不需要额外供氧。但当出现非正常情况导致客舱失压时，飞机需要尽快降低到安全高度，在这一紧急下降过程中，需要为乘客和机组供氧，以保障生命安全。飞机氧气系统根据供氧部位、方式和要求不同，一般分为机组供氧系统、乘客供氧系统和便携式供氧系统。机组供氧系统一般通过高压氧气瓶向驾驶舱机组供氧，根据具体情况，可以采取稀释供氧、100%供氧和应急供氧等不同方式。乘客供氧系统用于在座舱失压后，向乘客及空乘人员供氧，一般是化学氧气发生器供氧，供氧时间一般在 12～15min；便携式供氧系统一般用于飞行时在飞机座舱内为乘客和机组提供紧急医疗供氧，由体积较小的手提式氧气瓶进行供氧。

2) 增压座舱

在高空低压、低温、低氧气密度的环境下，为了保障飞机乘员的生命安全并提供舒适的飞行体验，现代民航客机采用了增压的气密座舱。座舱增压系统的基本作用是让飞机座舱高度保持在一定范围之内，保证座舱内部气压及其变化速率满足乘员舒适生存的需要。通过空调系统为气密座舱提供一定温度、湿度和压力的空气，利用控制进入座舱和排除座舱空气的流量差来控制座舱内的压力，以此调节座舱高度。

3) 空调系统

飞机座舱空调系统的基本作用是为飞机座舱提供具有一定温度、湿度和压力的空气，从而对座舱温度进行调控，为机上乘员提供安全、舒适的客舱环境。目前，大多数民航客机都是将飞机气源系统（气源来自发动机风扇和压气机）作为引气来源，利用空调系统对气源的温度、湿度和压力等进行调节，以供向增压座舱。

3. 液压系统

飞机液压系统是为操纵飞机（如刹车、起落架收放、舵面偏转等）提供动力的主要系统。液压系统的基本工作原理是以液体为工作介质，利用液体静压能为机构运动提供动能。飞机液压系统一般以油液为工作介质，靠油压驱动执行机构完成特定操纵动作。为保证液压系统工作可靠，特别是提高飞行操纵系统的液压动力源的可靠性，现代飞机上大多装有两套（或多套）相互独立的液压系统，称为主液压系统和备用（操纵）液压系统。主液压系统是正常飞行时使用的液压系统，用于起落架收放、舵面偏转、前轮转弯、反推、刹车等所有正常的飞机操纵。备用液压系统是在主液压系统失效的情况下，为飞机提供必要的安全操纵能力，使飞机具备紧急降落的基本操纵条件，一般仅为发动机反推装置、前缘缝翼、方向舵等提供操纵动力。

4. 飞行管理系统

随着计算机技术的发展，人们不再满足于分别控制各个系统，而是要求把各个系统的计算机联成网络统一在一个主机的控制之下，经电传操纵实现飞行过程的全面自动化，使驾驶员除在必要时进行直接控制外，大部分时间处于监控仪表并及时做出必要调整的状态。驾驶员不再是一个操作员而成为一个管理者。大量的信息进行传输和处理需要有相应的管理计算机，这就形成了飞行管理系统。FMS 提供飞行的时间、距离、速度、经济剖面和高度的预测，可减小驾驶舱工作量，提高效率。飞行管理系统是以飞行管理计算机系统（flight management computer system，FMCS）为核心的高级区域导航（area navigation，RNAV）、制导系统和性能管理系统。飞机在 FMS 的控制下，可以实现全自动导航，可以最佳的飞行路径、最佳的飞行剖面和最省油的飞行方式完成从起飞到进近着陆的整个飞行过程。

5. 飞机通信系统

飞机通信系统主要用于实现飞机与地面之间、飞机与飞机之间的相互通信，也用于机内通话、乘客广播、记录话音信号以及向乘客提供视听娱乐信号等，主要包括高频（high frequency，HF）通信系统、飞机通信寻址与报告系统（aircraft communication addressing and reporting system，ACARS）、选择呼叫系统、飞行数据记录系统等。

1）高频通信系统

高频通信系统是一种飞机与飞机、飞机与地面之间的远距离通信系统。高频通信使用了和短波广播频率范围相同的电磁波，受到电离层的反射，因而通信距离可达数千千米，用于飞行中保持与基地和远方航站的联络，使用的频率范围为 2~30MHz，每 1kHz 为一个频道。大型飞机一般装有 1~2 套高频通信系统，使用单边带通信，这样可以大大压缩所占用的频带，节省发射功率。

2）飞机通信寻址与报告系统

飞机通信寻址与报告系统是把数据通过空地双向的数据链进行交换，飞机用甚高频（very high frequency，VHF）向地面发射，地面站把这些数据再发往航空公司、管制塔台等。系统由管理组件、飞行管理计算机的控制显示组件、甚高频收发机、打印机组成，其中管理组件是系统的核心，对系统进行数据管理和控制以及数据储存。控制显示组件用于输入数据、显示数据。甚高频收发机用于和地面进行数据链联系。打印机则把数据进行打印，提供给机组阅读。

3）选择呼叫系统

选择呼叫系统是航空公司利用地面台站，通过高频或者甚高频通信系统对选定的飞机进行主动呼叫，机上的选择呼叫系统接收到地面呼叫音频时，以灯光和音响的方式通知机组有人呼叫。这种系统的优点是驾驶员不需要长时间连续监听公司通信频道，当公司需要和机组联系时，选择呼叫系统可以主动提醒机组，避免由于机组疏漏而不能及时和航空公司建立联系。每架飞机有一个特定的四字母代码用于选择呼叫，当地面台站发出呼叫脉冲时（其中包含着四字母代码），飞机上的选择呼叫系统会收到这个呼叫信号，如果呼叫的代码与飞机特定代码相符，则驾驶舱的选择呼叫信号灯和音响器提醒驾驶员和地面进行通话。

4）飞行数据记录系统

按照《一般运行和飞行规则》的规定，大型商业飞机必须安装飞行数据记录系统。它记录重要的飞行数据以备维修使用，或者在飞机发生意外后进行事故分析。最早的飞行数据记录器只能记录时间、航向、高度、空速、垂直加速度和发射键控信号六个参数，发展到现在其已可记录几十类上万个参数。上述数据的记录与空中交通管制和话音记录数据是同步进行的。

6. 防冰防火系统

飞机上防止或消除结冰一般采用四种方式：气热防冰、电热防冰、化学溶液防冰和机械除冰。飞机防火系统则主要包括火灾探测与灭火两个部分，主要位于发动机、机翼、辅助动力装置等飞机上容易发生火情的部件。

1.3 飞行原理

飞机飞行的原理是什么？这个问题涉及飞行器结构、飞行器控制、飞行稳定性、空气动力学等多个方面。这里从飞机飞行的角度出发，简要介绍空气动力学和飞行力学的基本概念。

1.3.1 空气动力学基本概念

飞机在空中飞行，作用于飞机上的空气动力是由飞机与空气之间的相对运动产生的，如果空气以一定的速度流过一个静止的飞机，飞机受到的空气动力与飞机以相同速度在静止的空气中飞行时受到的空气动力相同。

1. 流场

流场是在场的概念基础上提出的，场是某种量在空间中的一种分布，流体流动所占据的空间就称流场。对于飞机和空气的相对运动而言，流场是由于飞机和空气之间产生相对运动，在飞机周围形成的场[10]。

按照在流场空间分布的各项气体参数的不同，流场又可以分为标量场（即温度场、压强场、密度场）和矢量场（即速度场和加速度场）。如果流体微团的流动参数（速度、温度、密度、压力等）不随时间变化而变化，这种流动就称为定常流；反之，称为非定常流。

2. 低速空气动力学

低速空气动力学的研究对象一般是 0.4 倍声速以下的空气动力，在这个范畴内，空气可被看作无黏性、不可压缩的理想气流，密度可看作常数。对于低速气流，遵循质量守恒和能量守恒定律，可以推导出定常流连续性方程和定常理想流伯努利（Bernoulli）方程。如图 1.10 所示，流体以一定的速度流过变截面管道，根据质量守恒定律，不同截面处流体的速度不同，但不同截面处流速和截面积的乘积相等，即

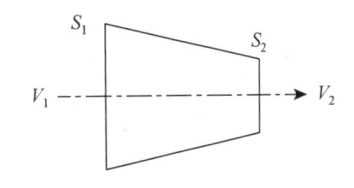

图 1.10 流体在变截面管道中的流动

$$S_1 \times A_1 = S_2 \times A_2 = 常数 \tag{1-1}$$

这就是低速情况下不可压缩流体的连续性方程。

根据能量守恒定律，在一个封闭的系统中，能量的形式可以相互转化，但能量的大小不会变化。伯努利定理是能量守恒定律以流体为研究对象的具体表现形式，阐明了流体在流动过程中流体压强和流动速度之间的关系和变化规律。在管道中稳定流动的不可压缩理想流体，如果与外界没有能量交换，则该流体在管道各处的动压和静压之和为常数：

$$P_{动压} + P_{静压} = 总压 = 常数$$

对于低速飞行的飞机来讲，静压指飞机远前方未受到飞机扰动影响的气流的压力，动压指飞机以速度 v 飞行时产生的附加压力，用 $\frac{1}{2}\rho v^2$ 表示。

3. 高速空气动力学基本概念

高速空气动力学主要研究当飞行器处于亚音速、音速甚至超音速飞行时，作为主要流体的空气产生的变化以及对飞行器的影响。

低速气流流动与高速气流流动本身具有共同性，然而高速气流和低速气流相比，也存在很大的差异。在低速空气动力学中，空气被认为是不可压缩的，即使空气的压力有变化，依然可以认为其密度基本恒定。但实际上，空气是可以压缩的，同时具有黏性。为了计算和分析方便，一般在低速条件下这些属性是可以忽略的，但当速度接近音速时，气体压缩性变得显著，空气密度的变化将不容忽视。

在飞机高速飞行时，当飞机某些位置（如上表面弯度最大的点）的气流速度达到音速时，进一步加速将导致空气压缩影响增大，会出现一些不同于低速气流流动的新现象，如形成激波和音障，这些特有的现象会直接作用于飞机上的空气动力，如升力系数、最大升力系数和临界迎角等会发生变化，从而影响飞机的飞行性能。激波将会导致飞机的阻力系数急剧增大，压力中心会前后移动，飞机出现振动、稳定性差以及控制困难等不安全因素。

1.3.2 飞行力学基本概念

飞机的升力主要是由机翼和空气的相对运动而产生的，任何物体只要和空气之间产生相对运动，空气就会对它产生作用力，这个力称空气动力。空气动力体现在人们日常生活的各个方面，最明显的就是空气对于地面的相对运动，形成了人们日常所说的风，人类利用风力制造的第一种重于空气的飞行器是风筝。2000多年前风筝就升上天空，但风力不受人控制，因而风筝也算不得实用的航空器。15世纪以后，自然科学进一步发展，很多科学家对重于空气的物体的飞行做了研究，但直到18世纪，瑞士科学家伯努利（Bernoulli）通过对流体（包括气体和液体）运动进行深入研究建立了伯努利定理后，流体运动的基本力学原理才得以展示，并出现了流体力学，从而奠定了飞机在空气中运动的理论基础。

固定翼飞行器的飞行力学主要分为两个方面：一是机翼上的受力；二是飞行器整体的受力。机翼上的受力是飞机的主要气动力。

1. 机翼上的升力

飞机的升力主要来自机翼，使用翼型来代表机翼，说明它的升力。翼型就是把机翼沿平行机身纵轴方向切下的剖面，机翼的翼型是流线型的，上表面弯曲得大，下表面弯曲得小或是直线。

翼型的最前一点称前缘点，最后的点称后缘点（图 1.11），代表整个机翼的前缘和后缘，前缘点和后缘点的连线称翼弦。如果机翼抬起它的前缘，翼弦和气流的方向形成一个角度，即飞机整体运动的方向和翼弦形成的角度，这个角度称迎角。迎角的定义是翼弦和相对气流方向的夹角。在此规定，翼弦向上形成正迎角，向下形成负迎角。当有了向上的迎角之后，气流流过上表面时要比没有迎角时走更长的路，相当于管道变狭，速度增加，静压力进一步降低；而在下表面气流受到阻隔，流速变小，压力增高，机翼上下表面之间的压力差使机翼产生升力。飞机迎角不能无限制地增大，因为迎角太大之后，机翼就相当于在气流中竖起的平板，气体的流线不能连贯，在机翼上表面产生涡流，这时升力会突然降低，这种现象称失速。失速对于任何飞机来说都是危险的，现代民航机都装有失速警告系统，以防止飞机迎角过大进入失速状态。

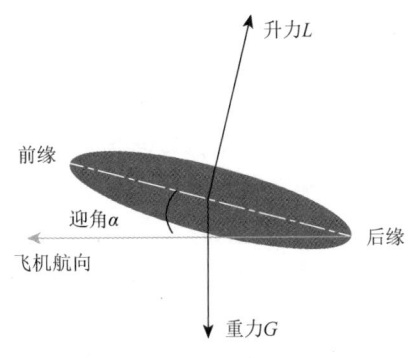

图 1.11 飞机受力状态图

通过实验和理论研究，飞机的升力和飞行速度、大气密度、迎角、机翼面积以及飞机的构型等因素有关，得出如下升力公式：

$$L = C_L \frac{1}{2} \rho v^2 S_w \qquad (1-2)$$

式中，C_L 为升力系数，通常是通过风洞实验得来的；ρ 为飞行高度处的空气密度；v 为飞机的空速，把飞机相对于空气的运动速度称为空速；S_w 为机翼的平面投影面积。

从式（1-2）中可以看出，空气的密度 ρ 对升力有直接影响，在大气环境中空气的密度随着温度的增高和海拔的增加而变小，在这些情况下飞机的升力降低，这是驾驶飞机时必须考虑的因素；飞机的空速 v 越大，升力也越大，因而速度大的飞机就不需要太大的机翼去获得升力，但当它在低速飞行时又需要用其他方法增加升力；机翼的平面投影面积 S_w 越大，升力也越大。

2. 阻力

物体在空气中运动必然会遇到空气的抵抗，这种抵抗就是阻力。飞机阻力按形成的原因分为摩擦阻力、压差阻力、干扰阻力、诱导阻力和激波阻力等，前四种阻力是在飞机低速飞行时遇到的，激波阻力是在飞机高速飞行时产生的。

1) 摩擦阻力

摩擦阻力是由具有黏性的空气与飞机表面相互作用而产生的。气体流经机体表面时，与机体相接触的空气附着在机体表面上，于是这部分气流和机体附着面的相对流动速度降低为零。紧靠这层空气的外面一层空气虽然没有直接受机体表面的影响，但由于其相邻空气层的速度为零，该层空气的流动速度在黏滞力作用下趋近于零。以此类推，外层空气的流动速度逐渐加大，机体表面对气流的阻滞作用逐渐减小，直到气流速度与外界自由流速接近甚至相等。把靠近机体表面、流速由小变大、具有一定厚度的空气层称为"附面层"。在附面层内，相邻两薄层空气之间由于存在速度梯度便产生摩擦力，这种摩擦力的总和就是飞机的摩擦阻力。飞机机翼上形成的附面层一般都很薄，厚度大的也仅达到厘米级，螺旋桨上的附面层更薄，只有几毫米。摩擦阻力的大小除与空气的黏性有关外，还与机体表面状况和飞行速度有关。为了降低飞机的摩擦阻力，需要降低飞机表面粗糙度，飞机外部结构通常设计成流线型。

2）压差阻力

压差阻力是由运动着的物体前后所形成的压强差而产生的。压差阻力与飞机的迎风面积、外形和在气流中的位置有关。迎风面积就是飞机上垂直于气流方向的最大截面面积，迎风面面积越大，压差阻力也就越大。相对气流流过机翼时，机翼前缘的气流作用在飞机迎风面上，气流受阻，导致流速减慢、压力增大；在机翼后缘，气流产生分离，形成涡流，压力减小。因此，飞机迎风面前后区域的气流流动状态不同，也因此产生压力差形成阻力，也就是所谓的压差阻力。

3）马赫与激波

20世纪40年代，活塞式飞机的平飞速度达到了每小时700多千米，俯冲时甚至接近声速。当接近声速时，从操纵性和飞行性能上来讲，飞机气动阻力剧增，操纵性能变差，严重时甚至出现飞机机头下沉的现象，飞行安全无法保障。可以说，在以活塞式飞机为主的时代，声速是飞机速度不可逾越的障碍，即"音障"。

从空气动力特性出发，当飞行器和空气的相对运动达到一定极限时，空气就显示出可压缩的物理特性。声源在空气中产生扰动，使周围的空气发生周期性的压强和密度的变化，形成疏密相间的疏密波。飞机飞行时会使前面的空气产生扰动，造成压缩，形成疏密波。空气被压缩的程度与空气的密度和施加于空气的压力有关。空气的密度越大（如在低空或海平面处），空气越难以被压缩。施加于空气的压力越大，空气被压缩的程度也越大。同样，施加于空气的压力与在空气中运动的物体速度有关。运动物体的速度越快，压力也就越大；速度越慢，压力也越小。因此，可以用物体运动速度与声速之比来衡量空气被压缩的程度，这个比值称为马赫数（Mach number，MN），通常用 M 表示：

$$M = \frac{v}{\alpha} \tag{1-3}$$

式中，α 为声速；v 为飞机在一定高度上的飞行速度。飞机在空中飞行时，会与周围空气相互作用从而产生空气的扰动。飞机和空气持续相互作用，空气扰动波不断形成并叠加，形成一种与飞机形状有关的强扰动波，称为激波。激波前后空气的压强、密度和温度都会发生突变，空气在流过激波时，受到激波阻滞，流速会骤降，消耗动能，表现为对气流的阻力，称为波阻。现代大型客机为提高效益，通常把最大飞行速度设定在

$0.75M\sim0.90M$，称为高亚音速飞机，其原因就是在这个速度区域里飞机达到了速度与效益的相对统一。

1.4 民用航空组织与管理机构

1.4.1 中国民用航空管理机构

1. 中国民用航空局

中国民用航空局是我国管理民用航空事务的国家行政机关，隶属交通运输部。中国民用航空局统一组织、协调、管理民航事务，下设四类机构，分别是内设机构、直属机构、地区管理局和驻外机构。

内设机构是中国民用航空局行使民航行政管理权的具体执行机关，包括综合司、政策法规司、飞行标准司、机场司、运输司、航空器适航审定司、空管行业管理办公室、航空安全办公室等机构。直属机构包括空中交通管理局、中国民航大学、中国民航科学技术研究院、民航第二研究所、中国民航飞行学院、信息中心、民航专业工程质量监督总站、首都机场集团等多种类型的单位主体。中国民用航空局下设七个地区管理局，分别是华北地区管理局、东北地区管理局、华东地区管理局、中南地区管理局、西南地区管理局、西北地区管理局和新疆管理局。地区管理局对所辖区域内的民航运行安全、民航发展规划、航务管理、民用机场规划与管理等实施管理和监督。中国民用航空局在国际民航组织理事会设有代表处（中华人民共和国常驻国际民航组织理事会代表处），代表中国民航参与国际民航事务。

2. 中国民用航空局空中交通管理局

中国民用航空局空中交通管理局（简称民航局空管局）是中国民用航空局管理全国空中交通服务、民用航空通信、导航、监视、航空气象、航行情报的职能机构。中国民航空管系统管理体制为民航局空管局、地区空管局、空管分局（站）三级管理；运行组织形式基本是以区域管制、进近管制、机场管制为主线的三级空中交通服务体系。民航局空管局领导管理民航七大地区空管局及其下属的民航各空管单位，民航地区空管局为民航局空管局所属事业单位，实行企业化管理。民航空管分局（站）为所在民航地区空管局所属事业单位，同样实行企业化管理。

民航局空管局的组织机构包括局机关、直属单位、地区管理局三大部分。其中七个地区管理局分别为华北空管局、东北空管局、华东空管局、中南空管局、西南空管局、西北空管局、新疆空管局。民航局空管局的直属单位主要有航行情报服务中心、运行管理中心、空域管理中心、气象中心等。其中的航行情报服务中心的主要职责为协调全国民航航行情报服务工作，编辑出版航行情报资料和航图，提供有关航空资料和信息的咨询服务，负责航行通告的发布和处理；提供包括电子航图数据包、《中国民航国内航空资料汇编》（National Aeronautical Information Publication，NAIP）、中国民航班机航线汇编等航行情报资料。空管局气象中心下设七个民航地区气象中心，气象中心对七个地区气象中心进行业务管理和指导，地区气象中心对机场气象台进行业务管理和指导，机场气象台、地区气象中心、空管局气象中心之间信息共享，形成全国一体的空管气象数据平台。

1.4.2 国际民航组织

1. 国际民航组织概况

国际民航组织（International Civil Aviation Organization，ICAO）总部位于加拿大蒙特利尔，是联合国负责制定国际民航领域技术标准和政策的一个专门机构，其前身为根据1919年《巴黎公约》成立的空中航行国际委员会。

第二次世界大战期间，航空器技术得到了快速发展，战后大量军用运输机逐渐转入民用客货航空运输，世界范围内基本形成了一个包括客货运输在内的航线网络。在民航运输快速发展的情况下，随之产生了亟须解决的政治和技术问题。为此，在美国政府的主导下，52个国家于1944年11月1日至12月7日在美国芝加哥召开国际会议，签订了《国际民用航空公约》（通称《芝加哥公约》），按照《芝加哥公约》规定成立了临时国际民航组织。发展至今，国际民航组织已经拥有193个成员国，36个理事国。理事国分为三类：第一类是在航空运输领域居于特别重要地位的成员国；第二类是对国际航空运输的发展有突出贡献的成员国；第三类是区域代表成员国。中国是36个理事国中的一类理事国。

我国是国际民航组织的创始成员国之一，中国政府于1944年11月签署了《芝加哥公约》，并于1946年2月交存了批准书，成为国际民航组织的创始成员国。1950年5月，中华人民共和国政府致电联合国秘书长和国际民航组织，要求驱逐台湾当局的代表。1971年11月，国际民航组织第74届理事会通过决议，承认中华人民共和国政府的代表为中国驻国际民航组织的唯一合法代表。1974年9月，中国代表团出席了国际民航组织第21届会议并当选为理事国。

2. 国际民航组织行政机构

国际民航组织的行政机构包括国际民航组织大会、理事会和秘书处。

1）国际民航组织大会

国际民航组织大会是该组织的最高权力机构，由国际民航组织理事会负责组织召开，每三年至少召开一次。通常国际民航组织的193个成员国和众多国际组织参加大会，制定未来三年的全球民航政策。在大会期间，详细审查国际民航组织在技术、经济、法律等领域的工作方案。按照《芝加哥公约》第49条的规定，大会的审议结果提交理事会、附属委员会或任何其他机构处理，为正在开展的和今后的工作提供指导。参加大会的每个成员国对于大会审议的事项享有一票表决权，除《芝加哥公约》另有规定外，大会决定由所投票数的多数做出。

大会的任务是审议技术、经济、法律、技术援助等领域的全部工作，并对该组织其他机构的工作进行指导。大会召开期间，一般分为大会、行政、技术、法律和经济五个委员会，各个委员会对各项事宜进行讨论并做出决定，然后提交大会审议。大会的权力及主要职责是选举理事国，表决本组织未来三年的年度预算，审议理事会报告并做出决议，审议有关变更或修改《芝加哥公约》条款的提案，赋予、变更、撤销理事会权力，审议批准与其他国际组织或机构之间的合作事项及有关国际协议。

2）理事会

理事会是国际民航组织对大会负责的常设机构，是国际民航组织的权力机构。理事会由大会选出的 36 个会员国组成，设主席一名，由理事会选出，任期三年。理事会下设秘书处和根据需要设立的若干专门委员会。

理事会会员国分为三类：第一类是航空产业发达，在航空运输方面居于特别重要地位的理事国，数量基本保持稳定，目前有 11 个，我国是其中之一；第二类是对国际民用航空事业做出重要贡献的国家，现有 12 个；第三类是其他地理区域代表理事国，变动较大，现有 13 个。

理事会下设航空运输委员会、导航服务委员会、财务委员会、非法干涉委员会、技术合作委员会和人力资源委员会等 9 个委员会。理事会有许多职能，其中两个主要职能是向国际民航组织大会提交年度报告；履行《芝加哥公约》规定的职责和义务。它还管理国际民航组织的财务，任命并确定六个委员会成员及其职责，任命秘书处秘书长。

3）秘书处

国际民航组织秘书处是该组织的常设办事机构，秘书处下设五个办事局和全球地区办事处。五个局分别是航空导航局、航空运输局、技术合作局、法律事务和对外关系局以及行政和服务局。航空导航局对引领和指导国际航行方面的原则性技术和发展动向具有重要决定作用。全球地区的办事处分别是：东非和南非地区的内罗毕办事处、西非和中非地区的达喀尔办事处、中东和北非地区的开罗办事处、欧洲地区的巴黎办事处、亚洲和太平洋地区的曼谷办事处（2013 年在北京设立第一个地区分办事处）、中北美和加勒比地区的墨西哥城办事处、南美地区的利马办事处。秘书处设秘书长一名，秘书长是秘书处的负责人，是秘书处工作大方向的首席执行官，负责领导在国际民用航空领域工作的专业国际职员，并对国际民航组织理事会负责。五名局长以及负责财务、评价和内部审计、通信和民航组织的七个区域办事处的负责人向秘书长报告。

1.4.3 国际航空运输协会

国际航空运输协会（International Air Transport Association，IATA）是一个由世界各国航空公司所组成的大型国际航空运输组织，其前身是 1919 年在海牙成立并在第二次世界大战时解体的国际航空业务协会，总部设在加拿大的蒙特利尔，执行机构设在日内瓦。1944 年 12 月，出席芝加哥国际民航会议的部分政府代表和顾问以及航空运输企业的代表召开会议，讨论决定成立一个委员会为新的组织起草章程。1945 年 4 月 16 日，在哈瓦那会议上修改并通过了草案章程后，国际航空运输协会成立。同年 10 月，新组织正式成立，定名为国际航空运输协会，总部设在加拿大的蒙特利尔。凡国际民航组织成员国所属的任一经营定期航班的航空公司，经其政府许可都可成为该协会的会员。经营国际航班的航空运输企业为正式会员，只经营国内航班的航空运输企业为准会员。目前，该组织在全世界近 100 个国家设有办事处，290 余家航空公司是该组织的会员，遍及全世界 120 多个国家。与监管航空安全和航行规则的国际民航组织相比，国际航空运输协会更像是一个由承运人（航空公司）组成的国际协调组织，管理在民航运输中出现的诸如票价、危险品运输等问题。

1.5 航空运行控制

1.5.1 航空运行控制概况

1. 早期航空运行管理

20 世纪 20 年代，航空公司的主要业务是运送邮件，航空公司没有现代意义上的飞行签派员，只有飞行员、领航员和机械员。这一时期的飞行规则和运行规章还不健全，航空运输也还没有被人们完全了解，没有明确的运行管理概念，飞行安全主要由飞行员负责。

随着航空技术的发展和民用航空运输规模的扩大，美国国会在 1938 年制定了《民用航空法》，明确规定航空公司应当建立运行管理机构，为飞行过程提供更加安全的保障措施，这可能是世界上第一次出现"运行管理"的概念。伴随着运行管理概念的提出，产生了一种新的民航职业——飞行签派员。

2. 现代民航运行控制基本概念

按照民航规章《大型飞机公共航空运输承运人运行合格审定规则》（CCAR-121-R7）的定义，飞行运行控制是指空运输合格证持有人使用用于飞行动态控制的系统和程序，对某次飞行的起始、持续和终止行使控制权的过程。为了保障飞行安全和正常，航空运输承运人必须建立足够数量的运行控制中心，作为组织与实施飞行的中枢，承担具体的运行控制工作。对飞行行使控制权的过程称为签派放行，对定期载客运行行使控制权的工作称为签派，对补充运行行使控制权的工作称为放行。行使签派放行权的人俗称"签派员"[11]。为了保证运行控制过程的标准化、规范化，确保航空公司具有符合要求的运行控制能力，围绕运行控制中心建设、签派员训练、签派员资质管理等各个方面，我国民航行政机构出台了相应的规章和咨询通告，形成了符合现代民航运行控制发展要求的规章体系。

3. 签派放行主要职责

签派员的主要职责有三个方面：签派放行、动态监控和运行调度，其中，签派放行是保障飞行安全的基础和前提。航空公司签派放行工作流程见图 1.12。

第1章 绪 论

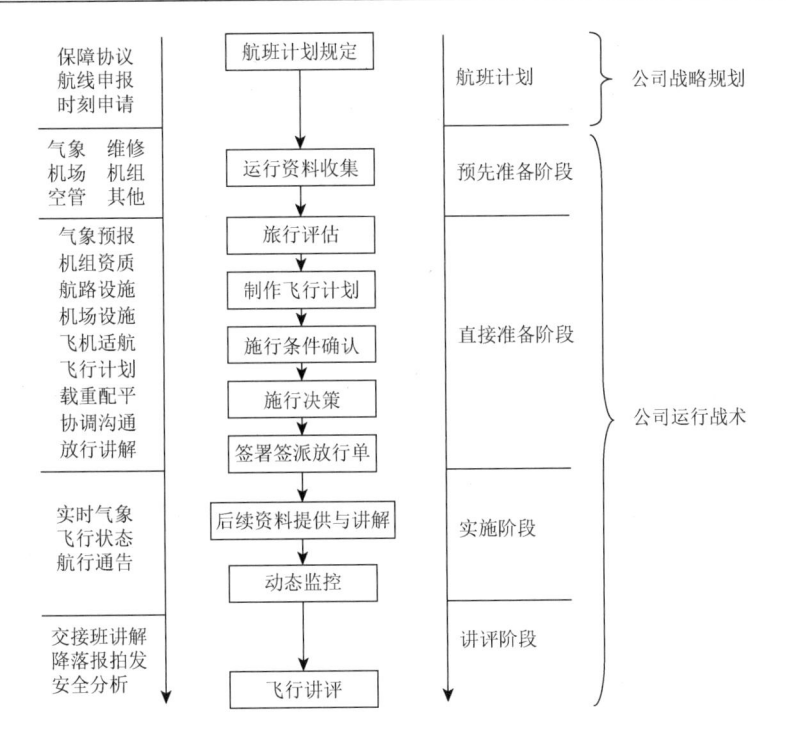

```
保障协议         航班计划规定        航班计划  ⎫
航线申报            ↓                      ⎬ 公司战略规划
时刻申请                                    ⎭

气象  维修       运行资料收集       预先准备阶段 ⎫
机场  机组           ↓                          ⎪
空管  其他                                      ⎪
                                                ⎪
气象预报          旅行评估                      ⎪
机组资质            ↓                           ⎪
航路设施          制作飞行计划                  ⎪
机场设施            ↓                           ⎪
飞机适航          施行条件确认    直接准备阶段  ⎬ 公司运行战术
飞行计划            ↓                           ⎪
载重配平          施行决策                      ⎪
协调沟通            ↓                           ⎪
放行讲解          签署签派放行单                ⎪
                                                ⎪
实时气象          后续资料提供与讲解  实施阶段  ⎪
飞行状态            ↓                           ⎪
航行通告          动态监控                      ⎪
                    ↓                           ⎪
交接班讲解                           讲评阶段   ⎪
降落报拍发                                      ⎭
安全分析          飞行讲评
```

图1.12 航空公司签派放行工作流程

签派放行的三个主要职责有一个共同点，那就是决策，也是运行控制中心的核心职责。航空公司的运行是围绕飞行计划网络来进行的，保证飞行计划的正常实施是航空公司运行的核心。运行控制中心的管理对象是具体的运行数据，这些数据是动态的、复杂的、快节奏的，运行控制人员需要针对动态的运行数据做出决策，以有效利用现有资源和最大限度降低运行成本，实现飞行计划网络运行的准时和客户的满意。

飞行运行数据绝大多数是客观的，主观可控性差，如天气条件的变化、空中交通流量的控制、飞机适航问题、机组执勤限制等，这些运行条件的变化会使航空公司的运行面临非正常干扰，导致航班延误、备降甚至取消。运行控制人员需要在有限时间内采取一系列行动，做出一系列决策，将不正常干扰对航空公司运行的不利影响降至最小。当然，低水平的运行控制决策会对航班运行造成损失甚至严重灾难。

1.5.2 我国航空运行控制发展概况

1999年，中国颁布了《大型飞机公共航空运输承运人运行合格审定规则》（CCAR-121-R4），首次从规章的角度明确了运行控制的工作要求，航空公司也开始意识到建立有效的运行控制中心是提高运行安全水平、提升运行效率、节约成本的重要途径。2000年，民航局颁布了咨询通告《航空公司运行中心（AOC）的政策与标准》（AC-121-004），以更好满足我国民航事业快速发展的要求，与国际民航运行政策和水平接轨，实现我国航空运输安全、优质、高效发展,为航空公司建立专业的运行控制机构提供政策指导。此后,我国航空公司按照相关标准,建立了以飞行签派放行为核心的航空公司运行控制(Airline Operational Control,AOC)中心。

2002年前后,我国民航业进行改革重组,随着航空运输量的快速增长,航空公司原有的运行控制系统和运行管理机构已经难以满足运行控制的需要。以中国南方航空股份有限公司(简称南方航空公司)为例,2000年4月,南方航空公司航务部改制,成立南方航空公司运行控制中心,该中心具有安全风险识别控制、运行资源预测预警、运力调控匹配等特征;提升了运行恢复、重度延误、过站时间控制、应急反应处置等管理水平和能力,具备了高水平的现代航空运行控制能力。同期,中国国际航空股份有限公司、中国东方航空股份有限公司、海南航空控股股份有限公司、四川航空股份有限公司、深圳航空有限责任公司等先后成立了自己的航空运行控制中心。

2010年前后,我国开始建设自己的运行控制系统和平台。以国有大型航空公司为代表,先后研发出集风险量化、风险监控、风险抑制、智能辅助等功能为一体的运行风险管控系统,涉及航班运行的整个过程,可以对数百项运行要素进行统计和分析,模拟航班运行风险,实现航班运行风险的警告、监控。今天,随着5G技术、大数据、人工智能、云计算等新技术的发展,飞行运行控制系统的建设也在向智能化、数字化、移动化发展。

思 考 题

1. 民用航空的类型及特点是什么?
2. 国际民航组织的职能部门和职责是什么?
3. 简述飞机的主要系统和功能。
4. 分析主要交通运输方式的特点和优势。
5. 简述民用航空在经济社会发展中的作用。
6. 简述空中平飞的飞机所受到的空气动力类型和作用。
7. 航空运行控制的基本概念和作用是什么?
8. 航空器的种类有哪些?飞机的主要结构特点是什么?
9. 概述航空公司运行控制技术的发展趋势。
10. 高原地区发展航空运输的优势和不足有哪些?试简述之。
11. 简述我国西南地区高原地理环境的特点和对飞行的影响。

参 考 文 献

[1] 杨新湮,吴维,孟令航. 民用航空概论[M]. 北京:人民交通出版社股份有限公司,2019.
[2] 方韬. 山海经[M]. 北京:中华书局,2011.
[3] 李永. 民航基础知识教程[M]. 北京:中国民航出版社,2005.
[4] 杨元超,陈磊. "飞机之父"莱特兄弟[N]. 解放军报,2019-12-20.
[5] 恩平市政协学习和文史委员会,广东省立中山图书馆. 中国航空之父冯如研究[M]. 广州:广东人民出版社,2013.

[6] BOEING. Services market outlook 2021—2030 [R]. 2021.
[7] 孔旭，于得水，丁坤英，等. 航空器预测性维修技术研发应用态势分析[J]. 航空工程进展，2021，12（2）：20-29.
[8] 侯建，王礼沅. 航空装备维修保障模式数字化转型[J]. 测控技术，2020，39（12）：16-21.
[9] 宋静波. 飞机构造基础[M]. 2 版. 北京：航空工业出版社，2011.
[10] R. H. 巴纳德，D. R. 菲尔波特. 飞机飞行原理——对飞机飞行物理原理的一种描述[M]. 4 版. 黄伟，颜力，张天天，等译. 北京：科学出版社，2021.
[11] 罗凤娥. 航空公司运行控制[M]. 成都：西南交通大学出版社，2016.

第 2 章　高原航空环境

航空地理环境是航空器活动的空间和基本依托，地理环境的基本特征和复杂性决定了航空器航行活动的复杂性。本章对航空地理和环境进行概括性介绍，重点围绕基本概念、基本布局、基本特征等进行阐述。

2.1　航空地理概述

航空地理学是围绕航空运输的人地关系、空间组织和区域结构建立的系统科学，是交通地理学的重要组成部分。

航空地理学源于现代航空运输业的发展。尽管航空的设想早于铁路、轮船、公路等现代运输方式，但18～19世纪的近代航空并未受到地理学家的关注。20世纪初，伴随着现代航空的兴起，航空地理学在欧美国家和地区开始受到重视。中国现代航空运输始于清末民初，略晚于西方国家，但作为中国"开眼看世界"近代科学的先行，航空地理学在中国的发展与西方大体同步。从历史演进、技术变革和制度变迁的视角，结合交通运输地理学科的发展进程，航空地理学的研究历程大体可划分为4个阶段：①20世纪50年代前，学科起步发展阶段；②50～70年代，基础体系建构阶段；③80～90年代，理论框架完善阶段；④21世纪以来，理论与实践繁荣阶段。

随着航空信息资料的不断增加以及航空资源对学术界开放程度的不断扩大，作为经济全球化和区域经济一体化的重要支撑，航空运输将获得更多关注。

2.2　地球运动与飞行

宇宙中一切天体都在运动，地球运动对自然环境和人类活动产生了巨大的影响，包括昼夜更替、运动物体偏移、四季更替等，这些现象与航空运输活动紧密相关。

2.2.1　地球运动

1. 地球的自转

地球围绕自转轴自西向东转动，如图2.1所示，从北极点上空俯视，地球逆时针方向旋转，从南极点上空看则顺时针方向旋转。

地球自转一周的时间是1天，如果以距离地球遥远的同一恒星为参照点，则一天的时间长度为23小时56分4秒，即一个恒星日，如果以太阳为参考点，则一天的时间长

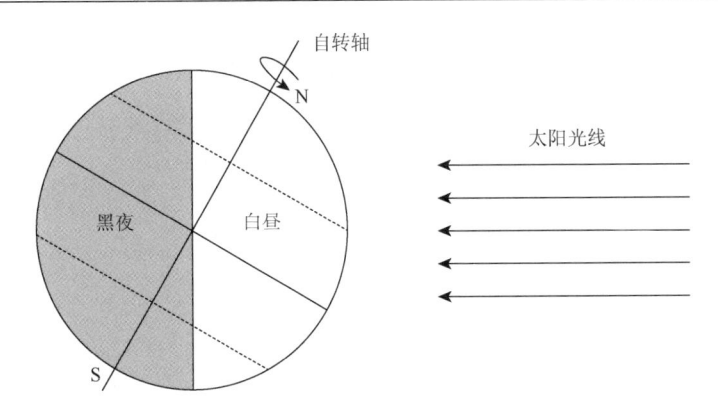

图 2.1 地球自转

度为 24 小时,称为太阳日,这是人们通常使用的地球自转周期,一个太阳日与一个恒星日之间的差异主要源于地球的公转。

除两极点外,地球上任意一点自转的角速度约为 15°/h,地球表面每点的线速度随纬度增加而减小,其具体的数值为赤道的线速度乘以纬度的余弦,所以线速度在赤道最大,向两极递减,两极的线速度最小,在地球赤道上的自转线速度大约为 1670km/h,60°N 处的自转线速度大约为赤道的一半,为 835km/h。地球自转造成了昼夜更替、地方时差、地转偏向力等现象。

按照惯性原理,物体具有保持原来匀速直线运动或者静止状态的性质。但是由于地球本身在旋转,各地的方向坐标也在不断变化,也就是东西南北的方向在不断变化,这就使运动物体相对发生了偏移,地球上物体偏转规律如下。

(1) 北半球:向运动方向的右侧偏转;
(2) 赤道:运动物体不发生偏转;
(3) 南半球:向运动方向的左侧偏转。

运动物体的偏转是一个极为重要的问题,对高速远程的运动物体和大尺度的空气运动具有重要的研究价值。地转偏向力的作用将使飞机在飞行时产生一定程度的偏移,当飞机在长距离飞行时其作用更明显,在实际运行中必须克服这一偏移,才能到达目的地。

2. 地球的公转

地球自转的同时,还围绕太阳公转,如图 2.2 所示。地球在公转过程中,所经路线上的每一点,共同构成一个封闭曲线,称为地球轨道,地球轨道的形状是一个接近正圆的椭圆形,太阳位于椭圆的一个焦点上,由于地球公转轨道是椭圆形,随着地球的绕日公转,日地之间的距离就不断变化,地球轨道上距太阳最近的一点,即椭圆轨道的长轴距太阳较近的一端,称为近日点。地球过近日点的日期大约在每年 1 月初,此时地球距太阳约为 14710 万 km,通常称为近日距。地球轨道上距太阳最远的一点,即椭圆轨道的长轴距太阳较远的一端,称为远日点。地球过远日点的日期大约在每年的 7 月初,此时地球距太阳约为 15210 万 km，通常称为远日距。近日距和远日距二者的平均值为 14960 万 km，这就是日地平均距离。

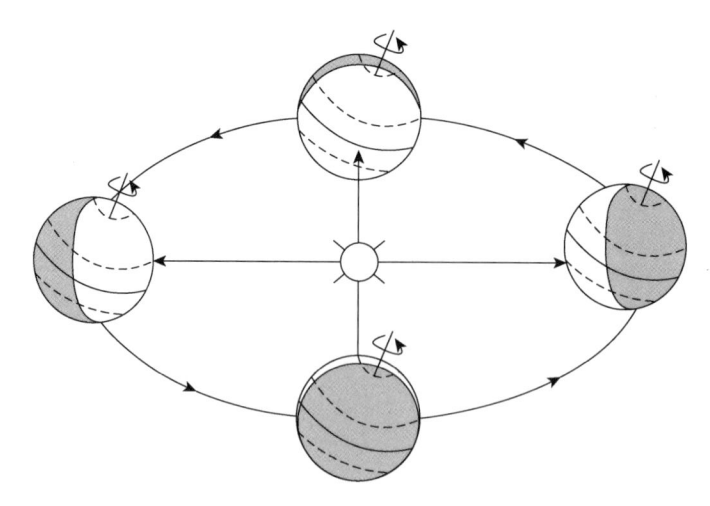

图 2.2　地球公转示意图

地球公转周期是一年，由于地球自转轴与公转轨道平面斜交，倾角约 66°33′，因此，在地球绕太阳公转的一年中，有时地球北半球倾向太阳，有时南半球倾向太阳。太阳的直射点总是在南北回归线之间移动，于是产生了昼夜长短的变化和四季的更替。

地球的公转和地轴的倾斜，共同造成了四季更替和昼夜长短变化，这是我国航空公司安排航班计划的重要依据之一。

在北半球，由于冬半年白天比夏半年白天短，为了充分利用白天，冬半年的航班时刻比夏半年提前 1~2h。我国民航航班计划安排是：每年 3 月的最后一个星期日到 10 月的最后一个星期六执行夏秋季航班计划，10 月的最后一个星期日到第二年 3 月的最后一个星期六执行冬春季航班计划。

根据太阳高度和昼夜长短随纬度的变化，将地球表面有共同特点的地区，按纬度划分为 5 个气候带，即热带、南温带、北温带、南寒带和北寒带。飞机跨越这些气候带时，要考虑带间气候特点的差异，从而对飞机的适航性能做出评估。

2.2.2　飞行导航

导航是引导飞行器或船舶沿一定航线从一点运动到另一点的方法，是飞机正常航行必不可少的技术手段。最初，人们仅靠目视判别地表物体来确定航向，指南针的出现为古代航海提供了方便，后来人们掌握了天空中一些天体的准确位置和运行规律，于是利用仪器对天体进行观测，从而确定航向。随着科学技术的进步，无线电技术、空间技术、电子计算机等先进技术逐渐在导航、通信、监控等方面得到应用，大大提高了导航的准确性，使轮船和飞机在全球范围内自由航行。导航的实质是确定物体所在的经纬度位置，常用的导航方法有三种：惯性导航系统、无线电导航和卫星导航。

1. 惯性导航系统

惯性导航系统（inertial navigation system，INS）是指通过测量飞行器的加速度，自动进行积分运算，根据飞行器的初始位置和初始速度，获得瞬时位置和瞬时速度的导航系统。按惯性测量元件在飞机上的安装方式，惯性导航系统可分为平台式惯性导航系统和捷联式惯性导航系统，前者将测量元件安装在惯性平台的台体上，后者将测量元件直接安装在飞机上。

惯性导航不依赖外界信息，也不向外部辐射能量，不受外界电磁干扰，可全天候、全时间工作。但惯性导航通过积分运算获取信息，定位误差随时间逐步增大，长期精度较差。

2. 无线电导航

无线电导航是目前最主要的导航方式，是指利用无线电保障运载工具安全、准时地从一地航行到另一地的技术和方法，无线电导航在军事和民用方面都有着广泛的应用。

无线电导航的优点是不受时间、天气限制，精度高，定位时间短，设备简单可靠；缺点是必须辐射和接收无线电波，因而易被发现和干扰，需要载体外的导航台支持，一旦导航台失效，与之对应的导航设备就无法使用。

无线电导航设备在过去几十年中发展出很多种类，我国目前正在使用的主要有两类：一类为无方向性无线电信标台（non-directional radio beacon，NDB）；另一类是由甚高频全向信标（VHF omnidirectional radio range，VOR）和测距仪（distance measuring equipment，DME）组成的系统。

3. 卫星导航

卫星导航定位指利用卫星导航定位系统提供的位置、速度、时间等信息来完成对地球各种目标的定位、导航、监测和管理。在卫星导航系统中，卫星的位置是已知的，用户利用其导航装置接收卫星发出的无线电导航信号，并经过处理，计算出用户与导航卫星的几何关系，最后确定用户的绝对位置，有时还可以确定运动速度。全球主要的卫星导航系统包括美国的全球定位系统（global positioning system，GPS）、俄罗斯的全球轨道导航卫星系统（global orbiting navigation satellite system，GLONASS）、欧洲的伽利略卫星导航系统以及中国的北斗卫星导航系统四种。

2.2.3　时间与时差

地球自转造成了不同经度地区的时刻不同，当飞行跨越经度时，就产生了时刻上的不统一。目前世界上主要航线的分布多为东西向，沿着这些航线飞行时，必然跨越经度，所以就必须进行时差换算。此外，时差和飞行中的昼夜长短变化对机组人员的生物钟也产生较大影响。因此，正确地掌握时差的换算，对于各项航空运输活动具有重要意义。

随着地球的自转，一天中太阳东升西落，太阳经过某地天空的最高点为此地地方时的正午 12 点。因此，不同经线上具有不同的地方时，此时间只适用于当地，故称为地方时。

地球不停地自西向东旋转，使得东面总比西面先见到太阳，也就是东面白天来得比较早，所以正午时刻来得也比较早，这就造成了不同经度的地区时刻也不同。

1. 地方时的计算

根据地球自转的角速度可以进行不同经度之间的地方时换算。两地地方时之差，就是地球以角速度转过两地经度差所用的时间。例如，0°经线与 90°经线的地方时之差，就是地球转过 90°所用的时间，即 6 小时。实际上，只要知道任何两地之间的经度差，就可以相互换算地方时。

设已知地的地方时为 M_0，所求地的地方时为 M，两地的经度差为 $\Delta\lambda$，则有

$$M = M_0 \pm \frac{\Delta\lambda}{\omega} \tag{2-1}$$

式中，当所求地在已知地的东面时，取加号；在已知地的西面时，取减号。

地方时计算起来很麻烦，经度不同，时刻也不同。如果把经度分得很细，就会出现许多地方时。如果一度设置一个地方时，全球就会出现 360 个地方时，这对于通信和交通是极为不利的。为了克服这一缺点，需要引入理论区时。

2. 理论区时和当地标准时

随着世界各地交往的日益频繁，需要一个全球统一且符合各地人民习惯的计时方法。1884 年，国际上开始采用划分区时的办法。地球每一昼夜自转一周，即每 24 小时自转 360°，每小时旋转经度 15°。这样每隔 15 个经度划设一个时区，全球共分为 24 个时区，相邻时区都相差 1 个小时。

国际上规定，以伦敦格林尼治天文台的零度经线为标准，从 7.5°W 到 7.5°E 划为中时区，又称为零时区。在这个时区内，以零度经线的地方时间为标准时间，这就是格林尼治时间（Greenwich mean time，GMT）。从中时区向东、西每隔 15°各划一个时区，这样东西各划出 12 个时区，其中东十二区和西十二区是重合的。各时区都以该时区中央经线的地方时为该区的共同标准时间，即理论区时。例如，北京在 116°E，划分在东八区，这一区的中央经线为 120°E，因此"北京时间"是以 120°E 的地方时为标准时间。

在国际无线电通信之间，统一使用协调世界时（universal time coordinated，UTC），其又称为通用协调时、世界标准时间。UTC 与 GMT 相差必须在 0.9s 以内，若大于 0.9s，则由位于巴黎的国际地球自转事务中央局发布闰秒，使 UTC 与地球自转周期一致。当前全世界民用时指示的时刻就是协调世界时，世界上授时台发播的时号大部分是协调世界时时号。

区时是为了计时方便，经国际协商而确定的一种计时手段。实际上，一些国家的时区并不完全按照经线，而是参照各国行政区域和自然界限来划分，因此与理论区时略有

差异。这样划分的时刻系统称为标准地方时,它是各国实际采用的时刻系统。在世界各国实际划分的时区图上,时区之间的界线不完全是经线,多呈曲线和折线,其主要就是考虑了行政区划。例如,我国的疆域从西到东跨越五个时区,但是为了减少时间转换的麻烦,只用北京时间作为全国的标准时间。

3. 国际日期变更线

世界各地都以自己看到的太阳位置作为确定一天的标准,把自己所在地方相应的地球另一面的一条经线作为日期变更线,这样就有许多条日期变更线,使用起来很不方便。为了解决这个问题,1884年国际经度会议规定了一条全世界共同的、可供对照的日期变更线,这条日期变更线称为"国际日期变更线",简称"日界线"。日界线位于太平洋中的180°经线(部分线段并不与180°经线完全重合)上,作为地球上"今天"和"昨天"的分界线。为避免一个国家存在两种日期,日界线并不是一条直线,而是一条折线。它北起北极,通过白令海峡、太平洋,直到南极,这样日界线就不再穿过任何国家。这条线上的子夜,即地方时间零点,为日期的分界线。按照规定,凡是越过这条变更线,日期都要发生变化:从东向西越过这条日界线,日期要加上一天,从西向东越过这条日界线,日期要减去一天。

2.3 航空运输布局

交通运输布局是根据国家或区域的自然条件、资源分布、生产力布局、人口分布、城市化水平等因素配置运输。航空运输作为交通运输方式的一种,其合理布局对国家航空运输业乃至整个国民经济的发展都会产生巨大的推动作用。

2.3.1 航空运输布局概述

航空运输布局是指航线、机场和运力在一定地域空间上的分布和组合。航线、机场和运力是构成航空运输布局的基本要素,其中机场是飞机起降的场所;航线是航空运输的方向和线路;航空公司提供运力,是航空运输活动的具体组织者。航空运输的总体布局并不是人为划分的,而是根据一系列航空运输资源的分布状况,因地制宜,逐渐形成和发展起来的。

我国航空运输在综合交通运输体系中的地位不断提高,机场规模不断扩大,航空网络逐步拓展完善。航空运输以其快捷、舒适和安全的比较优势,逐步在我国的中长途旅客运输、国际客货运输、城际快速运输及特定区域运输等方面占据一定的主导地位,在促进国际人员交往、对外贸易和出入境旅游发展等方面发挥了重要作用[1-5]。

1. 机场布局

机场作为航空运输和城市的重要基础设施,是综合交通运输体系的重要组成部分。机场的布局对航线和运力的分布具有决定性作用。经过几十年的建设和发展,我国机场体系初具规模，形成了以北京、上海、广州等的枢纽机场为中心，其余省会和重点城市的机场为骨干，以及众多干、支线机场相配合的基本格局。我国的机场布局为保证我国航空运输持续、快速、健康、协调发展，促进经济、社会发展和对外开放，以及完善国家综合交通体系等发挥了重要作用，对加强国防建设、增进民族团结、缩小地区差距、促进社会文明也具有重要意义。但我国机场总量不足、体系结构和功能定位不尽合理等问题仍比较突出，难以满足未来我国经济社会发展的需要，特别是提高国家竞争力的要求，进一步优化机场布局和适度增加机场总量已成为未来一段时期我国机场发展的重要课题。

2. 航线网络布局

由于竞争激烈，航空公司需要精心设计自己的产品。机队、航班时刻、航班频率、地面服务、空中服务、奖励制度、品牌、安全记录等，都是非常重要的产品属性。航线是航空公司的客货运输市场，是航空公司赖以生存的必要条件。如果航线网络布局不合理，不管怎样安排航班计划，航空公司都难以获得最佳效益。

航空公司航线网络布局的重要意义主要体现在以下几个方面。

（1）航线网络布局决策影响航空公司的生存和发展。航空公司的战略规划在对外部环境、内部环境做了缜密的分析之后，应慎重地对本公司未来的航线网络布局做出决策。因航线网络布局决策要明确本公司的市场定位、目标顾客、产品组合和联盟策略，所以对公司的生存和发展有着重要的战略意义。只有在航线网络结构明确的基础上，航空公司才能进一步制定机队、市场营销、人力资源、财务管理等方面的战略规划。

（2）航线网络布局决策影响航空公司经营目标的实现。一般来说，航空公司在成立之初或某个战略转折点，都要向社会宣布其宗旨或经营目标。能不能实现其宗旨或经营目标，在很大程度上取决于航空公司的航线网络布局决策及实施。

（3）航线结构影响航空公司、航空公司联盟的综合竞争力。航空公司之间的竞争归根结底是综合实力的较量，而航线网络的质量是航空公司综合实力的主要指标之一。航空公司联盟之间的竞争更加充分地说明了这一点。

（4）航线网络结构将长期影响运营成本。因为航线网络规定了运输航线，对于不同的航线网络结构，各地之间的航线不同，因此运输成本也不同。科学设计的航线网络结构具有最小的运输成本，劣质的航线网络结构意味着较高的运输成本。由于航线网络规划是战略层次的规划，其结构是相对稳定的，而且改变的成本很高，因此航线网络将长期影响航空公司的运营成本。

影响航空运输布局的因素主要有地理位置、自然条件、经济条件、科学技术、人口条件、环境保护及政治条件等。由于不同地区对航空运输布局的条件、要求不同，因而不同地区应从不同的方面发展航空运输业，即使是同一条件在不同的地区也会产生不同的效果。不同地区由于条件的差异，适宜的航空运输发展策略也不尽相同。因此，在布局航空运输时，必须全面深入地分析影响布局的各种条件，因地制宜地布局运力，使布局合理化，以取得最佳的经济效益和社会效益等。

2.3.2 世界航空区域的划分

国际民航组织（ICAO）为了协调世界民航事务、制定航空技术国际标准以及统计分析世界民航的生产数据，将世界划分为北美地区（仅指美国和加拿大）、拉丁美洲、欧洲地区、非洲地区、中东地区、亚太地区六大区域，并按此分区进行航空运输量的统计和分析。ICAO 的年报及其出版的各种刊物，均以此划分为参照。

国际航空运输协会（IATA）把世界划分为三个运输区域，它们分别是一区、二区、三区，各区域下又划设了多个次区。这样划分是为了便于协调和制定国际运价及其规则。

一区：该区北起格陵兰岛，南至南极洲，包括美洲大陆及与之毗连的岛屿、格陵兰岛、百慕大群岛、西印度洋、加勒比群岛、夏威夷群岛（包括中途岛和巴尔米拉岛），该区又常称美洲区。该区下面划设了北美次区、中美次区、南美次区、加勒比次区 4 个次区。

二区：该区是指欧洲地区、中东地区、非洲地区及其邻近岛屿，包括阿森松岛和乌拉尔山以西及伊朗的亚洲部分，该区也被称为欧、非、中东区。该区又划设了欧洲次区、非洲次区、中东次区 3 个次区。

三区：指亚洲、大洋洲及其邻近岛屿，包括东印度群岛、澳大利亚、新西兰及太平洋中的岛屿（除夏威夷群岛外），该区又称亚太区。该区又划设了南亚次大陆次区、东南亚次区、西南太平洋次区、日本朝鲜次区 4 个次区。

2.3.3 中国航空运输地理概况

中国陆地面积约 960 万 km^2，是亚洲领土面积最大的国家。西起亚欧大陆中部的帕米尔高原，东至浩瀚的太平洋，从东五区到东九区，跨越 5 个时区；北起内蒙古高原，南达南海诸岛，从亚寒带到热带基本跨越了整个北半球。

中国地势西高东低，山脉多呈东西和东北—西南走向。青藏高原平均海拔 4000m，号称"世界屋脊"，构成了中国地势第一级阶梯。第二级阶梯由内蒙古高原、黄土高原、云贵高原和塔里木盆地、准噶尔盆地、四川盆地组成，平均海拔为 1000～2000m。跨过第二级阶梯东缘的大兴安岭、太行山、巫山和雪峰山，向东直达太平洋沿岸是第三级阶梯，此阶梯地势下降到 500～1000m，自北向南分布着东北平原、华北平原、长江中下游平原，平原的边缘镶嵌着低山和丘陵。再向东为中国大陆架浅海区，水深大多不足 200m，蕴含着丰富的海底资源。

1. 中国航空区划

中国国内航空运输具有广阔的活动空间。为了因地制宜地安排运力、合理建设机场、协调国内及国际航空的发展，以获得最佳的经济效益和社会效益，有必要对全国航空运输区域进行划分。20 世纪 60 年代中期，我国形成北京、沈阳、上海、广州、成都、兰州六大民航管理局，其管辖的六大航空区域与我国经济区划一致。1982年，兰州管理局搬迁至西安。1985年，中国民用航空局乌鲁木齐管理局成立。自此基本形成我国七大航空区域。

七大地区分别为：华北区、华东区、中南区、西北区、西南区、东北区、新疆。对应七大地区管理局分别是：华北地区管理局、华东地区管理局、中南地区管理局、西北地区管理局、西南地区管理局、东北地区管理局、新疆管理局。

华北地区管理局管辖：北京市、天津市、河北省、山西省、内蒙古自治区。

华东地区管理局管辖：上海市、江苏省、浙江省、山东省、安徽省、江西省、福建省。

中南地区管理局管辖：广东省、广西壮族自治区、湖北省、湖南省、河南省、海南省。

西北地区管理局管辖：陕西省、甘肃省、青海省、宁夏回族自治区。

西南地区管理局管辖：重庆市、四川省、贵州省、云南省、西藏自治区。

东北地区管理局管辖：辽宁省、吉林省、黑龙江省。

新疆管理局管辖：新疆维吾尔自治区。

香港、澳门则由特区政府管理当地的航空运输发展事宜。

台湾现由台湾当局管理当地的航空运输发展事宜。

2. 中国国际国内航线

我国目前共有定期航班航线5500余条。其中，国内航线4600余条。

1）国内航线特点

（1）集中分布于哈尔滨、北京、西安、成都、昆明一线以东，其中，京津冀、长三角、珠三角地区最为密集，航线整体上从东到西逐渐减少。

（2）航线多以大中城市为中心向外辐射，由若干个呈放射状的系统相互联通，共同形成全国的联通网络。

（3）航线结构以城市对为主，并开始向轮辐式航线结构优化。航线客货运量以干线为主，支线网络尚未形成，运量较低。

2）国际航线分布特征

（1）我国国际航线的主流呈东西走向，向东连接日本、韩国、北美，向西连接中东、欧洲，是北半球航空圈带的重要组成部分，其中以中日、中韩、中美航线最为密集。

（2）我国与东南亚、澳大利亚等地的国际航线密度也比较大，是亚太地区航空运输网络的重要组成部分。

（3）北京首都国际机场、上海浦东国际机场、广州白云国际机场是我国三大国际门户枢纽机场，集中了我国大多数国际航线。

（4）大连、厦门、深圳等沿海城市，成都、西安、沈阳、杭州、南京、武汉、长沙等内地重要城市的国际航线也初具规模，其通航点主要集中在日韩、东南亚等地区，哈尔滨、乌鲁木齐、昆明等沿边城市的国际航线也比较多，分别向其邻近的国家辐射。

3. 中国机场

我国的机场分布具有明显的地区性，截至2021年底，我国境内运输机场有248个。其中，东部地区56个，中部地区40个，西部地区125个，东北地区27个。

我国机场在旅客吞吐量、货邮吞吐量等方面也呈现出显著的地区性。在旅客吞吐量方面，东部地区占比近49%，中部地区、西部地区、东北地区约占12%、33%、6%，北京、上海和广州三大城市机场的旅客吞吐量约占全部境内机场旅客吞吐量的18%，年旅客运输量超1000万人次以上的机场29个，其吞吐量总和在全国的占比超70%。在货邮吞吐量方面，中东部地区占比73%左右，中部地区约9%，西部地区15%左右，东北地区约3%。北京、上海和广州三大城市机场的货邮吞吐量占全部境内机场的货邮吞吐量的45.0%。

目前我国民航机场总体布局基本合理，绝大多数机场建设和发展以航空运输市场需求为基础，初步形成了与国情国力相适应的机场体系，为促进和引导国民经济发展、加强国防建设和保障国家安全发挥着重要作用。

2.3.4 中国高原航空运输地理

目前我国高原机场（海拔1524～2438m）有19个，高高原机场（海拔2438m以上）有20个，具体情况如表2.1和表2.2所示。

表2.1 我国高原机场一览表

序号	机场名称	所在地区	所在省份	机场标高/m
1	西昌青山机场	西南	四川省	1559
2	嘉峪关机场	西北	甘肃省	1559
3	张掖甘州机场	西北	甘肃省	1589
4	文山砚山机场	西南	云南省	1590
5	保山云瑞机场	西南	云南省	1665
6	重庆仙女山机场	西南	重庆市	1745
7	固原六盘山机场	西北	宁夏回族自治区	1746
8	重庆巫山机场	西南	重庆市	1772
9	沧源佤山机场	西南	云南省	1840
10	腾冲驼峰机场	西南	云南省	1888
11	临沧博尚机场	西南	云南省	1897
12	昭通机场	西南	云南省	1936
13	兰州中川国际机场	西北	甘肃省	1947
14	六盘水月照机场	西南	贵州省	1975
15	攀枝花保安营机场	西南	四川省	1980
16	昆明长水国际机场	西南	云南省	2104

续表

序号	机场名称	所在地区	所在省份	机场标高/m
17	大理荒草坝机场	西南	云南省	2155
18	西宁曹家堡机场	西北	青海省	2184
19	丽江三义国际机场	西南	云南省	2243

表 2.2 我国高高原机场一览表

序号	机场名称	所在地区	所在省份	机场标高/m
1	神农架红坪机场	中南	湖北省	2585
2	格尔木机场	西北	青海省	2843
3	海西德令哈机场	西北	青海省	2862
4	海西花土沟机场	西北	青海省	2905
5	林芝米林机场	西南	西藏自治区	2949
6	海北祁连机场	西北	青海省	3163
7	甘南夏河机场	西北	甘肃省	3190
8	迪庆香格里拉机场	西南	云南省	3288
9	宁蒗泸沽湖机场	西南	云南省	3293
10	九寨黄龙机场	西南	四川省	3448
11	阿坝红原机场	西南	四川省	3540
12	拉萨贡嘎机场	西南	西藏自治区	3570
13	果洛玛沁机场	西北	青海省	3788
14	日喀则和平机场	西南	西藏自治区	3801
15	玉树巴塘机场	西北	青海省	3905
16	甘孜格萨尔机场	西南	四川省	4067
17	甘孜康定机场	西南	四川省	4238
18	阿里昆莎机场	西南	西藏自治区	4274
19	昌都邦达机场	西南	西藏自治区	4333
20	稻城亚丁机场	西南	四川省	4411

我国高原机场和高高原机场，除位于湖北的神农架红坪机场外，均分布在西南、西北的各省区市。云南省高原机场数量最多，为 9 个，占比 47%；在高高原机场中，青海省最多，为 6 个，四川省和西藏自治区各有 5 个，三省区高高原机场数量之和占比为 80%。

1. 西北高原航空地理

西北地理位置的显著特点是远离海洋。甘肃最东端距渤海和黄海分别达 800km 和 1000km，最南端距北部湾约 1300km，河西走廊和新疆完全深居内陆。对于中国这样一个以东亚暖湿气流为主要降水来源的国家而言，远离海洋不仅会造成西北区海上交通困难，还会导致西北降水奇缺和大片地区自然景观的荒漠化。

甘肃省位于我国西北地区的中心地带，地域辽阔，地貌复杂多样，山地、高原、平川、河谷、沙漠、戈壁交错分布；地势自东南向西北倾斜；地形狭长，东西长1655km，南北宽530km，大致可分为各具特色的六大区域：陇南山地、陇中黄土高原、甘南高原、河西走廊、祁连山地和河西走廊以北地带。

宁夏回族自治区东西窄、南北长，南北相距450km，东西相距250km；地势南高北低，呈阶梯状下降，平均海拔为1000m；平原占全区总面积的26.8%，丘陵、山地、台地等占73.2%。宁夏深居内陆，南端属南温带半干旱区，中部属中温带半干旱区，北部属中温带干旱区，南北气候差异较大，是典型的大陆性气候。影响该地区航空运输发展的主要天气有大风、大雪和风沙等。

青海省山脉纵横，峰峦重叠，湖泊众多，峡谷、盆地遍布。全省地貌复杂多样，4/5以上的地区为高原，东部多山，海拔较低，西部为高原和盆地，境内的山脉有东西向、南北向两组，构成了青海的地貌骨架，全省平均海拔为3000m。地区间差异大，垂直变化明显。

西北地区与蒙古国、俄罗斯、阿富汗、巴基斯坦等国相邻，是我国重要的边疆地区，具有开展对外贸易的条件，对外贸易有利于促进这一地区经济的增长和各民族的团结，也有利于开拓我国的外贸市场。

2. 西南高原航空地理

西南地区地跨中国三大阶梯，其主体部分属于第二级阶梯。全区大致可分为青藏高原东缘、横断山脉、四川盆地和云贵高原四大地貌单元，东部和北部少数地段属于秦巴山地。影响本区地貌发育的主要因素有地质构造、岩性以及流水、岩溶、冰川等外力作用。

西藏自治区位于世界上面积最大、海拔最高的高原之上。西藏为喜马拉雅山脉、昆仑山脉和唐古拉山脉所环抱，地广人稀；地形地质复杂，平均海拔为4000m，被称为"世界屋脊"，是世界公认飞行难度极高的"空中禁区"。西藏气候总的特点是日照时间长，辐射强烈；气温较低，温差大；气压低，氧气含量少。西藏的地形特点和气候特征虽然对民航机场的选址和飞机的飞行提出了很高的要求，但是与其他交通运输方式相比，仍具有突出的优势。

四川省地处长江上游，全省面积为48.6万km^2。四川省西与青藏高原相扼，东与三峡重叠，北有巴山秦岭屏障，南有云贵高原拱卫，形成了闻名于世的四川盆地。四川盆地的面积为26万km^2，占四川省总面积的53.5%。盆地位于四川东部，在巫山、大巴山、横断山、大娄山之间，海拔一般为300~600m，北高南低，西部为平原，中东部为丘陵、低山分布。

重庆市地形复杂，其北部、东部及南部分别为大巴山、巫山、武陵山、大娄山环绕；地貌类型以丘陵、山地为主，坡地面积较大，有"山城"之称。流经重庆的主要河流有长江、嘉陵江、乌江等，长江干流自西向东横贯全境，形成著名的瞿塘峡、巫峡、西陵峡，即举世闻名的长江三峡。

云南省地形极为复杂，西北高、东南低，约84%的面积是山地，个别县市的山地比例超过了98%。云南省地形以元江谷地和云岭山脉南段宽谷为界,分为东西两大地形区。东部为滇东、滇中高原,是云贵高原的组成部分,平均海拔在2000m,表现为起伏和缓的低山和浑圆丘陵,发育着各种类型的岩溶地貌;西部高山峡谷相间,地势险峻,山岭和峡谷的相对高差超过1000m。全省地势呈现西北高、东南低,自北向南呈阶梯状逐级下降,沿着从北到南每千米的水平直线距离,海拔平均降低7.4m。

贵州省位于云贵高原,境内地势西高东低,自中部向北、东、南三面倾斜,平均海拔为1100m。贵州高原山地居多,地貌类型可概括分为高原山地、丘陵和盆地三种基本类型,其中92.5%的面积为高原山地和丘陵。贵州岩溶地貌发育非常典型,岩溶分布范围广泛,形态类型齐全,地域分异明显,构成一种特殊的岩溶生态系统。

西南地区位于中国西南边陲,西部和南部与缅甸、老挝和越南等国毗邻,国界线长达4060km,是中国与南亚、东南亚诸国最重要的陆路通道。在国内西靠青藏、北连甘陕、东接鄂湘桂,是连接中国华中、华南、西北和青藏四大地区的重要通道;在全国经济总体布局中,西南地区处于长江经济发展轴与西部大开发地带的接合部。西南地区是西部经济实力最强、增长潜力最大的地区,在全国经济发展的宏观格局中具有十分重要的战略地位。

2.4 航空运输布局的影响因素

2.4.1 地理位置对航空布局的影响

地理位置包括自然地理位置、政治地理位置和经济地理位置等。

自然地理位置指某一事物与地表某一自然要素或自然综合体的相对空间关系。一个国家、地区或城市的航空运输发展水平往往与其所处的自然地理位置有一定的内在关系。

政治地理位置指国家领土与有关政治地理要素和条件的空间关系,也就是其周围地区和邻国的政治状况、外交政策、国力强弱等对本国的影响。政治地理位置并非一成不变,往往随着国际关系、交通条件及科学技术的发展而变化。

经济地理位置指一个国家、区域、城镇或乡村在与外围地区的经济联系中所形成的空间关系。正确阐明一个地区的经济地理位置,对认识这个地区在国民经济总体中的地位和作用、发挥其地区经济优势及解决相关的生产布局问题都具有重要意义。

2.4.2 自然条件对航空布局的影响

自然条件指一个地域经过上千年天然的非人为因素改造成形的基本情况,包括地形地貌、生物资源、水文气候等方面。同其他交通运输方式相比,自然条件对航空运输布局的影响随着现代科学技术的发展而逐步减小,但自然条件对航空运输布局的选线、机场选址、建设投资、运输能力,以及建成后的运输成本和运营费用支出的影响仍然不可忽视,必须给予科学的评估。

1. 地形地貌

地形地貌是修建机场和确定航路的必备条件。中国民用航空局于 2007 年出台了《民用机场选址报告编制内容及深度要求》，要求对于所有民用机场初选场址，先要对场址的地面情况进行调查和了解，从地面条件角度将明显不适合的初选场址排除，然后对剩余的初选场址进行初步的航行服务分析，从航行角度再次将不合适的初选场址予以排除。在通过地面和航行排查后的初选场址中进行比选，从中提出 3 个预选场址。

我国幅员辽阔，高原和山区占了很大的比例。近年来，我国在建和拟建的高原机场数量增多，同时越来越多的航空公司已经申请加入高原机场运行。但是高原机场和高原航线有一定的特殊性，要求较高，保证安全的难度较大。

2. 生物资源

在生物资源中，除人类以外对航空运输影响最大的生物就是鸟类。鸟击事件严重影响飞行安全。鸟击指飞机起飞、飞行或降落过程中被鸟类撞击而发生的飞行安全事故或事故征候，已被国际民航组织定为 A 类航空灾难。鸟击是威胁飞行安全的重要因素，具有多发性和危险性。近年来，中国民航运输类飞机因鸟击导致的事故征候占运输类飞机总事故征候的 26.2%，是威胁民航运输安全的三大因素之一。因此，机场场址应远离候鸟群的习惯迁徙飞行路径和吸引鸟类聚集的地区。

3. 气象条件

气象因素对航空运输的影响相比其他交通运输方式更大，本章第 2.5 节将展开详细介绍。

飞机飞行在大气环境中，大气物理要素与天气现象对飞行活动有重要影响，因此民航运输飞行的各个环节都需要航空气象服务。机场选址需要气候资料，要考虑天气对空域流量和飞行程序的影响，考虑盛行风对跑道方向的影响；在飞行前的计划中，需要精确的高空风、温度预报及航路重要天气预报，用以优化航路并计算油量；飞机起飞前还需要用地面温度气压计算配载量。飞机起飞降落都要依据严格的天气标准，不同的机型、不同资质的机长和不同的跑道都有不同的标准。飞行过程中，遇到航路或者降落机场影响飞行安全的危险天气时，机长要依据天气情况决定绕航、返航或者备降。

2.4.3 经济因素对航空布局的影响

经济条件在众多影响航空运输布局的因素中是最直接、最基本、最重要的因素，也是航空运输活动首先考虑的因素。航空运输是经济发展到一定水平的产物，一个国家或地区没有一定的经济基础，就不可能有发达的航空运输业。从目前世界航空运输布局来看，大多数经济发达的国家或地区的航空运输业也比较发达，欧美、日本等的航空运输业要远超过大多数发展中国家。

影响航空运输布局的经济条件主要包括对外贸易、物流业、其他交通运输方式等。

1. 对外贸易对航空运输布局的影响

对外贸易是指一个国家（地区）与另一个国家（地区）之间进行商品和劳务的交换，这种贸易由进口和出口两个部分组成。对外贸易使得商品在世界范围内流动，由此产生国际货物运输。对外贸易使有关的商人、公务人员、技术人员频繁往来于贸易国之间，使其成为国际客运的重要组成部分。

除了承担相关旅客运输，一些紧俏商品、鲜活易腐品、高新技术产品和贵重物品的货物运输也会采用航空运输，虽然航空运输在贸易运输中的周转量占世界贸易运输总周转量的比例不大，但是其价值所占比例较大。

2. 物流业对航空运输布局的影响

物流是指物品从供应地到接收地的实体流动过程。根据实际需要，将运输、储存、装卸、搬运、包装、流通加工、配送、信息处理等基本功能有机结合，运输作为物流的核心组成部分，与物流其他各环节关系密切。

航空货运速度快，节约资金和时间，高效的全球性特征保证商品能抓住最佳价位时机进入市场，因此适用于生产周期短、对运输要求高的企业。这些行业普遍产业集中度高，技术和管理先进，有比较强的使用社会化物流、供应链管理服务的意愿。在探索如何满足货物物流及供应链管理需求的战略问题上，航空货运业融入物流业的发展过程中，航空物流企业逐渐演变产生出来。

3. 其他交通运输方式对航空运输布局的影响

航空运输作为交通运输五大方式之一，需要融合到综合交通运输布局中，既综合利用各种运输方式、加速综合运输网的形成，又要与其他交通运输方式形成竞争环境。

现代交通运输工具由铁路、公路、内河、海运、航空和管道等组成，它们在基本建设投资、货物送达速度、运输成本、能源消耗以及劳动生产率等方面具有不同的技术经济特点，适应着不同的自然条件和各种运输要求。在综合运输网中，各种运输方式都占有一定地位和作用。此外，旅客从始发地到目的地，货物从产地到消费地，往往要由集中运输工具共同完成。因此，建成综合运输网既是交通运输生产的客观要求，又是客货运输的实际需要。

2.4.4 科技因素对航空布局的影响

科技的发展常主动影响生产布局，重大科技成果往往使生产布局突破某些自然和经济条件的制约，使生产布局发生变化，成为影响生产布局最积极、最活跃的因素。

1. 空中交通管理技术

当前以信息技术、通信技术和卫星技术为代表的新科技应用在航空领域，推动民航空中交通管理方式发生深刻的变革。现在美国、中国等国家都在致力于研究新一代民航运输系统，目的就是使用新概念、新科技、新架构、新政策和新模式，以最安全、最有效和最快捷的方式来满足航空运输的需要。新一代空中交通管理系统是这一体系的核心之一，涉及的新概念和新技术十分广泛，这些技术主要包括星基导航系统、广域多组合系统、数字数据通信系统，以及体现在天空地上一体化的空管自动化系统等。

2. 航空信息技术

信息技术的发展为航空运输的发展提供了有力的保障。信息技术成为航空运输业运行和管理必不可少的手段，就中国民航而言，在建设空管信息系统、数据通信网、计算机订座系统、全球分销系统、离港系统、收入结算系统、企业内部运行管理系统、电子政务和商务系统等的基础上，正进一步推动新一轮空管信息化系统和民航综合信息平台的建设，拓宽和推广电子商务的应用，推动电子政务重大项目的实施，并加强民航网络和信息安全工作。

3. 我国航空技术发展

大型飞机是现代高新技术的高度集成，是一个国家工业、科技水平和综合实力的体现。国务院发布的《国家中长期科学和技术发展规划纲要》把研制和发展大型飞机列入16个国家重大科技专项中，这是提高我国自主创新能力和增强国家核心竞争力的重大战略举措。研制大型飞机能够带动新材料、现代制造、先进动力、电子信息、自动控制和计算机等领域关键技术的突破，还能推动流体力学、固体力学、计算数学、热物理、化学、信息科学和环境科学等诸多基础学科的发展。2008年，中国商用飞机有限责任公司在上海成立，标志着我国大型飞机研制工作开始实质性启动。

除以上因素外，政治因素、人口因素、环境因素也会对航空布局产生影响。

2.5 航空气象

航空气象学属于应用气象学，是一门主要研究各种气象条件与飞行活动和航空技术之间的关系、航空气象服务的方式和方法、航空器在地球大气中飞行时的气象问题的科学。气象条件对航空器的起飞、航行、降落有着不同的影响，飞机在飞行中时时刻刻都受气象条件的影响，飞机的设计制造以及机场的选址也与气象条件有着密切关系。航空气象学的主要任务是提高航行效率，保障飞行安全。

航空气象学是在气象学与航空运输的密切联系中发展起来的。航空活动离不开气象的保障服务，20世纪航空活动兴起后，航空与气象结下了不解之缘。1903年12月17日，美国莱特兄弟实现人类首次飞行时，用叶轮式风速表观测地面风速，这也是人类历史上第一次航空气象观测。

早期的航空气象学主要研究地面风和对流层下部的气流对飞行的影响。当时的航线天气预报只包括地面风、高空风、能见度、雷暴、总云量。到20世纪中期以后，航空气象学逐渐发展完善。随着雷达探测、激光技术、气象卫星和电子计算机等先进技术应用在航空领域，喷气式飞机、超音速运输机以及各类大型飞机出现，航空气象学开始研究起飞着陆区和高空航线上气象条件的探测和预报。到 20 世纪 20 年代末，出现了无线电探空仪，人们开始能获取到空中的温度和气压的资料，这些大大促进了航空气象学的研究和发展。

随着飞行高度的扩展，云、雾、雷暴、积冰、大气湍流、大气能见度以及它们的预报方法，都成为航空气象学研究的内容。第二次世界大战后，人们开始用雷达探测强对流天气。20 世纪 50 年代以后又出现了喷气式飞机，巡航高度达到 9～12km，飞机也逐渐大型化。随着气象仪器的更加完善，航空气象学的发展也跨入了一个新阶段。21 世纪后，航空气象学进入信息化时代。航空气象学研究出现三个趋势：一是预报精细化；二是预报内容更加全面；三是区域合作更加完善。

2.5.1 航空气象基本要素

气象是指大气中发生的各种物理现象（如风、云、雨、雪、雷、电等）和物理过程（如增热、冷却、蒸发、凝结等）。气象要素是表示大气状态的物理量和物理现象，主要有气温、气压、湿度和风、云、雨、雪、雾、雷暴等各种天气现象。航空气象要素主要包括气温、气压、湿度、风速、风向、云以及降水、能见度和视程障碍、雷暴、扰动气流、飞机积冰、低空风切变等。地球大气是航空活动的客观环境，各气象要素和天气对航空活动的影响是多方面的，认识大气是正确认识它们对飞行影响的前提。

1. 大气的成分和结构

地球表面的外层大气是多种气体混合组成的空气，受地球重力的影响，围绕地球占有一定的空间，称为地球大气，简称大气。大气不断运动变化呈现出各种各样的天气现象和天气变化。大气状态的每一种变化都会给飞行活动带来影响，严重时可能危及飞行安全。大气的状态可以用气温、气压、湿度、风、云、降水、能见度等气象要素表示。

1) 大气的成分

大气是一种由干洁空气、水汽、气溶胶组成的混合物。干洁空气是指大气中除去水汽、气溶胶以外的整个混合气体，简称干空气。大气中的水汽主要来源于水面、潮湿物体表面的水分蒸发和植物蒸腾，是大气中唯一能发生相变的成分。水汽对天气的影响比较大，实际上一切天气现象的产生都是大气中水汽运动和相变的结果。水汽相变能产生云、雾、露、霜、雨、雪、雹等天气现象。水汽在相变过程中会吸收或释放热量，影响地面和空气的温度。此外，水汽也是成云致雨的物质基础，故大多数复杂天气均出现在中低空，高空晴朗。

大气气溶胶指悬浮在大气中的固体微粒和水汽凝结物。在一定的天气条件下，气溶胶粒子常聚集在一起，形成云、雾、雨、雪、风沙浮尘等天气现象，使大气透明度变差。此外，气溶胶也能吸收、散射、反射地面辐射和太阳辐射，影响大气温度。固体杂质可充当水汽的凝结核，在云、雾、降水等的形成过程中起着重要的作用。

2）大气结构

地球上的生命离不开大气层，它对生物有着重要的影响。大气层内部的物质始终处于运动状态，一切风、云、雨、雪等天气现象都发生在这一层。大气层的底层就是飞行活动的空间。根据大气温度变化、运动状态、密度及成分的变化等，将大气分为对流层、平流层、中间层、热层和散逸层。对流层是地球大气中最低的一层，气温随高度增加而降低，空气的对流运动极为明显，空气温度和湿度的水平分布也很不均匀。对流层集中了全部大气约 3/4 的质量和几乎全部的水汽，是天气变化最复杂的层（图 2.3）。平流层位于对流层顶之上，范围从对流层顶到大约 55km 的高度上。平流层中空气稀薄，水汽和杂质含量极少，整层空气几乎没有垂直运动，气流非常平稳。平流层大气受地表影响极小，空气运动几乎不受地形阻碍和扰动。中间层是从平流层顶至 85km 处的范围。该层的气温随高度的增加而迅速降低，因此该层也存在明显的空气垂直对流运动。热层位于 85～800km 的高度，该层气体在宇宙射线的作用下处于电离状态。电离后的氧能强烈吸收太阳的短波辐射，使空气迅速升温，因而该层的气温随高度的增加而增加。此外，该层能反射无线电波，对于无线电通信有重要意义。800km 以上的区域统称为散逸层，也称为外层大气。该层大气稀薄，气温高，分子运动速度快，地球对气体分子的吸引力小，因此气体及微粒可飞出地球引力场进入太空。

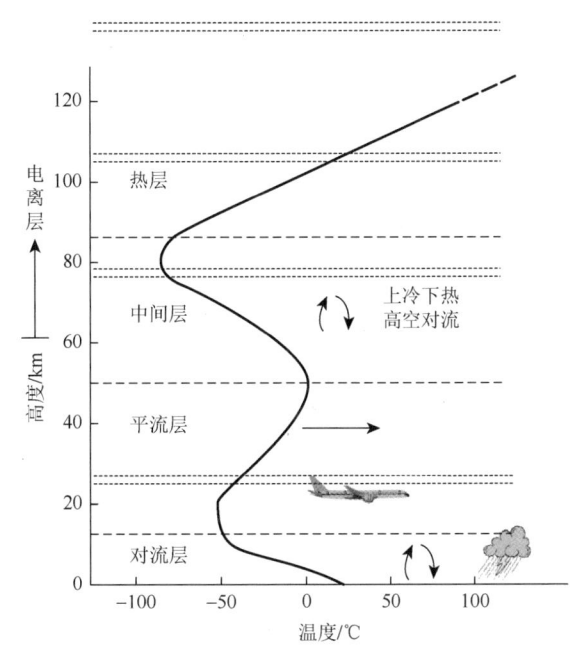

图 2.3 大气的垂直结构

资料来源：《地球科学概论》

目前，飞行活动主要集中在对流层和平流层下部的范围之内。民航运输飞机大多在 12000m 以下，高空飞行的飞机一般不超过 20000m。飞行中所遇到的各种重要天气现象几乎都出现在对流层，如雷暴、浓雾、低云、雨、雪、大气湍流、风切变等。为了确保飞行安全，每个机场都规定有各类飞机的起降气象条件。现代大型喷气运输机的高度可达到平流层底层。对于飞行来说，平流层中气流平稳、空气阻力小是有利的一面，但因空气稀薄，飞行器的稳定性和操纵性恶化，这又是不利的一面。

2. 航空气象要素

航空气象要素是与航空活动有关的气象要素，主要包括气温、气压、空气湿度、风、云、降水、能见度、雷暴、低空风切变等天气现象。其中，气温、气压和空气湿度又称为三大基本气象要素。

1）气温

气温是表示空气冷热程度的物理量，其实质是空气分子平均动能大小的宏观表现。气温的升高和降低就是空气分子内能的增加和减少。气温通常用三种温标来量度：摄氏温标、绝对温标和华氏温标。在实际大气中，气温的基本变化方式主要有绝热变化和非绝热变化两种。此外，局地气温的周期变化和非周期变化也会为飞行带来一定的影响。

气温影响着飞机的方方面面。气温变化还会引起各种天气的变化，进而影响到飞行活动。对于飞机平飞的最大速度，当气温低时，空气密度变大，推力增大，尽管空气阻力也增大，但阻力增大数值不及推力增大数值。对于飞机的滑跑距离，当气温高时，空气密度变小，使发动机推力减小，飞机增（减）速度慢，飞机滑跑距离增长；当气温低时，空气密度变大，飞机增（减）速度快，飞机滑跑距离就短一些。同时气温还影响着飞机的能耗、升限、载荷、飞机空速表和高度表的示值。

2）气压

气压就是大气压强，是指与大气相接触的表面上，空气分子作用在单位面积上的力。气压是形成复杂天气的主要因素之一，对飞行有一定的影响，气压越低，空气密度越小，飞机推力减小，滑跑距离拉长。飞机在飞行过程中时刻离不开气压，飞机上的气压高度表是用气压来测定飞机所处高度的仪表，特别在起飞降落时要用机场的场面气压来调整高度表。所以如果将气压测错或报错会直接危及飞行安全。

航空上常用的几种气压有本站气压、场面气压、修正海平面气压和标准海平面气压。大气处于标准状态下的海平面气压称为标准海平面气压，其数值为1013.25hPa或760mmHg。海平面气压是经常变化的，而标准海平面气压是一个常数。飞机在航线上飞行都要按照标准海平面气压调整高度表，目的就是使所有航线上飞行的飞机都具有相同的零点高度，按照此保持规定的航线仪表高度飞行避免飞机在空中相撞。

气压场就是气压的分布。水平气压场是指某一水平面的气压分布，这一水平面通常取海平面。通常将海拔在1500m以下的各气象观测站推算出来的海平面气压填在一张图上，绘出等压线，这样就可以显示海平面上的气压分布。一般每隔2.5hPa或5hPa画一条等压线，在其两端或闭合等压线的北方标注气压值。常见水平气压分布的基本形式主要有低压、高压、低压槽、高压脊、鞍形气压区五种（图2.4）。

3）空气湿度

空气湿度是用来度量空气中水汽含量多少或空气干燥、潮湿程度的物理量。大气中水汽含量是随着时间、地点、高度和天气条件等不断变化的。空气湿度的表示方法主要

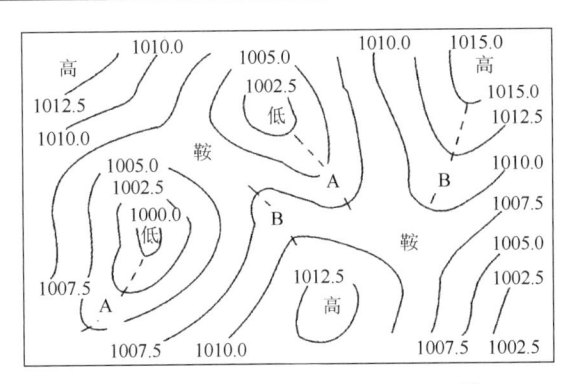

图 2.4 水平气压场的几种基本形式[6]

有水汽压、相对湿度、露点温度和温度露点差。因而空气湿度有两方面的含义,即水汽含量和饱和程度,二者既不相同又有联系,空气湿度的变化主要也是从这两方面的变化来考虑的。

空气中的水汽含量与地表有关,地面潮湿的地方空气中水汽含量较高;如果在同一地区,则水汽含量与气温的关系较大,温度升高时饱和水汽压增大,空气中的水汽含量也增大。

空气饱和程度与气温的高低以及空气中水汽含量的多少有关。因为气温变化比露点温度变化得快,空气饱和程度的一般规律是早晨大午后小,冬天大夏天小。露珠一般出现在夏季的早晨,冬季的夜间容易形成霜。冬季夜间停放在机场地面的飞机容易结霜,夏季时油箱积水等现象都和空气饱和程度有关。

4) 风

空气是处于不断运动中的,由于空气的运动,各地区和各高度之间的热量、水汽、杂质等得以输送和交换,使大气始终保持一种平衡状态。同时由于空气的运动,不同性质的气团相互作用,产生各种各样的天气和气候,对航空活动产生影响。此外,空气活动也会直接影响航空活动。

空气的运动形态是多种多样的,但是大范围的、比较有规律的空气运动可以分为水平运动和垂直运动两种。空气相对于地面的水平运动就是人们通常所说的风。风也是一种重要的天气现象和气象要素。

风是一个矢量,有大小和方向,用风速和风向来表示。在气象学上,风向是指风的来向,可以由正北方向顺时针旋转到风的来向的角度确定。风速是指空气水平运动的速度,即单位时间内空气运动的水平距离,风速的单位一般用 m/s、km/h 或 n mile/h。

飞机的起飞和着陆通常是在逆风条件下进行的。因为逆风能使离地速度和着陆速度减小,因而也就能缩短飞机的起飞滑跑距离和着陆滑跑距离。逆风起飞能产生飞机的附加进气量,从而增大飞机运动开始时的方向稳定性和操纵性。顺风时则相反,其增加了起飞和着陆的滑跑距离,使起飞时飞机的稳定性和操纵性变坏,起飞和着陆变得困难。侧风会使飞机偏离跑道,在空中飞行时则会偏离航线。在航行飞行时,顺风可以节省航时和燃料。

5) 云和降水

云和飞行关系密切,有些云会给飞行带来困难和危险,降水更会加重这种影响。掌握云和降水的知识,对于顺利完成飞行任务有重要意义。

云是由悬浮在空中的无数小水滴和小冰晶组成的可见聚合体，是空气中水汽凝结或凝华的产物。在不同的温度条件下，云体是由不同状态的水滴组成的，云的形成需要满足两个基本条件：一是足够多的水汽；二是使水汽凝结的空气冷却过程。千姿百态的云根据不同的标准有不同的分类：根据云温变化和云滴状态，可分为暖云、冷云、冰云；根据形成及云状特征，主要分为积状云、层状云和波状云；还可以根据云底的高度把云分为低云、中云、高云。气象观测规定，云底高度小于2000m的为低云，云底高度介于2000～6000m的云为中云，云底高度大于6000m的为高云。根据中国气象局关于云的分类标准以及航空气象保障的需要，把云分为14种。其中，低云最多，有9种，中云2种，高云3种。云的分类见表2.3。

表 2.3 云的分类[6]

云族	云种	简写符号	填图符号
高云 6000m 以上	卷层云	Cs	
	卷积云	Cc	
	卷云	Ci	
中云 2000～6000m	高层云	As	
	高积云	Ac	
低云 2000m 以下	淡积云	Cu	
	浓积云	TCu	
	积雨云	Cb	
	层积云	Sc	
	层云	St	
	雨层云	Ns	
	碎积云	Fc	
	碎层云	Fs	
	碎雨云	Fn	

云对飞行有许多不利影响，主要是使空中能见度变差，影响目视飞行，低碎云威胁飞机起降的安全。在有些云中飞行易产生结冰和颠簸，尤其是不能在积雨云内甚至其附近飞行。积雨云很厚，云内及附近上升（下沉）气流和乱流强烈，会产生强烈颠簸。

降水是指液态水、固态水从云中、雾中降落到地面的天气现象。从云中降落而在空中蒸发未到达地面的液态水或固态水称为雨幡或雪幡。云中遇到降水的概率比在地面遇到降水的概率大得多。

降水的形式主要有雨、雪、霰、霜、冰雹、冰粒等。按降水的性质，可以分为连续性降水、间歇性降水和阵性降水。降水是云的发展，因此降水对飞行的影响是云对飞行影响的延续和加剧，还延伸出更多不同方面的影响。首先，降水使能见度减小，降水中过冷却水滴易造成飞机积冰，在积雨云区及其附近飞行的飞机可能遭到雹击，大雨和暴雨可使发动机熄火，特别是处于着陆的低速飞行阶段，强降水下方易出现强下沉气流，伴有风切变，可导致飞机操纵困难甚至事故发生。其次，降水也会影响跑道的使用。

6）能见度

能见度和飞行活动的关系极为密切，它是决定目视飞行还是仪表飞行的条件之一，也是决定能否飞行的重要依据之一。能见度是指视力正常的人，在当时的条件下，能够看清目标物轮廓的最大距离，以 m 或 km 为单位。飞行活动中使用的能见度主要分为地面能见度、空中能见度和跑道视程。

地面能见度又称为气象能见度，指昼间以靠近地平线的天空为背景，能分辨视角大于 20°的地面灰暗目标轮廓的最大距离。根据观测的方向、地域和观测方式的不同，地面能见度又分为主导能见度、最小能见度和跑道能见度。空中能见度是指飞机在空中飞行时，飞行员透过玻璃座舱观测地面或空中目标的能见度。根据观测方向的不同，空中能见度可分为水平能见度、垂直能见度和倾斜能见度。

2.5.2 航空危险天气

1. 低空风切变

风切变是指短距离内风向、风速的突然变化。它包括垂直风切变、水平风切变和侧风切变。低空风切变指 600m 以下空中风向或风速的明显变化。目前低空风切变被公认为国际航空和气象界飞机起飞及着陆进近阶段的一个危险因素。

风切变根据飞机的运动和风矢量之间不同情况的影响分为 4 种形式：顺风切变、逆风切变、侧风切变和垂直风切变。低空风切变对飞机的起飞和着陆有很大的影响，严重时甚至可能引发事故，这种影响的程度取决于风切变的强度和飞机的高度。

2. 飞机积冰

飞机积冰是指飞机机体表面某些部位聚积冰层的现象。一般来说，云中出现飞机积冰需要满足三个条件：存在 0℃以下而仍未冻结的过冷水滴（云滴、雨滴），机体表面温度低于 0℃，过冷水滴与机体表面碰撞。云外飞行也有积冰的可能性。

根据过冷水滴在机体表面冻结积聚快慢的不同，以及形成的冰层在外观、形态、结构上的差异和对飞行的危害，把飞机积冰分为明冰、雾凇、毛冰和霜。飞机积冰的强度一般分为轻、中、强和极强 4 个等级。

飞机积冰会破坏飞行中的空气动力性能，使升力减小，阻力增大，并可能破坏飞机的安定性，致使飞行进入不稳定状态，严重的积冰将使飞机操纵变得困难。积冰将降低动力装置的效率，甚至出现故障。如果发动机进气口积冰，进气量会减少；桨叶积冰会使拉力减小；脱落的冰块还可能打坏发动机和机身；空速管积冰影响空速表工作；天线积冰影响通信质量甚至使通信中断；风挡积冰影响视线，极易导致事故。所以飞机积冰是飞行中一个不容忽视的问题。

3. 飞机颠簸

飞机颠簸是指飞行中遇到扰动气流使飞机出现忽上忽下、左右摇摆及机身抖动等的现象。强烈颠簸会造成飞行员操纵困难、机上仪表不准等现象，对飞机安全产生重要影响。扰动气流是指空气中不规则的升降和涡旋运动，根据形成原因主要有热力扰动和动力扰动。通常根据飞行员在飞机中的状态把飞机颠簸强度分为弱、中、强三个等级。

乱流中存在的垂直阵性气流和水平阵性气流都可造成飞机颠簸，垂直气流的作用比水平气流要大。根据乱流的成因，可以分为热力乱流、动力乱流、晴空乱流和尾涡乱流（或航迹乱流）。

飞机在颠簸区中飞行时，由于气流的不规则变化，飞机高度、速度以及姿态也会经常出现不规则的变化。颠簸强烈时，飞机忽上忽下的高度变化可达数十米甚至数百米，这样会给飞机的操纵带来很大的困难。由于飞机状态这种强烈的变化，飞行员必须花费更多的精力来及时保持飞机处于正常状态，因而体力消耗大，易于疲劳。

4. 雷暴

雷暴是指积雨云中所发生的雷电交作的激烈放电现象，同时也指产生这种现象的天气系统。雷暴是积雨云强烈发展的标志，产生雷暴的积雨云称为雷暴云。雷暴严重威胁飞行安全，飞行条令中明确规定禁止在雷暴云中飞行，但是飞行中又不可避免地遇到雷暴活动，因此要了解雷暴的形成特征和活动规律以保证飞行安全。雷暴的生命史大致可分为发展、成熟和消散三个阶段，每个阶段约持续十几分钟至半小时。雷暴一般伴有阵雨，有时伴有暴雨、大风、冰雹、龙卷风等天气现象（图2.5）。通常把只伴有阵雨的雷暴称为一般雷暴，而把伴有暴雨、大风、冰雹、龙卷风等严重的灾害性天气现象之一的雷暴称为强雷暴。强雷暴与一般雷暴的主要区别表现在系统中的垂直气流强度（前者一般比后者强得多），以及垂直气流的有组织程度和不对称性。

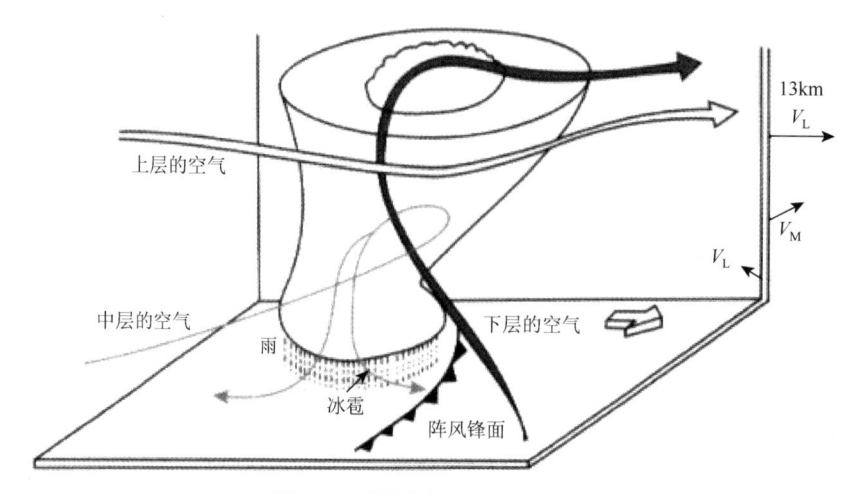

图 2.5 雷暴单体三维环流模型

来源：《天气学原理和方法》

雷暴云是一个"天气制造厂",它能生产各式各样的、危及飞行安全的天气现象。在雷暴中飞行,除了一般的云中困难,还会遇到强烈颠簸、严重积冰、闪电、暴雨和恶劣能见度,以及冰雹、下击暴流和龙卷风等恶劣天气。当飞机误入雷暴活动区内,轻者造成人机损伤,重者造成机毁人亡。因此,雷暴是目前被航空界、气象界所公认的严重威胁飞行安全的天气,被称为飞行禁区。

飞行中遇到雷暴可以根据天气条件、飞机性能、飞行员的技术水平和保障措施选择相对安全的区域通过,主要有三种方法:绕过雷暴云或从云隙中穿过,从云上越过,从云下飞过。

5. 下击暴流和微下击暴流

下击暴流又称强下冲气流,它是雷暴强烈发展的产物。在雷暴云中伴随着倾盆大雨,存在着强烈的下降气流,当它冲泻到低空时,在近地面会形成强烈的冷性外流。能引起地面或近地面出现 18m/s 以上雷暴大风的突发性的强烈下降气流,称为下击暴流。微下击暴流是一种局部性的下沉气流,气流到达地面后会产生一股与龙卷风破坏力相当的直线风,向四方八面扩散。下击暴流的生命期很短,一般只有 10~16min,水平尺度一般在 4~10km,最大地面风速可达 50m/s。微下击暴流更短,生命期只有几分钟,水平尺度小于 4km,最大地面风速可达 60m/s。

下击暴流和微下击暴流中强烈的下降气流和雷暴大风,以及极强的垂直风切变和水平风切变对飞机的起飞、着陆有极大的危害,雷暴大风还会刮坏停放在地面的飞机。

6. 台风

发生在热带海洋上的一种具有暖中心结构的强烈气旋性涡旋,总是伴有狂风暴雨,常给受影响地区造成严重的灾害,东亚地区将这种强热带气旋称为台风,大西洋地区称之为飓风,印度洋地区称之为热带风暴。

根据中国气象局《关于实施〈热带气旋等级〉国家标准(GB/T 19201—2006)的通知》,热带气旋按底层中心附近最大平均风速划分为六个等级(台风为其中之一)。

热带低压:风力 6~7 级,10.8~17.1m/s。

热带风暴:风力 8~9 级,17.2~24.4m/s。

强热带风暴:风力 10~11 级,24.5~32.6m/s。

台风:风力 12~13 级,32.7~41.4m/s。

强台风:风力 14~15 级,41.5~50.9m/s。

超强台风:风力≥16 级,≥51.0m/s。

台风的活动有季节性。影响我国的台风主要发生在 5~10 月,尤以 7~9 月最多。影响我国的台风主要形成于西太平洋菲律宾东侧的洋面、关岛附近和我国南海中北部等地。

台风区域天气恶劣,严重威胁飞行安全。台风对飞行中飞机的影响,主要包括产生飞机颠簸、风切变等。台风对机场的影响主要是破坏停场飞机和机场的设施,影响飞机的起飞降落,甚至使整个机场淹没。

2.6　高原航空环境特征

我国幅员辽阔，地形复杂，山地、丘陵和高原比较多，海拔在 500m 以上的土地面积占全国总面积的 84%，海拔 1500m 以上的高原面积占全国总面积的 1/3。高原上山峰连绵，地势起伏，气候条件非常恶劣。我国是拥有高原机场最多的国家，高原机场大多处于高山峡谷之中，地理环境复杂，净空条件差，天气复杂多变，地方性特点突出，因此研究高原航空环境特征尤为重要。青藏高原和云贵高原既是山区又是高原，恶劣的气象条件和复杂的地形为飞行带来巨大的影响。

2.6.1　青藏高原航空环境特征

1. 地理环境特征

青藏高原是世界上海拔最高、地形最复杂的高原，平均海拔在 4000m 以上，面积约有 250 万 km^2，约占中国陆地总面积的 1/4。青藏高原位于我国的西南部，主要包括西藏自治区和青海省的绝大部分，还包括四川、新疆、甘肃和云南的部分地区。青藏高原被各大山脉包围，南起喜马拉雅山脉南缘，北至昆仑山、阿尔金山脉和祁连山北缘，西部为帕米尔高原和喀喇昆仑山脉，东北部与秦岭山脉西段和黄土高原相接。青藏高原由山地、高原、盆地和谷地组成，地势西北高、东南低。青藏高原分布着许多高大的山，但相对高度比较小，除山脉地区外，地势比较平缓。

2. 航空气象特征

高原上大气层稀薄，空气干洁，强烈的太阳辐射使高原实际地面温度比高原周围相同海拔的自由大气的温度高 4～8℃，形成明显的热岛效应。青藏高原海拔高、空气稀薄，形成了低气压、低温、太阳辐射强、日温差大、大风、干燥等特征的高原气候。高原两侧的雨量分布也极为悬殊，干湿迥异。此外，还有许多灾害性天气容易发生，如大风、雷暴、冰雹、沙尘暴等，为高原飞行带来了严重影响[7]。

1）气温

青藏高原最冷月平均气温为 -15～-10℃，与我国北方地区相差不大。7 月是青藏高原上最热的月份，也有少数地方出现在 6 月或者 8 月。1 月是青藏高原最冷月份，大部分地区的气温都低于 -10℃。

2）气压

高原各地海拔相差很大，气压差异显著。海拔 4000m 以上的地方，平均气压在 620hPa 以下，比海平面气压低 40%。由于气压差异明显，在高原飞行时，应使轮胎保持适当的压力，以免在起飞着陆时因内外压力差过大而使轮胎爆胎。

3）空气密度

青藏高原由于海拔高、气压低、空气密度小，飞机的空气动力性能较差，同时起飞着陆时的滑跑距离要加长。同样地，飞机从海拔 4000m 的高原起飞，比从海平面机场起飞所需要的滑跑距离要长 2~2.5 倍。另外，空气密度小、氧气不足对人体有一定的影响，易使人产生"高原反应"。

4）风

高原的风速大，出现大风的机会也多。青藏高原是我国风速最大、大风日数最多的地区；年平均风速在 4m/s 以上，年平均大风日数多达 100~150 天，最多可达 200 天。此外，风向风速的分布都很不均匀，在低洼的谷地，风常沿着山谷走向吹。青藏高原上的大风有明显的季节变化和日变化。大风多集中在冬春季节，尤其是 2~5 月最为集中。一天内大风以午后 14~20 时出现次数最多，其他时间出现的次数较少。

青藏高原群山重叠，峭壁高耸，地形动力乱流十分显著。同时高原上空气稀薄，太阳辐射强，气温变化大，热力乱流也很强，两者相结合形成了强烈乱流，所以高原飞行中的飞机颠簸很常见，尤其是在山口峡谷地带，午后颠簸更强烈。青藏高原冬季地处强西风带，在急流中有较强的水平风切变与垂直风切变，因此在青藏高原发生晴空乱流的概率大大增加。在 7500~9000m 的飞行高度上，热力乱流、动力乱流和晴空乱流都能起作用，因此青藏高原颠簸出现的频率和强度都非常高[8]。

5）云和降水

青藏高原的云形丰富，多积状云，云高混乱，很少中云，云属转化复杂。几乎所有的云都能在青藏高原上出现，差别就是有些云出现的次数少，有些出现的次数多，如薄幕卷层云、蔽光高层云、雨层云等出现较少，最常见的云是层积云、碎积云和淡积云。各类云都可以产生降水，许多不降水的云如淡积云、高积云和卷积云等在青藏高原也会产生降水。高原上的云虽然也有高、中、低云的区别，但由于高原海拔较高，水汽含量少，所以云高的差别较小，经常出现高云不高、低云不低的现象，甚至云高颠倒的情况。此外，青藏高原上还会出现一些少见的特殊云，如长而大的堡状云、小尺度的雷暴云、雪山冰川云、旗云等。

青藏高原的降水分布很不均匀，总的趋势是从东南向西北逐渐减少。高原上雨季和干季分明，雨季大部分开始于 5 月，结束于 9 月下旬至 10 月中旬，东南部开始较早，结束较晚，西北部开始较迟，结束较早。雨季降水量占全年降水量的 90%左右，如拉萨 5~9 月的降水量占全年的 97%。高原降水的另一个特征是多夜雨。白天天气晴朗，到了傍晚就乌云密布，电闪雷鸣，大雨随至，黎明后渐止。青藏高原夜雨多主要与地形有关。

3. 青藏高原影响飞行的天气

青藏高原上影响飞行的天气较多，与平原地区相比有其特殊性，主要有以下几个方面。

1）霜和霜冻

霜和霜冻属于不同的天气现象。霜是指水汽凝华在地面及近地面物体上的白色冰晶或由露滴冻结而成的白色冰晶，一般在冬季夜间到清晨最容易形成。霜冻则是指土壤及植物表面温度下降到足以引起作物伤害或死亡的低温危害现象，是一种气象灾害。

霜容易积聚于机翼表面，影响飞机的空气动力性能。例如，霜积聚于停放飞机的表面，会给飞机的维护工作增加困难，直接影响飞行。飞机风挡积霜会妨碍飞行人员的视线，如果飞机进入暖湿气层，水汽会继续凝华，使飞机结冰，为飞行安全带来隐患。所以冬季要做好霜的地面气象观测任务，及时发布机场警报，保障飞行安全[9]。

2）积雪和吹雪

大量的降雪与积雪或吹雪经常出现在青藏高原上，对人们的生产活动及日常生活造成危害。有些年份11月至次年3月的冬春时节，因为雪下得很大，积雪覆盖高山草场，并在表面形成一层冰壳，使积雪长期不化而形成雪灾。雪灾时大雪常常封闭公路，对交通运输、登山旅游、国防建设及人民生活等造成很大危害。

青藏高原绝大多数积雪都发生在10月至次年4月。因纬度较低，藏南地区的积雪多出现在11月至次年2月。巴颜喀拉山和唐古拉山地区的积雪多出现在10月至次年5月。最大积雪深度和降雪量与小地形有关，一般在青南和藏北地势较平坦开阔的地区，最大积雪深度在15～20cm，藏南和藏东北地区降雪量较大，最大积雪深度一般为30～40cm，但在一些山口地区最大雪深可达1～3m。

3）暴雨

暴雨是指降水强度很大的雨，常在积雨云中形成。中国气象上规定，24h降水量在50mm以上的强降雨称为暴雨。高原地区在雨季水汽充足，不稳定气流常常借助地形冲击力的作用形成强盛持久的强对流天气，所以高原地区迎风坡经常会出现暴雨天气。

青藏高原的喜马拉雅山脉南坡和雅鲁藏布江下游，是青藏高原上最容易发生暴雨的地区。暴雨天气对飞行的影响主要是能见度非常低、飞机性能会变差。此外，暴雨中常常隐藏有低空风切变、下击暴流等危险天气，严重影响飞行安全。在青藏高原夏季暴雨盛行的时候，飞往拉萨、林芝和西宁的航线都会受到暴雨的影响。

4）雷暴

青藏高原上积状云较多，所以雷暴天气也比较多。青藏高原雷暴集中出现在5～9月，占全年雷暴日数的80%以上，产生的原因是夏季印度西南季风携带大量水汽侵入高原，加上高原地区午后热力对流的发展，对流活动旺盛。另外，高原上隆冬季节也有积雨云生成，有的地方一年四季都会出现雷暴。青藏高原的雷暴也具有明显的日变化，一日之中，雷暴主要发生在白天，以午后13～18时出现最多，夜间至清晨最少。这种日变化的特点与白天高原热力作用的增强以及山谷风环流的影响有密切关系。高原雷暴还有生命史短、出现频繁的特点，在一个雷暴日当中，最多可出现9次，每一次雷暴过程持续时间多在半小时以内。

雷暴对飞行的影响很大，在雷暴云及其附近飞行会遇到积冰、雷电、下击暴流等危险天气，使飞机产生强烈颠簸，所以应该避免在雷暴中飞行。多雷暴中心的玉树地区是川藏航线必经之地，由东部地区入藏的航线也处于多雷暴地区之内，所以在拉萨、玉树、西宁等高原航线飞行时，应注意避让雷暴。

5）冰雹

青藏高原天气的特色之一是冰雹多发。青藏高原的加热作用，尤其是夏季和白天的加热作用，造成青藏高原的局地辐合上升运动，增强了高原大气的不稳定性，从而为对流性天气的发生、发展提供了有利条件，导致在夏季频繁出现冰雹天气。

青藏高原是中国冰雹最多的地区，西藏自治区东北部的那曲，每年平均有35.9天冰雹，是世界罕见的多冰雹区。青藏高原上的冰雹具有雹日高度集中、降雹季节性强的特点。就整个青藏高原来看，年变化基本一致，大部分地区冰雹都出现在 4~10 月，主要又集中于 6~9 月。青藏高原上一个雹日降雹次数可达 3~4 次，但每次降雹持续时间短。连续降雹日数大多在 2 天，高原东部地区可达 3~5 天。

由于冰雹是具有相当质量的固体，降落速度比较快，一个直径 2cm 的冰雹，降落速度可达 19m/s，如果飞机被它击中是很危险的，因此在飞行中要通过各种方法及早判明并远远避开它。如果误入雹云，不要在 0℃等温线所在高度的下降气流中飞行。所以高原上往返于西宁、昌都、玉树等航线的航班要警惕受到雹击的危害。

6）大风

大风是指瞬时风速达到或超过 17.0m/s 的风。青藏高原是我国风速最大、出现大风天气最多的地区之一，大风日数是同纬度我国东部地区的几倍甚至几十倍。各地大风日数的分布受地形和地势的影响非常显著。高原大风天气的分布特点是西北多东南少。

青藏高原上的大风有明显的季节变化和日变化。大风天气多集中于冬季和春季，尤以 2~5 月最为集中。由于冬、春两季北半球西风带较强，且位置偏南，强西风掠过高原上空使风速加大。而夏半年，特别是 7~9 月大风日数明显减少。一日内大风出现次数最多的时间是午后 14~20 时，其他时间出现的次数较少。

大风是影响青藏高原飞行的主要危险天气，在大风中飞行，除了容易偏离航线外，还会产生飞机颠簸。往返于格尔木、西宁、拉萨等航线上的航班要注意大风对飞行的影响，合理携带备用油量及做好预防措施。

7）沙尘

虽然青藏高原不是我国扬沙和沙尘暴天气最多的地区，但由于青藏高原多大风天气，而且大部分地区较为干旱、植被较少，因而也是沙尘天气的多发地区。

青藏高原沙尘天气分布与大风天气的分布一致，也是西北多东南少。青藏高原上沙尘暴的天气变化规律和我国沙尘暴天气的变化规律相似，年变化的规律是：春季最多，约占全年总数的一半，夏季次之，秋季最少；按月份来看，4 月发生频率最高，3 月和 5 月次之，秋季的 9 月最低。同时青藏高原上的沙尘暴也具有明显的日变化特征，主要发生在午后到傍晚时段。

在有沙尘天气的航线上飞行时，能见度很差，而且沙粒进入发动机会造成机件磨损、油路堵塞等严重后果。沙粒对电磁波的衰减以及沙粒与机体表面摩擦而产生的静电效应会严重影响陆空通信，所以往返于拉萨、格尔木、西宁等地的航线要注意沙尘暴天气的影响。

2.6.2 云贵高原航空环境特征

1. 地理环境特征

云贵高原位于我国的西南部，包括贵州省的大部分、云南哀牢山以东地区，以及广西、四川、湖南等省（自治区）的部分地区。云南境内海拔为 2000m 左右，贵州中部降为 1000m，西北高、东南低，地表相当崎岖。云贵高原大致以乌蒙山为界，分为云南高原和贵州高原两部分，云南高原和贵州高原在气候特色和自然景观方面有着明显差异。云南高原位于哀牢山以东的地区，海拔在 2000m 以上，因其在云岭以南，故称为云南高原。东面的贵州高原起伏较大，山脉较多，高原面保留不多，称为"山原"，海拔在 1000～1500m。云南高原和贵州高原相连在一起，分界不明，所以合称为"云贵高原"。

云贵高原山多水也多，在西部云南省境内，山岭基本上是南北走向，如点苍山、乌蒙山等；在东部贵州省境内，山岭大多为东北—西南走向，如大娄山、武陵山等。两种不同走向的山脉交汇在一起，使云贵高原成为长江、西江和红河的分水岭，普渡河、赤水河、乌江、横江向北流入长江；北盘江、南盘江向东流入西江；元江（国外称红河）向南流入越南境内。这些河流长年累月奔流在高原上，把山地切割成许多又深又陡的峡谷，世界上最深的峡谷之一金沙江虎跳峡峡谷深达 3000m。幽深的峡谷、湍急的水流，破坏了完整的高原面，使高原变得支离破碎，崎岖不平。

云贵高原盆地多。在高原上连绵起伏的山岭间，散布着许多山间盆地，当地人称为坝子。坝子内部地面比较平坦，面积较大的坝子大多分布在云南省境内，高原面受破坏比较少。有些盆地中既有缓的山冈，又有比较大的湖泊，如滇池、洱海、抚仙湖等。这些湖泊附近都有面积较大的湖滨平原或冲积平原，地势坦荡，水网稠密，农业发达，昆明、晋宁、大理等城市都在湖滨平原和冲积平原上。

2. 航空气象特征

在云南省境内以哀牢山为界，大体上可以分为东西两部分，哀牢山以西是我国著名的横断山脉，哀牢山以东是云南高原。云南高原地形地势的特点是：自北向南和自西向东逐渐降低，高原中央的海拔一般在 2000m 左右。云南地处低纬高原，在大气环流的影响下，冬季受干燥的大陆季风控制，夏季盛行湿润的海洋季风，属低纬高原季风气候。贵州高原的气候温暖湿润，属亚热带高原季风气候区。

1）云南高原

云南高原的气候条件优越而又奇特，它具有低纬度亚热带的气候特色，但是由于海拔较高，其气候不完全同于亚热带的气候。高原地形和海拔的影响，极大地丰富了云南的自然景观和气候状况，使云南高原的气候别具一格。

从温度特征来说，云南高原的大部分地区总体上是：夏无酷暑，冬无严寒，温度适宜，四季如春，一年之中分不出明显的四季变化。昆明因气候独特在我国享有"春城"的美称。高原上平均气温大致在 15～22℃，4 月的平均气温一般都比 10 月高，也就是说，春温高于秋温，春季多晴朗天气，秋季多阴雨天气。

从降水特征来说，云南高原的大部分地区在一年之中划为干、湿两个季节。5～10 月为湿季，11 月至次年 4 月为干季。各地湿季在雨量、雨天和阴天日数方面都明显多于干季。例如，昆明湿季雨量为 863.9mm，雨天是 98 天，阴天日数是 114 天，晴天日数只有 16 天，而干季的雨量是 126.7mm，雨天是 25 天，阴天日数只有 31 天，晴天日数是 97 天。

2) 贵州高原

贵州高原气温变化小,冬暖夏凉,气候宜人。高原上大部分地区的年平均气温为15~20℃,最热月均温在22~25℃,冬季1月的平均气温一般在6℃以上,南部为7~8℃,夏季7月平均气温在24~26℃,是典型的夏凉地区;最冷月均温多在5℃以上,极端最高温大多不超过38℃,极端最低温很少低于-8℃;降水较多,雨季明显,阴天多,日照少;境内各地阴天日数一般超过150天,常年相对湿度在70%以上;年降水量多在1100~1400mm,由西北往东南递增。贵州高原的年雨日数一般都在170~180天,小雨多,占全年总雨日的80%。贵阳年雨日数最多是259天,出现在1929年,因多阴雨,故有"天无三日晴"之说。贵州高原西部威宁、赫章、毕节地区的年降水量稍少,在900~1000mm,其他地区一般在1000~1250mm,年际变化较小,降水充沛而稳定,气候比较湿润。在贵州高原上,不论哪一个地区和哪一个月份,雨日数一般都在10天以上,这一事实反映了贵州高原普遍多阴雨天气的气候特征。

贵州高原多云雾,多阴天雨日,因此日照时数大大减少。贵州高原的年日照时数一般在1200~1400h,平均每天只有4h的日照时间,日照率仅25%~30%。从全年的日照时数来看,贵州高原是全国最少的地区之一,这是它气候上的一个不足之处。虽然日照时数少,但热量条件还是优越的。以无霜期来说,高原西部是225天,其他地区都在270天左右;高原南部地区长达335天,几乎全年都是生长期。总体来说,贵州高原的气候在冬季比较暖和,夏季比较凉爽。

3. 云贵高原影响飞行的天气

1) 霜

霜是指贴近地面的空气受地面辐射冷却的影响而降温到霜点(指露点低于0℃)以下,在地面或物体上凝华而成的白色冰晶。霜是一种天气现象,通常出现在秋季至春季时间段。气象学上一般把秋季出现的第一次霜称为"初霜"或者"早霜",把春季出现的最后一次霜称为"终霜"或者"晚霜";从终霜到初霜之间的间隔时期就是无霜期。

云贵高原霜日的分布随地形、地势变化,随海拔升高而增多,从东南部向西北部逐渐增多。贵州及滇南地区海拔较高,受高原、高山对偏北冷空气的屏障影响显著,全年霜日在25天以下,霜日比较少。纬度偏南的黔南、滇南河谷地区年霜日也在5~10天甚至以下,元江及澜沧江下游的元江、勐腊等地霜日不到1天,河口、景洪无霜日的记录。滇东北高原年霜日在50~100天,滇西北高原气候寒冷,是我国多霜地区之一,年霜日在100~150天。

一般来说,霜日随海拔升高而增多,但在山地区域由于逆温的出现,盆地、河谷形成冷湖区,在一定高度下,霜日随海拔升高而有所减少,这种情况在西部山区较为常见。例如,昆明太华山比昆明市海拔高近500m,年霜日为24天,昆明市霜日为81天,两地相差57天,故有"雪下高山,霜打平地"的说法。云贵高原无霜期以滇南河口等局部低热谷地最长,超过350天;黔南边缘地区及滇南可达300天以上;贵州大部分及滇东北部为250~300天,滇西北缩短到150~250天。

2）雾

云贵高原的雾日分布是随水汽量的变化而变化的，东南部比西北部要多，地区差异较大。气候干燥的滇西北高原雾日最少，全年一般在 5 天以下。干旱的河谷地区基本没有雾出现。水汽充沛的滇西南地区多雾，年雾日多在 50 天以上，西双版纳、思茅大部分在 100 天以上，沧源 153 天，勐腊 153 天，元阳 180 天，这些地区雾日都超过了 150 天，是全国雾最多的地区之一。黔东南边缘、滇东北及滇黔交界地区，年雾日在 25 天以上。黔东南三穗、锦屏为两块多雾地区，年雾日达 50～60 天。

由于山地区域迎风的向背和海拔的不同，本区雾日形成分布复杂和局地性强的特点。云南云岭—哀牢山、乌蒙山及贵州苗岭等山地迎风的一侧，为多雾区，其中海拔较高而地形有利的局部地区，雾日也很多。例如，贵州大方年雾日 159 天，开阳 110 天，晴隆 103 天，滇西泸水 101 天，都达到 100～150 天甚至更多。山地背风面则是少雾区，如黔西赫章、普定和滇西北的大理、丽江等地，年雾日仅有几天。

雾的季节变化随雾的成因和种类的不同，各地有所差别。云贵高原大部分地区特别是盆地、丘陵和河谷区，以辐射雾为主。这类雾多形成在夜间，清晨最浓，日出后逐渐减弱消散。全年以冬季、秋季出现最多。辐射雾是引起低能见度的一种重要天气现象，严重影响飞机的起降。滇、黔大部分多冬雾，秋雾次之，春夏较少。多春旱的滇北及黔西地区，以春末雾日最少。锋面雾不但可以在一天中任何时候出现，而且出现的多是浓雾，对交通运输影响很大。

3）雷暴

云贵高原雷暴日数的分布特点是高原、山地多于平原、丘陵，南部多于北部。雷暴最多的地区是滇南地区。因纬度较低，天气湿热，春夏雷电不绝，年雷暴日数可达 80～100 天甚至更多。西双版纳超过 120 天，大勐龙 130 天，最多的年份是 1968 年，达到 156 天，是我国雷暴日数最多的地方。云南西部三江谷地，位于高山背风气流下沉区，年雷暴日数不足 30 天，是云贵高原雷暴最少的地方。贵州大部、滇北及川西峡谷区年雷暴日数在 50～70 天。

云贵高原雷暴的平均初期从东南向西北推迟。滇西南和黔东南 2 月上旬最先出现初雷，滇南大勐龙、江城等地 1 月底前后即可闻雷，是我国初雷最早的地区之一。滇西北及滇东北等地区 2 月中下旬闻雷。云南德钦等地区 4 月上下旬最晚初雷。全区平均雷暴初期前后相差近 2 个月。雷暴平均终期分布与初雷日期相反。滇西部金沙江谷地 9 月中下旬最早终雷，贵州大部分地区在 10 月，云南和贵州东北、西南的局部地区 11 月上中旬最晚终雷。云贵高原雷暴平均终期一般相差仅一个半月。

云贵高原滇东北地区冬季无雷或少雷，其余各地全年均可出现雷暴。雷暴日数一般以雨季最多，集中出现在夏季，最多月份每月可达 10～20 天。滇西福贡、碧江等三江谷地及黔东铜仁等地，雷暴年变化为双峰型，即除了 8 月的主峰值，前汛期的 4 月还有一次峰值。

雷暴的日变化在东西部有所不同。云南地区以午后到傍晚最多，夜雷暴较少，如云南出现在下午的雷暴占 50%，前半夜减少为 30%，后半夜到上午的雷暴仅占 20%。贵州以及滇南河口等地则多夜雷暴，其成因和地形夜雨的成因一致。

4)雨凇

雨凇是过冷雨滴直接凝冻在地表物体上形成的透明或半透明的冰层,形成雨凇的雨称为冻雨。云贵高原雨凇的地理分布与地形条件及天气、气候密切相关。冬半年由于云贵高原对低层冷空气的阻滞作用,以及西南暖湿暖气流的控制,常常在昆明与贵阳之间形成准静止锋。锋面冷区覆盖贵州大部及滇东北山地,近地层气温略低于0℃,其上空锋面逆温的存在导致雨凇形成。因此,在这些地区出现多雨凇带,其东端随锋区延伸,与湘西、鄂西南山地连片,为我国雨凇最多的区域。而昆明以西的云南地区,雨凇绝见。

贵州大部及大凉山东北部年雨凇日数在5~10天甚至以上;其中黔西北区及黔东开阳、黔东北镇雄等地可达10~25天甚至以上;威宁52天,是全国雨凇最多的地方。其余黔东北、黔南、滇东南山地年雨凇日数为1~5天。雨凇出现时间一般为11月至次年3月或4月,长达4~5个月,雨凇较少的地区仅2~3个月。

雨凇会威胁飞机的飞行安全,如果飞机在有过冷水滴的云层中飞行时,机翼、螺旋桨会积水,影响飞机气动空气动力性能,甚至造成失事。因此,为保证冬季飞行安全,现代飞机基本都安装除冰设备。在飞机上安装除冰设备或直接绕开冻雨区域飞行,可减轻雨凇给飞行带来的危害。

5)雾凇

雾凇为过冷却雾冻结或水汽直接凝华于地表物体上形成的松脆冰晶物。雾凇的形成需要比雨凇更低的气温条件,因此云贵高原的雾凇仅出现于西部高原、山地气候比较湿润的局部地区,雾凇日数一般比我国高纬度的东北地区和北疆地区少。在黔西北、滇东北高海拔山地,雾凇较多,威宁雾凇日数为11天,少数地区年雾凇日数达5天以上,其余地区一般都不到1天。云贵高原的雾凇受雾的日变化以及气温条件影响,其持续时间普遍比雨凇短,一般最长持续时间在10~30h甚至更少。

6)降雪和积雪

云贵高原各地气温和海拔差异悬殊,各地区降雪的日数差异很大。云南北部高原地区降雪日数达40~80天。海拔较高、冬季降水较多的黔西北和川西南山地,年降雪日达10~25天。云南位于昆明准静止锋西侧晴暖区,除滇东北雪日在1~5天外,其余地区均不到1天,滇西南大部分地区基本无飘雪。贵州大部分年雪日在5~10天。

黔西北、滇东北11月至次年3月的降雪期长达4~5个月。贵州大部分地区降雪期为12月至次年2月,滇西南一般在1月、2月可见降雪,但非年年出现。降雪日数一般以冬季各月最多,滇西北高原受干季影响,冬季降雪日数相对较少,而春秋雪日最多,出现月份随着海拔的升高从南向北推迟。

滇北的梅里雪山、玉龙雪山等极高山峰终年冰雪覆盖,云贵高原一般地区积雪日数的分布与降雪基本一致。受气温影响,大部分地区的积雪日数比降雪日数稍少。滇西北高原多积雪,年积雪日数南部为10~40天,比降雪日少5天左右,北部同降雪日数,可达40~80天。除滇东北、黔西北及大凉山积雪日可达5~10天外,一般不足5天。滇东南及黔南边缘积雪不到1天,多年方可一遇,滇西南大部积雪罕见。

云贵高原积雪日数,各地气温最低天数在1月、2月最多。积雪一般比降雪开始期迟而终止期早,积雪期比降雪期短两个月左右。滇西北高原积雪期从东南部的4~5个月向西北部增至 7~8 个月，滇东北、黔西北及川西南高海拔山地积雪期为 2~3 个月。滇黔大部分地区积雪期短暂，一些地区还不能形成固定积雪期。

2.7 典型高原机场的地理和航空气象特征

从地理上讲，海拔超过 1000m 的地方是高原。中国民用航空局对高原机场的定义是海拔高于 1524m 的机场。其中，机场标高 1524（含）~2438m 的机场为一般高原机场，2438m（含）以上的机场为高高原机场。从全球来看，高高原机场主要分布在中国、尼泊尔、秘鲁、玻利维亚、厄瓜多尔等国。我国是世界上拥有高高原机场数量最多的国家，分布于青海、西藏、四川、云南等 6 个省（自治区、直辖市），其中稻城亚丁机场海拔为 4411m，是全球第一高的机场。世界上海拔最高的十大机场，我国就有 8 座。高原机场气候条件恶劣，天气多变，周围地形复杂，为飞行带来巨大的困难。了解高原重要机场的航空气象特征，对保障飞行安全具有重要的意义。

2.7.1 国内典型高原机场

我国是高原机场和高高原机场较多的国家，本节选取昆明长水国际机场、四川攀枝花保安营机场为代表进行地理环境特征和航空气象特征分析。

1. 昆明长水国际机场

1）地理环境特征

昆明长水国际机场位于 102.9°E，25.1°N，官渡区大板桥街道长水村与花箐村，在昆明市东北方向，距市中心直线距离约 24.5km，海拔为 2104m。长水国际机场处于一个小洼地，机场相比附近地势较低，被机场周围起伏的山峦包围，机场西部、西北部的最高点海拔约 2200m，东部、东南部海拔约 2500m。从城区到机场为缓慢爬坡地势，机场 3km 以外东西向均有同机场走向一致的绵延山脉（东北—西南）。

2）航空气象特征

长水国际机场位于我国西南地区、云贵高原的中部，全年气候温和，日照充足，冬无严寒，夏无酷暑，四季如春，属于亚热带低纬度高原季风气候区。由于机场地处山腰洼地之中，外加周围城市热岛等现象的影响，大雾天气频繁。

（1）气温。长水国际机场年平均气温为 14.7℃，年平均最高气温为 20.8℃，年平均最低气温为 9.3℃。12 月是最冷月，平均气温为 5.6℃，平均最高气温为 15.1℃，平均最低气温为 3.0℃；6 月是最热月，平均气温为 19.7℃，平均最高气温为 25.6℃，平均最低气温为 16.9℃。

（2）降水。干湿两季分明，干季降水少，湿季降水多。长水国际机场年平均降水量为 1285.4mm，降水主要集中在 6~8 月，这 3 个月集中了全年大部分的降水。其余季节的降水量由大到小依次为秋季、春季和冬季，呈现夏秋季降水丰富、冬春季降水少的季节性特点。

（3）雷暴。长水国际机场雷暴多集中在 4~8 月。长水国际机场雷暴日大多出现在夏季，其次是春季、秋季，冬季出现的可能性最小，年平均雷暴日数为 50 天。5~9 月发生的雷暴天气占全年总数的 95%，其中 6~8 月发生的雷暴数占全年总数的 77%左右。12 月至次年 1 月基本没有雷暴天气发生。长水国际机场的雷暴天气在一天当中也有高发期，主要集中在 15~20 时。大多数雷暴天气持续时间都在 2h 以下，仅 17.6%的雷暴持续时间在 2h 以上。

（4）雾。受地形与当地气候影响，长水国际机场大雾天气频繁，全年都会出现大雾天气，全年能见度低于 1000m 的平均天数为 34 天。秋冬季节的大雾较多，春夏季节的大雾较少，大雾天气最常发生在 12 月，11 月和次年 1 月也是高发期，但没有 12 月频繁。长水国际机场频发大雾天气与机场所在的位置有一定的关系。长水国际机场位于昆明市东北部，海拔较高，是东来冷空气的主要门户，冷空气频繁光顾，并且长水国际机场凿山而建，整体地形像一个洼地，再加上周围的城市热岛效应，很容易形成大雾。

（5）风。长水国际机场全年盛行西南风，全年平均风速为 4.0m/s，常出现大风天气，长水国际机场的大风日多出现在 1~4 月，2~4 月出现天数最多，静风日数较少。长水国际机场地面风日变化也比较明显，10 时开始风速逐渐增大，到 15~16 时风速达到最大值，之后逐渐减小。

影响长水国际机场飞行的主要因素有雷暴、大雾、低云和扰动气流等。

2. 四川攀枝花保安营机场

1）地理环境特征

攀枝花保安营机场位于攀西崇山峻岭中一连续山顶上，机场海拔为 1980m，机场在山顶上削峰填谷建设而成，跑道四周也全是山谷，跑道两端净空条件好。四周群山连绵，地形复杂，标高高，气温高，是典型的高原、高温、山区机场。机场除南面外，三面环江，跑道与江面的高度相差近 1000m。

攀枝花保安营机场地处横断山脉中段，高山峡谷都呈准南北走向，与盛行风（西风带）走向几乎正交。因此，在机场周围的迎风坡形成上升气流，背风坡形成下沉气流，特别是在遇到适宜的天气系统过境或当地低层剧烈增热导致动量下传时，易产生较强烈的风切变。在攀枝花保安营机场 20 号跑道的短五边，金沙江横穿而过，白天受金沙江影响河流上空气温较低，短五边有下沉气流，而在 20 号跑道入口处地表升温较快，有上升气流，进而易产生风切变。晚上同样也易产生变化相反的风切变。

2）航空气象特征

根据机场气象资料的统计分析，攀枝花保安营机场可以划分为雨季和干季，一般 6~10 月为雨季，11 月至次年 5 月为干季。全年中最适合飞行的季节是 11 月至次年 1 月，该时段天气晴朗少云，能见度好。2~5 月为风季（3~4 月最强），午后风速较大，大风主要是由季节性和对流性天气形成的，山谷风、乱流、风切变出现频率较高。3~4 月可能降雹，12 月至次年 3 月可能降雪。雨季 6~10 月降水量占全年总降水量的 85%，夏季常有雷雨等强对流天气。雨中和雨后常有低云或雾笼罩山头，并造成跑道有大雾等多种严重影响飞行安全和航班正常的恶劣天气[10]。

（1）气温。攀枝花保安营机场年平均气温为 20.3℃。机场最热月为 5 月，平均气温为 26℃；最冷月为 1 月，平均气温为 13℃。

(2) 风。攀枝花保安营机场风季集中在 2～5 月，盛行风是西南风，3～4 月最多。主要是季节性和对流性天气形成的大风，风向较稳定，其中平均风速为 6～9m/s，阵风为 9～13m/s，最大阵风为 25m/s。6～9 月盛行偏东风，东东南方向最多，平均风速为 3m/s。大风天气主要出现在每天 15 时以后至傍晚。

(3) 云和雾。攀枝花保安营机场低云较多，低云的种类主要是层积云、积雨云、碎层云和碎雨云，一般云高为 300～1500m，有时可低至 100m。低云在 6～9 月最多，一般在早晨 8 时 30 分左右开始出现，12 时逐渐减弱好转，其中 8 时 30 分～10 时是波动最强的时段，14 时以后完全消失。攀枝花年雾日平均为 61 天，主要是辐射雾，也有降水蒸发形成的雾和云接触地面形成的雾。由于攀枝花保安营机场的地形特点，在雨季机场周边水汽充沛，随着日出后温度的升高，水汽开始抬升，并沿着山坡上移，逐渐覆盖五边，严重时笼罩整个机场，形成多变雾，能见度时好时坏，严重危害飞行安全。

(4) 降水。攀枝花保安营机场年均降水量为 886.3mm，6～10 月降水量占全年总降水量的 85%，以 6～9 月为最多。12 月至次年 3 月可能降雪。冬季攀枝花保安营机场降水较少，降雪极少，年平均降雪 2 次；偶尔可形成积雪，冬季山顶气温可达 0℃，雪后在跑道上会形成薄冰，对飞行有一定的影响，如 1999 年 12 月曾有 8 天跑道积冰。

影响机场飞行的天气主要有雷暴、冰雹、雾、风切变。

2.7.2 国内典型高高原机场

高高原机场选取了具有代表性的昌都邦达机场和拉萨贡嘎机场进行地理环境特征和航空气象特征分析。

1. 昌都邦达机场

1) 地理环境特征

机场位于昌都地区八宿县益青乡邦达草原的河谷之中、玉曲河西岸的坡地上。距昌都镇 136km，海拔为 4333m，处于宽 1.5～3km 的狭长山谷之中。区域内山峰连绵，地形复杂，半径 50km 范围内有 30 多座山峰，海拔多在 5000m 以上，对飞机起降影响很大。跑道南端 6km 处有一小山，高出跑道 194m，跑道北段 3.6km 处有一小山，高出跑道 281m。昌都邦达机场是"地理气候环境最复杂"的民用机场。

2) 航空气象特征

昌都邦达机场属青藏高原高寒气候区，气温年较差、日较差均较大。机场上的空气密度只是海平面的 50%，空气含氧量低，对发动机的功率有一定影响。受季风环流影响，全年分冬季（干季）、过渡季、夏季（雨季）和反过渡季四个自然天气季节。冬季昌都邦达机场大风日数多，大风突发性强，飞机起降十分困难，航班不正常率高，尤其 3～4 月西风带急流强大，航路上中度以上颠簸频繁，是航空气象保障难度最大的月份。过渡季节天气一般较稳定，适宜飞行。但受低压系统影响容易出现降雪和低云，导致低能见度，对飞行不利。雨季降水频繁，对流发展较强，天气很不稳定，特别是午后容易出现雷暴云，对飞行活动影响很大。反过渡季多受副热带高压和青藏高压控制，天气晴好，是飞行的黄金季节。

（1）气温。昌都邦达机场年平均气温为-2.9℃。从4月中旬开始到10月，昌都邦达机场平均温度都高于0℃，其中7月气温最高，平均为8.3℃；10月至次年3月，机场平均温度都低于0℃，2月气温最低，平均为-14.3℃。气温年较差大，平均气温年较差为22.6℃。

（2）风。昌都邦达机场地处玉曲河谷之中，河谷走向大致为南北向，受地形影响，全年盛行偏南风，占全年的70%～75%；年平均风速为2.8m/s，平均最大风速为4.1m/s；盛行风向年变化规律为11月开始至次年3月下旬盛行西南风，次多风为偏南风，4月开始盛行偏南风，5～9月盛行东南风。

受地形影响，全年大风日数较多，冬天风速常达30m/s以上，年大风日数在30～50天。大风天气集中在冬春季节，其中，2～5月最为集中，占全年总大风日数的一半左右，7～9月明显减少。大风的日变化特征为一日之内午后14～20时出现次数最多，其他时间出现的次数较少。

（3）云。昌都邦达机场的云有明显的地方性特点，低云高度偏高，高云高度偏低；年平均云量较少，夏季和冬季云量较多，春季和秋季云量较少；机场海拔较高，积雨云和浓积云出现较少。

（4）雷暴和冰雹。雷暴年平均日数为50～70天，雷暴集中出现在5～9月。一天之中主要出现在下午，午后13～18时最多。雷暴多时冰雹天气相应也较多，因此在飞行中要注意冰雹的影响。

（5）降水和积雪。昌都邦达机场处于干旱地区，降水量偏少，年降水量为400～800mm，降水主要集中在夏季和冬季；夏季降水多，主要是小阵雨，大雨和暴雨较少，降水以午后和傍晚居多；降雪一年四季均可发生，但主要集中在2～4月，降雪后经常形成积雪，影响飞机跑道的使用；降水时经常伴有低云和低能见度，对飞行的影响较大。

（6）能见度。昌都邦达机场能见度通常都较好，一般大于10km，低能见度大多数由降水低云造成，主要集中在夏季。昌都邦达机场地处西藏东部的邦达草原上，植被较好，裸露沙土较少，因此风沙天气很少。

影响邦达机场飞行的天气主要是大风、雷暴和冰雹、积雪。

2. 拉萨贡嘎机场

1）地理环境特征

拉萨贡嘎机场标高3570m，位于29°18′N，90°55′E，在拉萨市的真方位209°、45km处。机场位于青藏高原腹地，西藏高原东南部，雅鲁藏布江河谷南侧。机场周围地形复杂，南北两侧均为高山，山势陡峭，雅鲁藏布江从两山中间穿过，形成东西长约42km、南北宽6～9km的河谷，河谷东宽西窄，呈葫芦形。机场西北方15km为拉萨河与雅鲁藏布江交汇处，西南方向约22km处为羊卓雍湖，是西藏高原南部的大型淡水湖泊。羊卓雍湖为机场雨季雷雨提供了大量的水汽资源。

机场净空条件差，半径50km范围内有许多山峰，海拔多在4500m以上，对飞机起降影响很大。跑道东端13.9km处有一鱼背形小山，高出机场185m；跑道西端15.1km处有一小山，高出机场520.5m。

2）航空气象特征

拉萨贡嘎机场按气象学标准没有明显的春夏秋冬四季之分，受季风环流影响，全年分为冬季（干季）、过渡季、夏季（雨季）和反过渡季四个自然天气季节。各季时间划分为：冬季（干季）为11月至次年4月，共6个月；过渡季为5月；夏季（雨季）为6~9月，共4个月；反过渡季为10月。

（1）气温。拉萨贡嘎机场地处高原，气温较低，年平均气温为9℃，年平均日最高气温为16℃，年平均日最低气温为2℃，平均气温年较差为18℃。高高原机场虽然气温不高，但是气温日较差大，平均日较差为14~16℃。6月气温最高，机场年极端最高气温为31℃。1月气温最低，年极端最低温度为–17℃。机场高温天气少，≥30℃的高温平均日数为0.1天，主要集中在6月和7月，雨季平均最高气温为22℃。

（2）风。受地形的影响，机场全年盛行偏东风，东南风次之。盛行风年变化规律为：12月上旬至次年2月上旬盛行西风，次多风为南风；2月中旬至4月中旬盛行南风，3月次多风为西风，4月次多风为东风；4月下旬至10月上旬盛行东风，次多风为东南风；10月中旬至11月下旬盛行东南风，次多风为东风。年平均风速为2.5m/s。

拉萨大风年平均出现日数为15.7天，多的可达41天，少的一次都未出现。大风年际变化呈明显减少的趋势。机场地处雅鲁藏布江河谷，河谷东宽西窄，狭管作用明显，一般来说，机场西端风速大于东端。拉萨贡嘎机场出现地面大风时，往往伴有风沙天气，能见度差。

（3）云。拉萨贡嘎机场的云具有明显的高原地方性特点，即多积状云，机场一年四季皆有对流云发展，且云高混乱，低云高度偏高，高云高度偏低。云量较少，年平均总云量为3.4，平均低云量为2.6。各季中无论是按总云量还是低云量统计，都是夏季云量多，过渡季次之，冬季云量较少，反过渡季云量最少。各种云的出现频率以低云最多，高云居中，中云最少。各类低云中出现最多的云状为层积云，其次是淡积云和积雨云，层云出现频率最低。

（4）降水。拉萨贡嘎机场年平均降水量为378.1mm，年平均降水日数为94.4天；降水季节差异大，全年降水主要集中在雨季（6~9月），降水多为小雨，降水日数为70.6天，降水量约为338mm，占全年降水量总数的89.4%；干季降水日数很少，仅为8.2天，降水量仅为8.4mm，占全年降水量总数的2.2%；降水日变化规律明显，夜间降水多，白天降水少；拉萨贡嘎机场大雨出现日数很少，年平均大雨日数仅为1.3天；降水的持续时间以1~2h居多，连续降水日数以1~2天居多。

拉萨贡嘎机场降雪相对较少，各季均有出现，其中干季出现最多，平均降雪初期为11月26日，终期为4月23日。机场年平均降雪日数为11.2天，降雪日数年际变化较大，多的可达32天，最少1天也没有。拉萨贡嘎机场年平均积雪日数为2.5天，雨夹雪出现的日数少，降水量也很小，除雨季外其他各季均可出现。

（5）雷暴和冰雹。拉萨贡嘎机场地处雅鲁藏布江河谷，空气对流频繁，对流云四季均可出现，雷暴日数较多。特别是在雨季，午后雷暴活动频繁，空中颠簸较强，飞机操纵困难，对飞行影响较大，一般认为雨季15~22时不宜飞行。

雷暴有明显的日变化。一天中17~21时为多发时段，10~11时为出现最少时段。雷暴一次持续时间以1~2h居多，年平均为84.0次。机场雷暴多沿山脉自西向东、东北方向移动。雷暴大风出现时常伴有扬沙、沙暴天气。

冰雹年平均日数为3.5天。机场降雹特点为雹粒小，一般如豌豆大小，多属于软性雹粒，持续时间短，一般为10min左右。冰雹云的移动路径一般自西南向东、东北移动。机场出现冰雹时，空中垂直运动强烈，飞机飞行颠簸剧烈，能见度很差，严重危及飞行安全。由于雹粒小，一般不会对地面设施带来严重损害。

拉萨贡嘎机场跑道出现积冰以及机场冻雨的次数均较少，对飞行影响不大，但强降水和强降雪会造成跑道积水和积雪，影响飞行。

（6）能见度。拉萨贡嘎机场大气透明度好，能见度一般大于10km。比较而言，各季中夏季能见度较好，冬季较差，过渡季和反过渡季居中。能见度≥10km的年平均日数为281.8天。各月中8月最高，平均为30.5天，2月最低，平均为16.2天；能见度小于10km的年平均日数仅83.4天；能见度小于5km的年平均日数为38.1天，冬季最多，为29.1天，夏季最少，为3.8天。其中，8月几乎从未出现过能见度小于5km的现象。

影响拉萨贡嘎机场各季能见度的天气现象为：冬季的扬沙（包括吹沙）和沙暴、浮尘、雪和雨夹雪、雾；过渡季的风沙、雨、雪和雨夹雪；夏季的浮尘、降水、雷暴大风引起的风沙；反过渡季的风沙、雪及雨夹雪，其中雾很少见。降水（雨、雪、雨夹雪）对能见度影响很小，能见度小于5km的降水出现概率为0.4%。

总体来说，拉萨贡嘎机场影响飞行的天气主要有大风、风沙、雷暴和冰雹天气。

思 考 题

1. 按照大气在垂直方向上温度的变化特点以及空气运动的规律，大气层可以分为哪几层？
2. 构成大气的基本成分有哪些？二氧化碳和臭氧有什么作用？
3. 什么是本站气压、场面气压、标准海平面气压和修正海平面气压？各有什么用处？
4. 气压水平分布的基本形式有哪些？
5. 风是如何影响飞行的？
6. 降水对飞行有哪些影响？
7. 什么是高云、中云和低云？它们各有哪几种云？
8. 地面能见度分为哪几种？
9. 雷暴对飞行有何影响？
10. 什么是低空风切变？根据风场的空间结构，风切变可以分为几类？
11. 什么是飞机颠簸？它是怎样形成的？
12. 什么是飞机积冰？形成飞机积冰的基本条件是什么？
13. 简述青藏高原的地理环境特征和航空气象特征。

14. 简述云贵高原的地理环境特征和航空气象特征。
15. 我国的高原机场主要分布在哪些区域？

参 考 文 献

[1] 陈文华. 航空运输地理[M]. 北京：清华大学出版社，2020.
[2] 唐小卫，李杰，张敏. 航空运输地理[M]. 北京：科学出版社，2012.
[3] 王姣娥，莫辉辉. 航空运输地理学研究进展与展望[J]. 地理科学进展，2011，30（6）：670-680.
[4] 吕拉昌. 中国地理[M]. 2版. 北京：科学出版社，2016.
[5] 宫淑丽. 民航飞机电子系统[M]. 北京：科学出版社，2015.
[6] 黄仪方. 航空气象[M]. 2版. 成都：西南交通大学出版社，2011.
[7] 黄仪方. 我国高原航空气象特征及适航天气分析[M]. 成都：西南交通大学出版社，2014.
[8] 黄仪方，孙树娟. 高原航线飞机颠簸出现规律的对比分析——以青藏高原与云贵高原为例[J]. 西安航空技术高等专科学校学报，2012，30（3）：8-14.
[9] 宋继萍，王美蓉，史霖. 阎良机场冬季霜的观测方法探讨[J]. 科学技术创新，2019，（11）：31-32.
[10] 李镇，张宇驰，陈琳，等. 浅谈攀枝花机场气象特点和机场设施对航班运行的影响[J]. 科技创新导报，2015，12（8）：241-242.

第 3 章　高原航空运行与保障

航空运行是航空活动的关键和安全保障。高原航空运行具有特殊性和复杂性，使得高原航空运行保障具有特殊要求。从航空器、机组到地面保障人员，对高原航空运行保障都提出了新的要求。本章在介绍航空运行基本概念的基础上，重点对高原航空运行的特点和基本要求进行了简要论述。

3.1　航空运行概况

3.1.1　航空公司运行合格审定基本概念

航空公司即航空承运人，一般法律意义上，航空承运人指直接或间接地通过租约或其他形式的安排，从事航空运输服务的人。根据上述定义，国际航空货物运输承运人应指直接或间接地从事国际航空货物运输服务的人。

航空公司运行合格审定是指航空运行管理机构对拟开展航空运输服务的准航空承运人进行合格审定的过程。审定内容包括但不局限于以下几个方面：安全管理体系、航路的批准、飞机的要求、人员资质及训练要求等。

1. 航空承运人合格审定的目的和意义

开展航空承运人合格审定的主要目的是对运行过程进行持续监督检查，保证其达到并保持规定的运行安全水平，是根据《中华人民共和国民用航空法》的要求依法实施的。按照国际民航组织颁发的《安全管理手册》（DOC 9859/AN474）[1]中的定义，遵守规章是航空安全的重要内容。在商业航空发展的早期，商业航空活动技术不发达，缺乏必要的监督管理基础设施，航空管理活动较为宽松，导致航空事故频发。随着技术的改进和管理制度的完善，航空活动成为事故率最低的行业之一，民航业形成了遵守规章就等同于保障安全的理念，至少遵守规章是保障安全的重要基础。航空承运人合格审定是遵守规章的第一步，也是遵守规章的基础。

2. 合格审定的运行种类

我国目前颁布实施的航空公司运行合格审定规章主要有《大型飞机公共航空运输承运人运行合格审定规则》（CCAR-121-R7）、《小型航空器商业运输运营人运行合格审定规则》（CCAR-135-R2）、《外国公共航空运输承运人运行合格审定规则》（CCAR-129-R1）和《特殊商业和私用大型航空器运营人运行合格审定规则》（CCAR-136）等[2-5]。上述合格审定规则从运行航空器的类型、运营业务的类型等不同角度对不同运行合格审定类型做了具体规定和要求，为我国航空公司运行合格审定提供了基本依据。

从运行的具体类型来讲，合格审定的运行种类分为定期载客运行和补充运行两类。

定期载客运行指航空承运人或者航空运营人以取酬或者出租为目的，通过本人或者其代理人以广告或者其他形式提前向公众公布的，包括起飞地点、起飞时间、到达地点和到达时间在内的任何载客运行。定期载客运行业务是指根据《大型飞机公共航空运输承运人运行合格审定规则》(CCAR-121-R7)开展定期航班载客运行的业务。定期载客分为国内定期载客运行和国际定期载客运行两种。

补充运行指符合使用旅客座位数超过 30 座或者最大商载超过 3400kg 的多发飞机实施的不定期载客运输飞行，以及使用最大商载超过 3400kg 的多发飞机实施的全货物运输飞行。

3. 合格审定的组织机构及审定流程

航空承运人合格审定的组织机构为中国民用航空局的各民航地区管理局。航空承运人应向其主运营基地所在地的民航地区管理局提出运行合格证的颁发申请。

航空运输承运人合格审定流程见图 3.1。

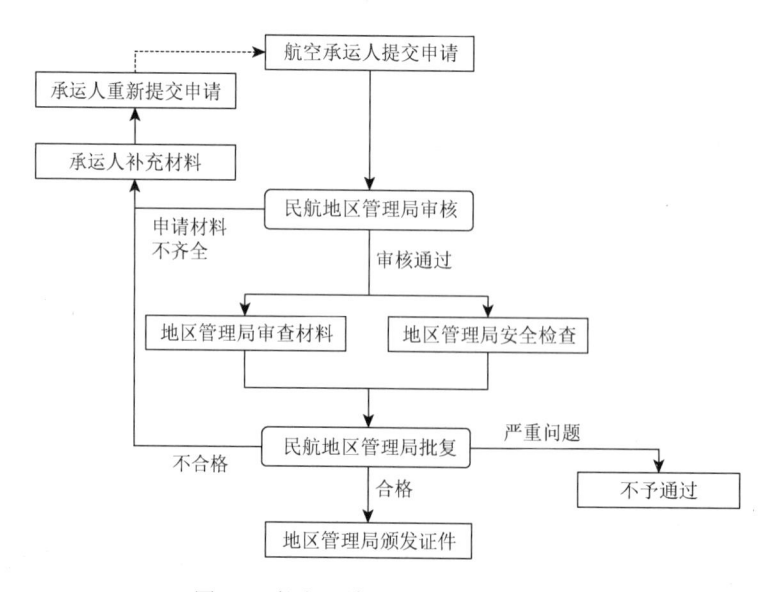

图 3.1　航空运输承运人合格审定流程

4. 合格审定的主要内容

合格审定一般分为五个阶段进行，分别是预先申请、正式申请、文件审查、演示验证和发证。

运行合格证的申请人应当按照局方规定的格式和方法提交申请书，申请书应当至少附带下列材料：①审定活动日程表；②包含《大型飞机公共航空运输承运人运行合格审定规则》所要求内容的手册；③训练大纲及课程；④本规则要求的管理人员资历；⑤航空器、运行设备设施的购买合同、租赁合同或者协议文件的副本；⑥说明申请人如何符合本规则所有适用条款的符合性声明；⑦说明计划运行的性质和范围的文件，包括准许申请人从事经营活动的有关证明文件。

民航地区管理局应当在收到申请书之后的5个工作日内，以书面形式通知申请人是否受理申请。民航地区管理局受理申请后，将对申请人的申请材料是否符合本规则的要求进行审查，对申请人能否按照本规则安全运行进行验证检查。对于申请材料的内容与本规则要求不符或者申请人不能按照本规则安全运行的，应当以书面形式通知申请人对申请材料的相关内容做出修订或者对运行缺陷进行纠正。

民航地区管理局应当在20个工作日内做出是否颁发运行合格证和运行规范的决定。

3.1.2 运行控制中心基本框架与职能

1. 运行控制中心基本体系

航空运行控制中心（AOC）是航空公司对运行全过程进行管理和决策的机构，通过协调航空公司的飞机、保障设施、机组、地面服务以及机场、空管等人力物力资源，保障飞机按照计划为乘客执行航班，将乘客安全、舒适、准时送达目的地。

AOC组织体系包括团队、流程、设施和系统，具体岗位一般由AOC总裁、安全总监、值班经理、维修经理、机组跟踪经理、客户服务经理、飞行签派员等组成。每个岗位根据分配的工作职责，按照规定的流程，就本岗位在实现预期运行目标中的责任做出决策。各部门在AOC中的职能代表应当在实现预期运行目标相邻专业岗位之间形成合作关系，以达到控制运行风险、快速解决运行问题的目的。图3.2是航空承运人AOC运行团队组成与关系图[6]。

2. 运行控制中心人员组成和要求

1）性能工程师

性能工程师负责制定和维护所有飞机的性能数据以及载重平衡数据，向飞行机组、飞行签派员、维修协调员和航站运行员提供有关跑道限制、湿跑道条件、超障要求、发动机故障程序、减噪程序和不同条件下的飞机性能设定等方面的协助与技术支持。

2）气象专家

气象专家负责收集、分析、制作、发布和更新天气预报，向飞行签派员、飞行机组和其他运行人员提供综合气象服务和建议。根据具体负责区域不同，气象专家一般又分为地面气象专家和高空气象专家。地面气象专家主要负责评估和解释获得的天气数据和计算机数值预报，向飞行签派员提供对飞行运行有影响的天气信息，与飞行签派员讨论飞行机组提出的特定运行问题。高空气象专家主要负责分析高空风预报，包括海洋和国际区域，识别急流区和潜在的颠簸区，对预报进行评估，修订高空风预报，必要时与飞行签派员、区域经理和值班经理进行商讨，向飞行签派员和飞行机组推荐航路和飞行高度。

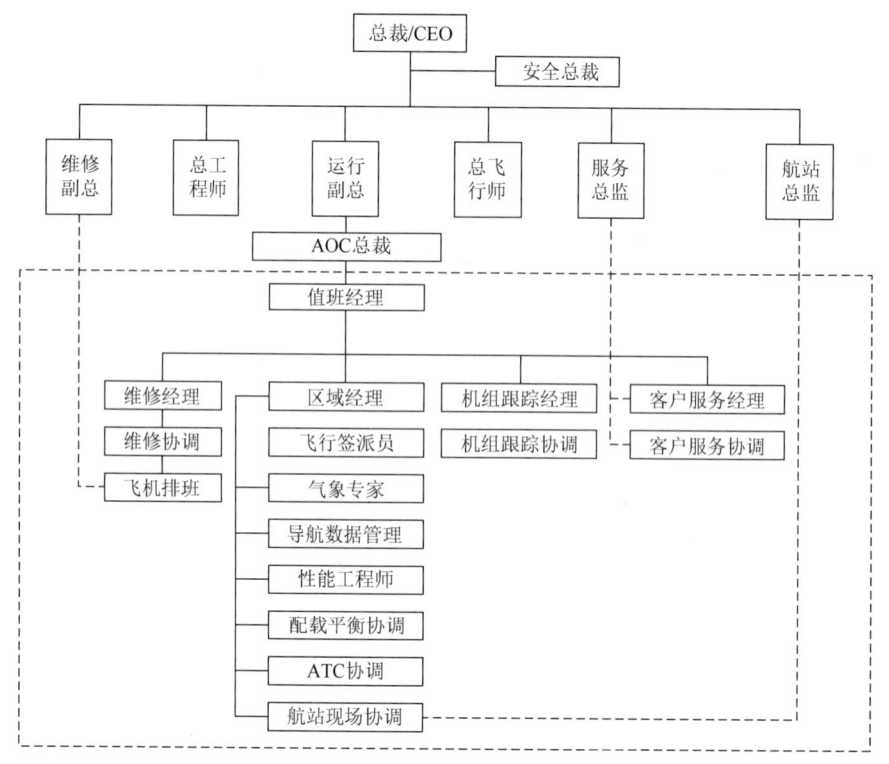

图 3.2 航空承运人 AOC 运行团队组成与关系图

ATC 表示 air traffic control

3）监控人员

值班经理是航空公司日常运行管理的执行者，负责制定日常运行政策和监督运行管理，对正常和不正常运行进行监控与指挥。其主要职责是实时监控 AOC 运行，对不正常运行的综合处理方案做出计划并组织实施；对 AOC 底层不能解决的运行问题做出最终决策；监视可能影响运行的天气报告和预报；保证所有 AOC 人员理解和遵守公司运行政策的变化；监视可能影响公司运行的全球事件；就全球范围存在的安全威胁，与有关政府机构联系，同当地省政府、国家机构和公司各部门协调处理威胁安全的信息；处理运行中出现的紧急事件，如事故、事故征候和/或有新闻价值的事件，及时通知公司的决策层并做出反应。

4）导航数据管理人员

导航数据管理人员负责维护精确和完整的导航数据库，与 FMS 导航数据库的有关问题和技术提供者保持沟通、协调，为航路规划和航路问题的解决提供支援，为待决策的导航结构提供分析，为包机和偏离航线运行提供必要的导航数据支持。

5）飞行签派员

飞行签派员是运行控制中心的关键核心人员，必须持有局方颁发的签派员执照，按照航空规章、航空承运人政策和程序履行签派放行权和运行控制职责。其主要职责包括分析运行条件、制作飞行计划、签署签派放行单、监控飞行运行全过程，签派员与机长共同决策放行，并在放行单上签字。

飞行签派员执照申请人应当满足下列要求：①年满 21 周岁，身体健康；②具有大学本科（含）以上学历；③通过民航局规定的理论考试；④满足民航局规定的经历和训练要求；⑤通过民航局规定的实践考试。

3. 运行控制中心的发展趋势

1）发展现状

中国的航空公司从 20 世纪 90 年代开始逐步建立运行控制中心。中国民用航空总局（2008 年更名为中国民用航空局）飞行标准司于 2000 年 10 月颁发了《航空公司运行中心（AOC）的政策与标准》咨询通告，明确提出了 AOC 的概念，我国 AOC 的建设和运营走上了快速规范发展的道路，为提升航空运行效率和安全水平提供了重要保障。2020 年，民航安全运行平稳可控，运输航空百万架次重大事故率 10 年滚动值为 0，亿客公里死亡人数 10 年滚动值为 0。自 2010 年 8 月 25 日至 2020 年底，运输航空连续安全飞行"120＋4"个月，累计安全飞行 8943 万小时。2020 年，全年共发生运输航空征候 440 起，同比下降 22.8%，其中，运输航空严重征候 4 起，同比下降 66.7%。严重征候和责任原因征候万时率分别为 0.0046 和 0.0228，各项指标均较好控制在年度安全目标范围内。这与我国 20 多年的 AOC 标准化、规范化建设密不可分。

当前，AOC 发展处于一个承前启后的关键时期，现状为：①AOC 对各种资源控制的时间跨度逐渐延长，从航班的运行控制，到对运行结果的分析研究，跨度从以小时计算到以天数计算；②AOC 的职能范围逐渐扩大，在原有 AOC 的基础上，逐步增加航班中短期计划的安排，开展机队发展规划、人力资源研究，特别是航班经济性分析和市场预测等工作；③随着现有控制手段的逐渐成熟，AOC 将工作重点从保证航班计划的高效运行向对航班计划的全面控制发展。

2）发展趋势

进入 21 世纪，AOC 面临着更新换代问题。一方面是由于国际上航空运输格局发生了变化，已经建立了如星空联盟、寰宇一家等全球联盟，为适应这一发展形势，AOC 的功能应随之发生变化，如空勤人员的全球排班计划、飞机维修基地的布局以及飞机全球排班等，需要将全球分销系统、复合性枢纽机场和 AOC 连成一体。另一方面，现代信息技术（information technology，IT）、网络 5G 技术、通信技术和大数据技术的飞速发展，为 AOC 现代化升级提供了条件。可以预见作为航空公司神经中枢的 AOC 规模将更加庞大，系统将更加复杂，功能将更加完善，过程将更加智能。

另外，在我国航空大发展的背景下，航空公司不断增加飞机数量，无论是机场地面运行还是空中航路飞行，运行环境复杂程度呈几何级增长，现有人工驱动的运行控制系统便越发显得捉襟见肘。在航空公司运行控制系统日趋复杂的今天，系统智能化趋势比其他系统更有必要性、迫切性与可能性。

在智能运控系统下，不再需要签派员直接放行飞机，而是通过系统完成航班自动放行，如某飞机执行 9999 航班，飞行机组在签到时领取智能设备，只需点击航班号，系统便可生成机组所需的所有飞行资料。因为智能系统具备所有民航规章与公司运行规范的标准，对运行数据，如天气报文数据、航行通告数据、空域流量数据等进行即时监控。

在数据监控的基础上，根据飞行标准和对飞行环境数据的评估，确定符合标准，系统便可自动放行，并整合资料提供给飞行机组。自动放行并不意味着不需要签派员，而是对签派员的综合素质提出了更高的要求。签派员作为放行标准制定的参与者，系统开放与运行的参与者、维护者，其作用更具基础性和关键性。实质上，智能化放行要求签派员具有更高的技能和素质。

智能化是新一代运行控制系统的发展趋势，作为航空公司运行控制系统的核心技术和平台，从战略发展角度出发，开发具有自主知识产权的智能化运行控制系统，掌握核心运行数据，将为我国民航强国建设提供重要支撑。

3.1.3 航班计划与管理基本概念

航班计划是航空公司进行生产运营的基本依据，对航空公司的正常运转和经济效益非常重要。航班计划的基本要素包括机组、航班、航线、航路和航班时刻等。

机组：指航空器经营人（航空公司）委派的，由飞行期间在航空器内担任职务的人员组成的团体。泛指飞行期间在航空器上执行任务的航空人员，包括驾驶舱飞行组成员、客舱乘务组成员和空勤保卫组成员。

航班：飞机从始发航站起飞，沿固定航线经过中间的经停站，在规定时间内，到达终点站的经营性运输飞行称为航班。

航线：指飞机飞行的路线，不仅确定了飞机飞行的具体方向、起点、终点和经停地点，还根据空中交通管制的需要，规定了航线的宽度和飞行高度，以维护空中交通管制秩序，保证飞行安全。对航线定义的把握必须注意与航段进行区分，航段是指飞机从起飞到下次着陆之间的飞行，而航线可以包括一个或多个航段。从经营角度来看，航线应具备以下三个条件。

（1）有运输机定期飞行。

（2）有足以保证运输飞行和起降所需要的机场及地面设备。

（3）经过批准，现民航航线除由中国民用航空局运输司和中国民用航空局空中交通管理局审查批准外，还需要报请空军和中国人民解放军总参谋部批准，这主要涉及空域管制权。

航路：指由国家统一划定的具有一定宽度的空中通道，有较完善的通信、导航设备，宽度通常为20km。划定航路的目的是维护空中交通秩序，提高空间利用率，保证飞行安全。

航班时刻：指航班起飞和到达的时刻。

3.2 高原航空运行与保障

3.2.1 高原航线规划基本原则

1. 航线规划基本概念

航线规划是航空公司战略规划的核心内容，是在对航线现状进行整体数据分析和对未来进行科学预测的基础之上，合理地建立相关的数学模型，进行创造性工作的过程。

航线网络规划的基本原则是航线规划工作必须遵循的指导思想，具体原则如下：①以市场需求为依据；②以航空公司资源条件为基础；③注重航线网络规划的整体性和阶段性；④航线网络规划必须注重经济效益与竞争优势的结合。影响航线规划的因素众多，外部环境因素包括区域宏观经济环境因素、航权开放和空域开放、市场需求水平、市场竞争程度、地方政府的政策、运输机场的保障能力等。内部因素包括航空公司的市场定位及战略目标、航空公司的客户结构、航空公司现有资源条件、航空公司市场开发能力、航空公司重组和联盟策略等。

2. 高原航线规划的特点

对于高原机场（指海拔 1524m 以上的机场），高原航线运行有其自身特点，包括以下几个方面。

（1）航路安全高度高，对飞机性能要求高；
（2）航路天气复杂，飞行限制多；
（3）通信导航设施少，有效工作范围受限；
（4）特殊情况的处置程序复杂，安全操纵空间小；
（5）航路备降机场少，运行控制难度大。

由于高原机场存在海拔高、地形复杂、气象条件多变等特点，高原航线规划要综合考虑这些错综复杂的环境因素。经营特定的航线要求航空公司必须具备应对以上问题的相关资源条件，包括符合高原航线要求的机队、机组、机务、签派人员、地面服务等人员。综合考虑运输机场的保障能力，以及根据环境变化和特殊地理位置对高原航线的维护与改善要求，在确保航线安全的前提下对高原航线进行规划。

3.2.2 高原航线运行基本要求

下列内容主要参照中国民用航空局的相关规章和文件。

1. 高原机场的准入条件[7]

根据航空承运人高原机场运行管理规定，实施高原机场运行需要从航空公司运行资质、飞机、飞行员、保障能力等多个方面进行严格控制。

1）航空公司运行资质

（1）除符合特殊要求外，以非高原机场为基地新成立的航空公司连续运行一年后方可进入一般高原机场运行；在一般高原机场连续运行两年且至少积累 500 个起落后方可进入高高原机场运行。

（2）除符合特殊要求外，以一般高原机场为基地新成立的航空公司，经局方进行技术评估后方可进入运行基地外的一般高原机场运行；在一般高原机场连续运行两年且至少积累 500 个起落后方可进入高高原机场运行。

（3）航空公司只有具备以下条件方可以高高原机场为基地新成立航空公司：航空公

司的高层管理人员（运行副总经理或总飞行师、机务副总或总工程师）近10年内必须具备三年以上的高高原运行、维护管理经验；航空公司运行系统的中层管理人员（运行控制负责人、飞行技术管理负责人、机务工程负责人）近10年内必须具备两年以上的高高原运行、维护管理经验。

2）实施高原机场运行的飞机应当满足如下适航要求

（1）所运行机场的标高不超过飞机飞行手册中规定的起降包线。

（2）飞机的供氧能力应当符合所运行高原机场及航路的应急下降和急救用的补充氧气要求，并且满足机组人员在着陆后至下一次起飞前的必要供氧要求。

（3）对于实施高高原机场运行的飞机，其座舱增压系统应当为经过型号审定或者其他方式批准为适应高高原起飞、着陆运行的飞机。

（4）对于实施高高原机场运行的飞机，其任何一台发动机的排气温度（exhaust gas temperature，EGT）裕度平均值高于8℃或者有其他等效限制。对于双发飞机，其动力系统的可靠性应当达到120分钟双发飞机延伸航程运行（extended twin-engine operations，ETOPS）的标准。

（5）高高原机场所使用飞机的发动机和辅助动力装置（APU）最好应具备在所运行机场的自主启动能力。

3）对飞行员的要求

（1）除经局方批准，原则上在高高原机场运行的机长年龄不超过55周岁。

（2）驾驶员必须经过针对一般高原机场和高高原机场运行的理论培训，方可进入相应类别的高原机场实施运行。对于高高原机场，还需使用带有高高原类别机场视景的D类模拟机进行训练，重点为起飞一发失效应急程序。

（3）驾驶员具备总计1200h或以上的飞行经历时间，其中包括本机型100h或以上的飞行经历时间，方可进入高高原机场运行担任副驾驶。对于已经取得高高原机场资格的驾驶员，不受此条限制。

（4）驾驶员符合以下要求方可进入高原机场运行担任机长：具备在一般高原机场200h或以上的飞行经历时间，或者总计300h或以上的机长经历时间，经检查合格方可进入一般高原机场运行担任机长；具备在本机型500h或以上的机长经历时间，并在高高原机场起降8架次或以上（不含模拟机起降），经检查合格方可进入高高原机场担任机长。对于已经取得高高原机场资格并保持近期经历的机长，不受此条限制。

2. 高原航线航空器性能限制

航空器性能是指航空器在气动力和发动机推力等外力作用下所表现出来的运动能力，其主要包括飞机的速度、高度、航程、航时、起飞性能、着陆性能，以及机动飞行性能等参数。航空器巡航阶段属于航空器高空飞行，飞机的巡航性能主要由巡航高度和巡航速度反映。实施高原机场运行的飞机性能应当满足如下基本要求。

（1）飞机的飞行手册中规定的起降性能包线应覆盖所运行机场的要求。

（2）飞机的供氧能力应当符合所运行高原机场及航路的应急下降和急救用的补充氧气要求，并且满足机组人员在着陆后至下一次起飞前的必要供氧要求。

（3）对于实施高高原机场运行的飞机，其座舱增压系统应当经过型号审定或者其他方式批准适应高高原机场起飞和着陆运行。

（4）对于实施高高原机场运行的飞机，其任何一台发动机的排气温度（EGT）裕度平均值应当高于公司设定的标准。

3. 高原航线机组合格审定基本要求[8]

1）飞行机组的派遣要求

实施高高原机场运行的一套飞行机组应至少配备三名驾驶员，除机长外还应包含一名至少具有 CCAR121 部规定的资深副驾驶资格的驾驶员。

实施高高原机场运行的非巡航阶段，在座驾驶员应具备 CCAR121 部第 121.451 条规定的资深副驾驶或以上资格。

2）机组成员训练及相关要求

（1）飞行员的训练：在高原机场运行的航空公司的飞行员应该按照批准的训练大纲完成训练。

（2）在高高原机场运行的机长的近期经历，按 CCAR121.469 条执行。

（3）客舱乘务员的训练：在高原机场运行的航空公司，应针对高原机场的运行特点修订其客舱乘务员训练大纲，补充相关部分的训练内容。航空公司可根据自身运行特点单独组织乘务员进行高原运行训练，也可结合年度复训进行该项训练。

3）航空卫生

（1）航空公司应制定高原机场运行机组成员航空卫生保障措施。

（2）航空公司应加强对高原机场运行机组成员健康的保护、观察和记录，对飞行机组成员执行高原任务前进行健康询问并记录。

（3）航空公司应制定高原机场运行机组成员航空医学知识培训计划和大纲，并按照计划执行，确保机组成员掌握必要的航空医学知识。

（4）航空公司应制定高高原机场运行机组成员的医学放行标准，对当日执行高高原机场运行的飞行机组成员进行体格检查，重点检查心血管、呼吸系统机能，签发医学证明。

（5）航空公司在高高原机场运行，应制定鼠疫应急处置预案。

（6）机组成员在海拔超过 3000m 的高高原机场运行时必须遵守 CCAR121 部氧气使用方面的有关规定。

3.2.3 高原航线运行保障重点

1. 飞机运行性能分析

1）飞机性能分析的关键因素

（1）在计算飞机的起飞重量时，要重点考虑爬升越障、轮胎速度以及最大刹车能量的限制。

（2）在高高原机场运行时，应当严格遵守飞机制造厂家推荐的起飞速度的计算方法以及相应民航规章的要求。

（3）在高原机场运行时，需进行着陆分析。如果存在着陆限制，则应提供着陆重量分析表。但对于高高原机场运行，无论是否存在着陆限制，都应提供着陆重量分析表。

（4）在高原机场运行时，需重点考虑快速过站时间限制以及刹车冷却问题，并在安排航班时刻时予以关注。

（5）为所飞的每一机型制定一发失效应急程序，除非满足以下三种情况之一，合格证持有人才可以不为该机型专门制作相应机场跑道的一发失效应急程序，但必须向局方提供相应的书面分析证明材料：①经计算分析能够证明通过控制重量，该种机型一发失效后的爬升梯度能够满足程序对爬升梯度的要求；②经检查该型飞机一发失效后按照程序飞行可以安全超障，并满足相应的高度（指超障高度）要求；③某型飞机如果仅使用满足要求的一个跑道方向运行（即单向运行）。

（6）应对客舱释压的供氧和航路上一发失效的飘降进行检查，如果需要，则应制定针对出现以上紧急情况的处置预案。

2）影响飞机运行性能的因素

首先是复杂的运行环境。高原机场往往地形复杂，大多数位于山谷、山腰或山顶等地，机场周围净空条件差。特殊的地理环境导致高原机场海拔高、昼夜温差大、气象条件复杂、天气变化迅速，易造成风向、风速变化较快，形成动力乱流。此外，日照不均匀易形成热力乱流。动力乱流和热力乱流都是引起飞机颠簸的天气现象，两者结合更容易导致颠簸，午后更为强烈，需要高度重视。从通信导航角度来看，高原地区陆基的通信导航信号受地形影响大，作用距离短，精度受到影响。机场 VOR/DME 覆盖范围小，指示不稳定。通信上因地处渺无人烟的高原地区和受地形影响，无法提供 VHF 信号全覆盖，通信较为困难。

其次是飞机的自身性能。发动机的最大推力受气压高度和环境温度影响，而此影响是通过影响大气密度的方式进行的，随着机场高度增高，大气密度减小，发动机最大推力减小。在高原飞行，一方面发动机性能降低，导致起飞推力和反推力降低；另一方面，同表速下高度增加导致真空速、地速、动能增大，都使飞机在地面滑跑和空中飞行时的加、减速性能大大降低。高原机场运行时，相同表速下，真空速、地速增大，有可能达到飞机的最大轮胎速度限制。同时由于重量对起飞速度影响巨大，在高原机场，最大起飞重量可能受最大轮胎速度限制。制动时，空气密度降低，同样表速下真空速大，飞机动能大，飞机停止下来需要更长的距离。在山区或高海拔地区，需要从原来的巡航高度飘降到一个较低的安全高度，这个过程称为飘降。飘降的目的是在高度损失最小的前提下，飞越最大的距离，保证紧急情况下飞机的飞行安全。

最后是特殊的运行程序。除了具有平原机场所涉及的传统仪表程序和检查单外，高高原运行通常还有特殊程序和高高原运行检查单。

（1）起飞一发失效应急程序：对于在一发失效情况下飞机不能达到标准仪表离场（standard instrument departure，SID）梯度要求的机场，或能够达到 SID 要求但越障限重太低的机场，通过制定一条可能有别于 SID 的飞行轨迹，以满足一发失效情况下起飞飞行航迹的越障要求。

(2) 航线单发飘降程序：在飞行中一发失效后，发动机推力无法使飞机维持在原高度巡航。

(3) 航线释压供氧程序：在高空航路飞行中，若发生座舱释压，在初始巡航高度，空气中的氧气量已不够机组成员和乘客正常呼吸用，飞机需执行紧急下降程序，由于为整个客舱供氧所需的氧气量很大，将其流量限制到能够保证最大持续时间的流量，所以必须在某一个时间限制范围内，快速下降到不再需要氧气的新的飞行高度。但为满足高高原安全越障的要求，飞机不得不在较高的高度上飞行，直至地形允许，才能下降到安全供氧的高度。若在空中失去客舱增压，也需要下降。这不是性能限制而是氧气系统的限制。诚然，这就是需要安装氧气系统的原因。

(4) 所需导航性能运行（required navigational performance，RNP）程序：指飞机在一个确定的航路、空域或区域内运行时所需导航性能精度。它是一种具有机载导航性能监视和告警能力的区域导航（area navigation，RNAV）。

2. 气象保障能力

1）飞行气象服务及高原气象特点

飞行气象服务指专为航空飞行提供的气象服务。飞行气象服务工作的主要内容为收集、加工、处理、分析气象情报和资料，及时、准确地提供航空运输所需的气象情报，为飞行安全、正常和效率服务。

高原天气对飞行的影响主要表现在以下几个方面：地面大风多；地形对风的影响大，乱流多，风的变化大，低空风切变明显；多雷暴、冰雹、低云、低能见度等危险气象。高海拔地区常年结冰积雪，日温差大，影响飞机的配载容量，运行控制和签派放行难度大。此外，各种天气现象在短时间内反复出现、消失，具有短、频、快的特点，预测难度大。

2）高原机场气象服务案例分析

(1) 拉萨贡嘎机场。拉萨贡嘎机场地处青藏高原腹地，青藏高原东南部，雅鲁藏布江河谷南侧；周围地形复杂，南北两侧均为高山，山势陡峭；跑道方向为89°和269°，长4km；跑道西高东低，西端海拔为3569m，东端海拔为3567m；气象设施主要有民航621系统、MICAPS系统、卫星云图系统、跑道东头AW-11自动观测站、西头自动遥测站和常规观测场、填图系统。其中，AW-11自动观测站提供机场跑道东头的风向风速、场压、海压、温度、露点、相对湿度；西头自动遥测站目前还未开放使用，提供机场27号跑道的风向风速、场压、海压、温度、露点、相对湿度等作为参考；民航621系统供预报员收发气象报文和制作飞行文件；MICAPS系统、卫星云图系统供预报员监视、分析各种气象资料，制作预报产品。拉萨贡嘎机场对外发布的是跑道东头的气象要素资料。

(2) 林芝米林机场。林芝米林机场位于青藏高原东南部雅鲁藏布江河谷地带，海拔为2954m，跑道呈西南—东北走向，跑道号为05号和23号，长度3km。机场周围是高山峻岭，飞机起降只能在狭窄弯曲的河谷中飞行，飞行操纵难度大。气象设施主要有民航621系统、MICAPS系统、卫星云图系统、自动观测系统、风廓线雷达。风廓线雷达受到机修和资料分析利用能力限制，利用率有待提升。林芝米林机场作为新开航机场，设备较先进，配置较合理，为高水平的运行控制提供了较好的基础。

（3）昌都邦达机场。昌都邦达机场在邦达草原上，位于藏东横断山脉上一片不大的狭长山坳中，海拔为 4333m，跑道总长 4200m。机场两侧山峰相对高度不高，净空条件相对上述两个机场较好。气象设施主要有民航 621 系统、卫星云图系统、常规观测场、刚安装的 MICAPS 系统和自动观测遥测站。昌都邦达机场目前只能对风向风速、温度、气压进行人工观测，气象设备设施的应用水平有待提高。

3）高原气象服务保障的重点

国际航空和气象界认为，低空风切变是对航空器在起飞和着陆阶段飞行安全威胁最大的天气现象，严重危害航空活动安全。低空风切变现象具有时间短、尺度小、强度大的特点，因而带来探测难、预报难、飞行难等一系列困难。高原机场乱流多，风向风速变化大，应加大测风设备的投入，建立低空风切变预警系统。目前，风切变探测手段包括如下几类：多普勒天气雷达、激光雷达、风廓线仪等。

做好高原飞行的航空气象服务保障还需要搞好高原机场选址论证工作，加强高原机场航空气象设施设备配置的评估工作，加强高原机场基础气象设施建设，全方位获取原始气象资料，强化对高原机场天气的系统分析研究和经验总结，深入研究高原航空气候特征；建立统一气象服务平台，实现资源共享，加强协作沟通，改善航空气象服务，密切联系航空气象用户和信息反馈。随着飞行流量的不断加大，飞行对航空气象保障提出了更高的要求，航空气象服务保障工作面临着新的外部环境，机遇和挑战并存。

3. 机场保障能力

高原机场运行安全保障能力是指在高原机场运行过程中，机场综合一切财力、物力、人力，为高原机场的运行提供强有力的安全保障，最大限度减少突发事件带来的危害，保护机场运行中人员的人身安全和财产安全，保障机场安全高效运行。

1）机务保障方面

高原机场海拔高，空气稀薄，含氧量低，昼夜温差大，这对飞停本场航空器的设计、制造、改装及飞行保障工作都提出了更高的要求。例如，天气原因或飞机本身机械故障造成 A340-300 飞机在本场过夜时，第二天发动机往往启动困难。其主要表现是：在发动机达到脱开转速，启动机脱开后，发动机转速不能维持和加速，转速下降，导致启动失败。经过多次试验，目前采用人工启动方式，即机组与机务人员相互配合，在发动机转速达到启动机脱开转速时，使启动机继续带转并加速发动机，发动机转速高于正常启动机脱开转速后，维持一段时间才关闭启动活门，脱开启动机。另外，A340-300 飞机在本场过站，当关闭发动机后，经常会出现空调组件不能正常工作的情况，并显示 APU 引气压力过低。对于这种情况，需要先关闭 APU 引气活门，关断两个空调组件和隔离活门，一般这样 APU 引气压力都能恢复正常。接着打开左空调组件，在左空调组件工作正常后，打开隔离活门，最后打开右空调组件。

2）飞行区管理及鸟害防治

机场飞行区管理包括机场净空、机场目视助航设施、机场鸟害防治、机场道面表面功能要求及强度通报、飞行区场地日常维护等内容，其中鸟害防治及净空管理与飞行安全直接相关。做好飞行区管理，可以从以下三个方面着手。一是认真做好净空管理。净空管理是一个系统工程，涉及城市规划管理的各个方面，需要和当地政府主管部门做好沟通协调，把机场净空要求体现在城市整体规划中。此外，在日常管理中，坚持对机场进行定期检查、记录，并及时与有关部门协调，避免净空破坏的发生。二是加强跑道道面维护。针对拉萨贡嘎机场昼夜温差大、日照时间长、紫外线强、冬季严寒等造成的道面易老化、标志易脱落、道面易拱起等现象，可以采取"随时小修"和"定期大修"的措施，确保跑道随时适航。三是努力探索鸟害防治新途径。成立驱鸟队，配备多功能驱鸟车，配备人员，进行人工驱鸟。此外，驱鸟需要和生态保护相结合，追求生态和谐。

3）管制指挥保障

由于成都—拉萨航线距边境线较近，飞机向南绕飞时最多不能超过50km，程序管制是拉萨贡嘎机场主要的管制方法，没有雷达监控，主要依据飞机位置进行估算。在飞机增压系统失效时，按规定飞机下降到4000m以下高度飞行，而拉萨贡嘎机场遇到这种情况时，由于平均海拔较高，飞机只能下降到7200m的高度飞行，这与内地截然不同，因此相应的处置程序也有差别。按本场程序管制的经验，通常先指挥飞机下降到目视最低下降高度，即海拔5500m，根据5500m段的空中能见情况，指挥飞机保持能见，阶梯下降到海拔4200m，最后决定是否落地或复飞。在12月至次年5月的风沙季节，飞行指挥与雨天低云、低能见度的情况有相似之处。另外，地形原因导致陆空通信存在盲区，在区域管制范围内特别明显，以昌都地区为甚。受地形影响，在人迹罕至的高寒地区建设导航台困难极大，可以采取建设人工插转台，由其他调度室派人转报，这样可以一定程度上缓解导航台不足的困难。

4）机场通信、导航和监视保障

以拉萨贡嘎机场为例，本场航路通信主要依赖HF通信，受电离层辐射等因素的影响，通信效果较差，如成都—拉萨航路在新龙、太昭存在两个盲区。拉萨贡嘎机场周围高海拔山峰较多，VHF传输距离较短，在平原地区作用距离通常达400km以上，而在西藏大致为200km。目前民航异步传输模式（asynchronous transfer mode，ATM）在拉萨、邦达已分别建成二、三级节点，拉萨、邦达已规划并即将建设KU波段卫星地面站，届时传输速率、可靠度将极大提高。导航方面，在航路转折点和走廊口各设有一NDB导航台，本场设有VOR/DME台，供航线飞机定位、测距用，作用距离大致为140km；监视方面，本场无监视雷达，2001年，中国民用航空总局空管局在本场建立自动相关监控（automatic dependent surveillance，ADS）地面站，由于卫星线路及机载设备等，该套系统无法正常投入使用。即将完成的通信监视工程拉萨RGS站及GNSS卫星完好性监视站建设，将为完善高原地区的监视能力发挥重要作用。

3.3 高原运行签派放行规则

高原运行相对非高原运行而言，有着更为严格的运行要求。在高原运行签派放行前，首先应对飞机的高原适应性和驾驶员的高原运行资格进行核实；应严格按照针对高原机场运行制定的最低设备清单（minimum equipment list，MEL）签派放行飞机。其次，应了解高原机场和航路的天气实况和预报，严格放行标准。同时应严格控制起飞重量，重点检查所带燃油，特别是飞机需携带来回程燃油或在备降机场较少地区的飞行时，应做好因外界环境变差而减少业载或在中途备降的预案。最后，应加强对航班的实时跟踪监控，在出现紧急情况时，应当即对飞机是否通过航路上的关键点（飘降返航点、客舱释压返航点和航路改航点）进行核实和检查。

3.3.1 航空器放行评估重点

1. 飞机起飞和着陆性能分析

1）气压高度对飞机起降性能的影响

当外界大气温度一定时，机场的标高越高，相应的气压高度越高，空气密度越小。高度的变化对飞机性能的影响有以下两个方面。

一是对空气动力性能的影响。在起飞阶段，飞机起飞离地的一瞬间，飞机的升力等于重力。飞机在海拔较高的机场起飞时，由于空气密度减小，要保持升力等于重力就需要增加真空速，使起飞距离（takeoff distance，TOD）增长。同时，由于高原地区空气密度较小，空气阻力也较小，中断起飞时飞机减速较慢。在高原机场着陆时，由于空气密度较小，表速相同的情况下真空速较大。因此，在高原机场着陆时进近速度和接地速度都相对较大，使着陆距离增长。同时，由于高原地区空气密度和空气阻力较小，造成着陆时飞机减速较慢。二是对发动机性能的影响。高原地区空气稀薄，发动机的可用推力减小，造成飞机起飞时滑跑距离增加，起飞、复飞时的爬升能力降低。在上述两种因素的综合影响下，当在高原机场起降时，飞机的起飞和着陆性能都会下降。

2）高原机场起降高度包线限制

飞机起降限制高度是通过试飞审定确定的，通常是为满足绝大多数机场的需要确定的。如果试飞是在海平面至 914m 的高度进行的，那么试飞结果可以外推至测试机场标高加上 1829m 以内的高度，并且无须保守修正。而对于高于测试机场标高加上 1829m 的高度，每超出这个高度 305m，起飞距离、加速停止距离（accelerate-stop distance，ASD）、起飞滑跑（take-off run，TOR）要增加 2%。这是因为随着高度增加，空气密度的减小使发动机推力减小，并且在保持升力不变的情况下，相同表速时真空速更大。此外，性能随高度的改变不是线性变化，对少数高高原机场要进行另外的试飞审定。

通常飞机飞行手册给出的限制最大起降高度为 2560m，能满足一般高原机场的起降要求，但不能满足高高原机场起降要求。所以应根据计划运行的高原机场标高，检查其是否满足计划使用机型的机场起降高度包线的要求。飞行手册给出的包线是经过审定的，也是保证安全的限制，若超出则说明该机型不能在该机场安全起降，解决的办法是更换机型，或由飞机制造商对该飞机及发动机进行高原取证和相应的系统改装，并在经过批准的文件中增补高原性能数据和特殊运行程序。当然，从航空公司运行成本的角度来看，还应考虑飞机的取证和改装涉及的经济投入以及改装后的航线经济性等问题。

2. 飞机构型和发动机的影响

1）襟翼位置对飞机起降性能的影响

襟翼偏度对飞机的空气动力特性影响很大，襟翼偏度较小时，升力系数小，但升阻比大；相应地，襟翼偏度较大时，升力系数大，但升阻比小。因此，对于起飞阶段，增大襟翼偏度可以减小起飞距离，有利于增加场长限重，而减小襟翼偏度有利于增加爬升梯度、增加爬升和越障限重。对于着陆阶段，增大襟翼偏度可以增加阻力，减小着陆距离，而减小襟翼偏度有利于增加复飞时的空中爬升梯度，可以增加进近爬升梯度和着陆爬升梯度所限制的着陆重量。襟翼偏度的选择应该综合考虑这两方面的影响，结合具体机场的特点，选择最优的起飞距离和进近着陆襟翼。

2）发动机引气对飞机起降性能的影响

飞机发动机的引气主要用于两个方面：空调引气和防冰引气，防冰引气又分为机翼防冰和发动机防冰。空调组件将发动机高压压气机的热空气引出，通过冷却、除湿等处理后送入空调的供气管道，并与发动机的引气管相连，通过控制阀调节引气的混入量来调节座舱温度。机翼和发动机的防冰系统将发动机内的热空气，通过管道引入机翼前缘和发动机进气整流罩下方，达到防冰的目的。为减小积冰对飞行的危害，在结冰天气条件下的起飞着陆阶段应开启防冰系统。由于引气降低了发动机的工作介质流量，发动机的性能下降，从而降低了发动机的推力，影响起降性能。

3. 风的影响

1）风对飞机起降性能的影响

水平风可以分解为沿跑道轴线的分量和垂直于跑道轴线的分量。其中，沿跑道轴线的分量对飞机的起飞、着陆性能影响较大。在真空速一定的情况下，水平风影响地速，真空速和地速可以通过下式进行换算：

$$V_G = V_T - V_W \tag{3-1}$$

式中，V_G 为地速；V_T 为真空速；V_W 为风速。在起飞和着陆性能计算时，逆风为正，顺风为负，并且规定有利的逆风风速取名义风的一半，不利的顺风风速取名义风的 1.5 倍，所以顺风的影响大于逆风。

风对发动机推力、升阻力以及加速度没有影响，在起飞阶段会影响起飞决断速度、起飞距离和时间；对于着陆阶段会影响进场速度、接地速度和着陆距离。飞机逆风起飞和着陆时,真空速增加,飞机升力增加,起飞距离、加速停止距离和着陆距离减小,飞机业载增大。同时,水平逆风可以改善越障能力,使起飞时的越障限制重量增加。此外,逆风起飞时,在真空速一定的情况下,地速减小,起飞时相应的轮速限制重量和最大刹车能量限制重量都会增大,顺风时则情况相反。

2) 高原机场顺风起降限制重量

风对飞机的起飞性能影响较大,为提高航班放行正常性和确保起飞安全,飞机制造公司和航空公司都公布了各类型飞机起飞的最大顺风限制。由于高原机场风速大,风向变化快,对于高原机场,特别是单向起降机场(或主要起降方向),需要计算和公布顺风起飞着陆限制重量。

以九寨黄龙机场为例,该机场02号跑道起飞着陆时净空条件差,受到机场附近障碍物的限制,起飞时的越障性能和复飞时的爬升性能都受到很大影响,飞机的商载能力差。并且,如果使用该跑道起飞,单发情况返场落地操作困难。而本场风向多为偏北风,为提高航班正常率,使用20号跑道起飞着陆时会遇到顺风的情况,因此需要计算和公布顺风起飞和着陆时的数值分析表,以提高航班放行正常性和确保起飞安全。

4. 道面状况的影响

根据跑道面的物理状况,可分为干跑道、湿跑道和污染跑道。道面覆盖有深度小于或等于3mm水或等同物,或道面上有足够的湿气引起反光时但又没有显著的积水区,这样的跑道称为湿跑道。当超过25%的使用道面被包括水深等于或大于3mm的积水、雪浆、湿雪、干雪、压实的雪、冰覆盖的跑道称为污染跑道。如果跑道污染部分在起飞的高速滑跑位置,也可认为是污染跑道。波音公司把湿跑道、结冰跑道和压实的雪覆盖的跑道称为滑跑道。

在湿跑道和污染跑道上滑跑时,飞机减速和加速能力明显降低,会降低飞机的起飞和着陆性能。特别是在高原机场起飞时,由于空气密度较小,发动机的可用推力减小,在湿跑道和污染跑道上的起飞情况更为复杂。为了使发动机失效后继续起飞能达到规定的安全速度、高度以及要求的越障能力,避免在发动机失效后的中断起飞阶段和着陆阶段冲出跑道。对于高原机场,特别是净空条件差、跑道长度较短的机场,需要计算和公布湿跑道起飞和着陆性能限制重量。考虑安全和经济方面的因素,对于高原机场上运行的飞机,应尽量避免在污染跑道上起降。

5. 机轮超温

高原机场运行的特殊性导致了飞机接地速度快,刹车散热较慢,而心理因素也导致飞行员在高原机场着陆时往往采用大力刹车。这些因素都会使刹车内累积大量的热能,导致机轮超温,给飞机的运行安全带来隐患。九寨黄龙机场运行初期,由于飞行员的信心不足、缺乏运行经验等,出现多次机轮超温的情况,更换了多套轮胎、刹车部件,影响了航班正常率,给航空公司带来经济损失。因此,减少刹车内的能量累积、有效地控制机轮温度,对于保证高原机场飞机的运行安全是非常重要的。

造成机轮温度过高的原因：①高原机场海拔较高，空气密度小，造成飞机着陆时真空速大，着陆后减速较慢。②空气密度小，不利于刹车散热，刹车内部能量累积较多。③由于心理原因，在高原机场着陆时机组人员往往不能充分利用跑道的长度，而采用较大的刹车来减少着陆距离。④在飞机速度较快的情况下，有些机组为了节省时间和在最近的道口脱离跑道而采取大力刹车。⑤由于高原机场净空环境较差并且地形复杂，有时为了满足复飞性能的要求和机动能力的要求，在进近着陆时选用较小的襟翼偏度，这就相应增大了进近速度和着陆速度。⑥对于单向起降的机场，如果主降方向跑道呈下坡状态，对飞机的减速及刹车使用也带来一定影响。

6. 客舱释压供氧分析

现代民航大型运输机的巡航高度一般为10000m左右，由于装有座舱环境控制系统，座舱在高空飞行条件下可以保持一定的压力和氧气含量，使飞行员和乘客有一个舒适的工作环境和乘坐环境，飞行中一般保持座舱高度为2500m。如果在高空飞行时飞机座舱突然失密，座舱的内外压力在短时间内平衡，座舱内的含氧量迅速减少，飞机必须紧急下降高度。由于座舱失压后氧气的供应量有限，飞机必须在规定的时间内下降到3000m或以下的高度。而高原山区航线受到航路下方地形的限制，可能在规定的时间内无法下降到这个高度，必须进行供氧分析。高原山区航线的客舱供氧规定包括以下几个方面。

1) 乘客供氧量的规定

（1）对于巡航升限高于7600m的飞机，座舱气压高度大于4600m时要为全部乘客供氧，座舱气压高度大于4300m但小于或等于4600m时要为机上30%乘客供氧，座舱高度大于3000m但小于或等于4300m时，对超过30min的那段飞行时间，为10%的乘客供氧（如在此高度范围飞行时间不超过30min则无须为乘客供氧）。

（2）对于巡航升限不高于7600m的飞机，如果运行的飞机能在所飞航路的任一点上做到在4min之内安全下降到飞行高度4300m以下时，应当为10%的乘客至少提供30min的氧气量；如果不能在4min之内安全下降到飞行高度4300m以下时，在座舱释压后座舱气压高度3000m以上至4300m的整个飞行期间应当为不少于10%的乘客供氧，并且按照适用情况，能够符合CCAR121.329的要求，但对乘客的供氧时间应当不少于10min。

2) 机组供氧量的规定

（1）生命保障用氧方面，从最大审定运行高度紧急下降到3000m高度巡航（其间受地形影响，可能要在3000m以上的几个高度巡航）所需的氧气。飞机在10min内以恒定的下降率从其最大审定运行高度下降至3000m，并在3000m的高度上巡航110min所必需的用氧量。生命保障所需氧气量是两者中大的一个。

（2）保护性吸氧方面，在2400m的气压高度上为在驾驶舱工作的飞行机组成员和在进行灭火的机组成员每人提供15min氧气量，按每人每分钟吸纯氧20L计算。

（3）特殊情况下的附加氧气方面，当巡航高度高于7600m并且驾驶舱中只有一个飞行员时，他必须戴面罩吸氧。驾驶舱中虽然有两个飞行员，对于客座数大于30或业载能力大于 3400kg 的飞机,当其巡航高度大于或等于 12500m 时,操纵飞机的飞行员必须戴面罩吸氧;对于客座数小于或等于 30 或业载能力小于或等于 3400kg 的飞机,当其巡航高度大于或等于 10500m 时,操纵飞机的飞行员必须戴面罩吸氧。

3) 高原航线供氧分析的特殊性

对高原航线进行供氧分析时,可首先按照计划航路走向,使用高/低空航线图检查确定航路的最低安全高度。若航路全部航段最低安全高度小于 3000m,则无须做供氧分析,可以选择该条航线上的等时点为决断点,使座舱失压后返航或继续飞往目的机场的时间相同;若航路部分航段最低安全高度大于 3000m,则做进一步分析:

(1) 对于化学氧气系统,可以根据最大氧气剖面,计算出一定供氧时间的性能剖面。然后使用高/低空航线图确定航路分段安全高度,对于特殊航路地形(即利用航路分段安全高度分析受到供氧限制的航线),则利用 1:50 万地形图进行地图作业,确定更为详细的航路分段安全高度。将计算得出的紧急下降性能剖面与该航路分段安全高度进行比较,如果该航路分段安全高度在紧急下降性能剖面下方,说明供氧系统满足乘客供氧要求,否则不能满足。

(2) 对于氧气瓶供氧系统,可以使用高/低空航线图确定航路分段安全高度,确定座舱失压后的紧急下降性能剖面。对于特殊航路地形,则利用 1:50 万地形图进行地图作业,按照航路地形确定座舱失压后的紧急下降剖面。利用相关手册或性能软件计算出该性能剖面对应所需的氧气总量,再根据飞机上装载氧气瓶的数量判断氧气瓶的压力是否在允许的范围内。如果计算得出的氧气瓶压力超过允许的最大值,说明该供氧系统不能满足乘客供氧要求,需要加装氧气瓶。

3.3.2 机组放行评估重点和影响

1. 飞行员资质检查

(1) 除经局方批准,原则上在高高原机场运行的机长年龄不超过 55 周岁。

(2) 驾驶员必须经过针对一般高原机场和高高原机场运行的理论培训方可进入相应类别的高原机场实施运行。对于高高原机场,还需使用带有高高原类别机场视景的 D 类模拟机进行训练,重点为起飞一发失效应急程序。

(3) 驾驶员具备总计 1200 小时或以上的飞行经历时间,其中包括本机型 100 小时或以上的飞行经历时间,方可进入高高原机场运行担任副驾驶。对于已经取得高高原机场资格的驾驶员,不受此条限制。

(4) 驾驶员应符合以下要求方可进入高原机场运行担任机长:①具备在一般高原机场 200 小时或以上的飞行经历时间,或者总计 300 小时或以上的机长经历时间,经检查合格方可进入一般高原机场运行担任机长;②具备在本机型 500 小时或以上的机长经历时间,并在高高原机场起降 8 架次或以上,经检查合格方可进入高高原机场担任机长。对于已经取得高高原机场资格并保持近期经历的机长,不受此条限制。

2. 客舱乘务员资质检查

合格证持有人按规章要求制定客舱乘务员资格要求,包括客舱乘务员应持有局方颁发的有效的航空人员体检合格证;按照合格证持有人经局方批准的客舱乘务员训练大纲完成训练,并通过合格证持有人的检查,取得合格证持有人颁发的有效客舱乘务员训练合格证(以下简称训练合格证)。同时,局方建议客舱乘务员资格满足以下要求:

(1)年满18周岁。
(2)具有高中或高中以上文化程度。
(3)能正确听、说、读、写中文,无影响沟通的口音和口吃。合格证持有人聘用的外籍客舱乘务员,应具备一定的中文或英语沟通能力。
(4)具备执行合格证持有人在正常、不正常和应急情况下的程序以及操作航空器机型设备、系统的能力和力量。

3. 航行前后讲评重点

1)飞行前准备
(1)飞行前准备包括预先准备和直接准备两部分,预先准备可以是集体准备或网上准备。
(2)重要飞行任务如新开航线、专机、包机或其他特殊航班的预先准备应根据需要进行集体准备。
(3)未按规定完成飞行前准备的机组成员不得参加飞行。

2)飞行前预先准备
(1)飞行机组成员应在航班起飞前48小时至起飞前12小时完成飞行前预先准备,时间不少于30分钟。
(2)飞行前预先准备的内容至少包括:领受任务,明确任务性质、起飞时间和要求;研究起飞、降落和备降机场、航线或者飞行区域有关资料;初步了解飞机状况;阅读公司的相关通告;了解天气形势等。
(3)所在运行单位应对飞行机组成员飞行前预先准备的完成情况和质量进行监控。
(4)对于临时航班调换,应以合适的方式完成飞行前预先准备。

3)飞行前直接准备
(1)各运行单位应明确飞行机组的进场时间,飞行机组成员应在进场时间10分钟前到达指定地点签到。
(2)领取航行资料,检查并确认资料是否齐全且现行有效、用具完整可用。
(3)执行国际航班时,领取并核对护照、港澳台通行证等。
(4)机长召开全体飞行机组成员参加的准备会,了解飞行机组成员的技术状况,明确机组分工,检查机组成员飞行所需的各种证件照/文件有效,着装、仪表符合公司规定等。

(5) 领取飞行资料,包括飞行计划、气象资料、航行通告等;机长和飞行签派员(或委托人)必须共同在飞行计划上签字(手工或电子形式)。

(6) 对飞机设备及至少以下项目做好充分的检查和准备:飞机技术状况;驾驶舱应急设备;实施飞机外部检查;起飞机场、目的地机场、备降机场及航路天气;起飞目的地机场及备降机场的进场与离场程序、等待程序,以及特殊运行程序等;通信程序;导航设施,包括机场目视助航设备;机场及航路地形和最低安全高度;空防措施。

(7) 如果航班延误超过 24 小时,应重新进行飞行直接准备。

(8) 短停过站时,机组可以根据实际情况、按照机型程序省略部分准备项目;除此之外,应完成完整的飞行前直接准备。

4)航后讲评

航后讲评指完成航班任务后讲评,是进一步巩固和提高服务质量的重要环节。

讲评方式:带班乘务长综合讲评,检查员点评,乘务员自我讲评。

讲评内容:特殊乘客服务,乘客意见反馈,改进工作建议,工作差错,典型事例,应急突发事件的处置,乘务员绩效沟通,改进乘务员工作建议等。

机组飞行后讲评重点:

(1) 飞行后,飞行机组应进行与飞行程序、技术、安全相关的常规讲评。

(2) 飞行中出现非正常情况时,应进行专项讲评;必要时,飞行机组和客舱机组应集体讲评。

(3) 对于飞行中出现的问题或事件,机长应执行机长报告制度,及时按规定向所在运行单位安全管理部门报告,并填写"机长报告书"。

航后讲评总结了航班任务的执行情况,使手册制定与有效落实的理论与实践相结合,提升了安全意识,落实安全管理和差错管理,巩固和提高了服务质量,同时也是正确处理安全与服务的重要手段。

3.3.3 进近区域气象要素最低标准和影响

1. 高原机场进近最低天气标准

1)航路颠簸

航路颠簸受地形、风的变化、涡旋气流等的影响。内地飞往昆明的航线,沿线地形大致是北低南高,进入云贵高原后山坡逐渐升高,一般高度在 1500~2000m。在黔西一段,航线上的风向大多是西南风,而在航线的西侧又多为海拔 4000m 以上的高山,因此气流受山脉的阻挡而形成了强烈的涡动,风向越偏南,涡动越剧烈,造成的颠簸也越强。如果处于锋区或者空中风速较大时,有中度以上颠簸产生。每年 11 月至次年 4 月,云南地区上空出现急流,其底部有时下降到 3000m,在此高度上常有严重的颠簸产生。

2)雷暴

云贵高原夏季多浓积云和热雷暴,还有川滇切变线产生的雷暴。浓积云从外表看发展较缓慢,但雷达回波强,在飞行中一般应避开浓积云。下半年的积雨云和雷暴(有时可伴有冰雹）控制范围广，出现时间长，强度大，因此在飞行中一定要提高警惕。雷暴是丽江机场影响飞行安全和航班正常最主要的天气。丽江上空受西南气流控制时，会形成雷暴。下半年，南支槽、西南涡、切变线等都是造成雷暴的天气系统，有系统影响的雷暴往往时间较长，可长达10多个小时。

3）空中风

昆明地区也是我国南支西风经过的地区，冬春季节西风急流强大，5500m多西南西风，风速一般为60~80km/h。7000~8000m多西南西风，风速为80~100km/h，航班安排要注意空中风的影响。

由于高原机场气象要素复杂，飞机减速较慢，因此进近过程中要及时调整好飞机的速度，尽早建立形态，要熟悉运行环境，操作上要技术果断，防止失速。

2. 高原机场运行气象影响案例分析

影响高原机场飞行安全的气象风险是由高原机场本身的地形结构、地理特征决定的，具有很强的特殊性和复杂性。各高原机场都面临海拔高、地形和气象条件复杂等问题。例如，丽江机场常出现大风，且跑道主起降方向为下坡，对着陆和中断起飞有较大影响。康定机场冬季冰冻期长，一般9月至次年5月都有降雪或冰冻出现。攀枝花保安营机场垂直气候差异显著，小气候复杂多样，风季风速高，风向乱，常出现风切变，雨季能见度差，容易受低云影响。

作为高填方机场，攀枝花保安营机场的跑道、飞行区及周边区域的沉降、滑坡等地质灾害多。九寨黄龙机场位于山腰上，有7条冲沟横穿场区，沿跑道轴线两侧均有较高山脉，净空环境较差，一般只能向南起飞，该机场跑道北端1.8km处存在高于跑道道面66m的山峰，加剧了主降方向进近过程中风乱流和风切变的产生，给航班带来严重的安全隐患。

2005年3月25日，一架A319飞机执行成都—攀枝花航班。该机在攀枝花保安营机场着陆时，天气实况不够着陆标准，此时另一架EMB145飞机拉升返航，运行人员建议该机组返航的情况下，机组仍然强行着陆，最终导致场外接地。该机在攀枝花保安营机场着陆时，能见度由5000m转为500m，碎片雾移到跑道上，存在接地云，决断高（度）或最低下降高（度）、能见度均不满足着陆标准，但未及时复飞，最终造成事故。

思 考 题

1. 什么是航空运行控制？
2. 航空公司运行控制系统的组成有哪些？
3. 高原航线运行的安全风险是什么？
4. 高原运行安全评估的重点是什么？
5. 运行控制中心人员组成及资质要求。
6. 航空公司组织架构和职能分别是什么？
7. 为什么高原航线运行时颠簸较多？

8. 高原机场运行保障的重点和难点有哪些？

9. 高原机场运行的业载要求是什么？

10. 高原机场运行对飞机性能有什么影响？

11. 谈一下飞机在高原机场起飞、着陆的性能特点。

参 考 文 献

[1] 国际民航组织. 安全管理手册（DOC 9859/AN474）[R]. 2 版. 2009.

[2] 中国民用航空局. 大型飞机公共航空运输承运人运行合格审定规则（CCAR-121-R7）[Z]. 2021.

[3] 中国民用航空局. 小型航空器商业运输运营人运行合格审定规则（CCAR-135-R2）[Z]. 2017.

[4] 中国民用航空局. 外国公共航空运输承运人运行合格审定规则（CCAR-129-R1）[Z]. 2018.

[5] 中国民用航空局. 特殊商业和私用大型航空器运营人运行合格审定规则（CCAR-136）[Z]. 2022.

[6] 中国民用航空局飞行标准司. 航空承运人运行中心（AOC）政策与标准（AC-121-FS-2011-004R1）[Z]. 2011.

[7] 中国民用航空局飞行标准司. 航空承运人高原机场运行管理规定（AC-121-21）[Z]. 2007.

[8] 中国民用航空局飞行标准司. 高原机场运行（AC-121-FS-2015-21R1）[Z]. 2015.

第4章 高原机场运行与保障

4.1 机场运行概述

4.1.1 机场的概念及发展

1. 机场的定义

国际民航组织签署的《国际民用航空公约》附件14中"机场"的定义是:"机场是指在陆地或水面上划定的一块区域(包括各种建筑物、装备和设备),其全部或部分意图供飞机着陆、起飞和地面活动之用。"

机场是航空运输系统中的一个重要组成部分。对于航空运输来说,机场既是起点又是终点,乘客需要在机场完成陆路交通和空中交通的转换。因此,机场在航空运输系统中扮演着非常重要的角色。

1)机场的命名

机场的命名遵守四种规则,详见表4.1。

表4.1 四种机场命名规则

序号	命名规则	示例
1	城市名+地名+(国际)+机场	深圳宝安国际机场、乌鲁木齐地窝堡机场
2	以著名特征和历史遗留名称命名	北京首都国际机场、广州白云国际机场
3	以纪念意义命名	云南腾冲驼峰机场、遵义茅台机场
4	以人名命名	肯尼迪国际机场、戴高乐国际机场

2)机场的代码

机场代码是用来标识机场的一组字母代号,有两种不同的机场地名代码系统,详见表4.2。

表4.2 两种机场地名代码系统

代码系统	代码内涵	代码缩写规则
三字机场地名代码(IATA机场代码)	由IATA对机场进行编号,通常由三位字母组成,刊登在IATA机场代码目录中;国际航空电信协会(Society International De Telecommunicatioan Aero-nautiques,SITA)经常用到的地名代码,用来发动态电报,多用于公众场合	向IATA申请,是全世界的机场统一编码,三字代码不可能完全与机场的名称相联系,申请得越晚越不容易与名字相关;全世界大部分机场的三个字母中都有1~2个和该机场关联度不大

续表

代码系统	代码内涵	代码缩写规则
四字机场地名代码（ICAO 机场代码）	由 ICAO 制定，公布在 ICAO 行情通告之地名代码 DOC7910 上；是航空固定通信网（Aeronautical Fixed Telecommunications Network，AFTN）中经常用到的地名代码，较少在公众场合使用	ICAO 为世界上所有机场所制定的识别代码，有区域性的结构，不会重复；首字母代表所属大洲，第二个字母代表国家，剩余的两个字母代表城市；部分幅员辽阔的国家以首字母表示国家，其他三个字母用于分辨城市

3）机场功能及服务

机场的主要功能包含：保障飞机安全、及时起飞和降落；安排乘客和货物准时、舒适地上下飞机；提供方便、快捷的地面交通连接市区。

机场要提供以下三种基本的服务：

（1）基本的营运服务。保障飞机和机场用户的安全运行，包括提供部分空中交通管制、飞机进近和着陆服务。另外，提供和飞行相关的气象服务、通信、消防和急救（包括搜寻和援救）、跑道维护等。

（2）交通流量调控的服务。与飞机相关的活动，如清洁、动力的提供、装卸和卸载的行李/货物，这些活动有时候也称为地面作业。有的活动直接与交通量有关，包含乘客、行李或货物运输。

（3）商业活动。通常包括经营商店、饭店、酒吧、报摊、停车场、电影院、保龄球、理发店、超市、会议中心和宾馆等，还包括候机楼和机场的土地。

2. 机场的发展历史

1）世界机场的发展历史

1903 年飞机出现的时候，还没有机场的概念，当时只要找到一块平地或草地，能够承受飞机的重量，飞机就可以在上面起降了。真正意义上的机场最早出现在 1910 年，自此大致可以将机场的发展历史分为三个阶段：飞行人员的机场阶段、飞机的机场阶段、社会的机场阶段。

（1）第一阶段：飞行人员的机场。1910 年，在德国出现了第一个机场，该机场是一片划定的草地，主要用于"齐柏林飞艇"的起飞和降落，还有简易的帐篷存放飞艇。很快，帐篷就变成了木质机库，但是仍然没有硬地跑道，更没有用于与飞行员进行通话的无线电设备，也没有导航系统帮助飞行员在恶劣的天气情况下起降。空中交通管制也仅仅是由一个人挥动红旗作为起飞的信号，飞机也只能在白天飞行，这个时候的飞机在安全性和技术成熟度方面尚不稳定，而且作为新生事物，还没有被社会所广泛接受。直到 1920 年，飞机还多用做航空爱好者的试验飞行或军事目的飞行，并且不搭载乘客，机场只为飞机和飞行人员服务，基本上不为当地社会服务，这是机场发展的幼年期，只是飞行人员的机场。

（2）第二阶段：飞机的机场。1919 年后，随着第一次世界大战的结束，飞机逐渐从军用转为民用，欧洲开始建立起最初的民用航线。随着航空运输的发展，机场大量建设起来，特别是在 1920~1939 年，欧美国家和地区的航线大量开通。同时为了和殖民地联系，各殖民国家和殖民地之间开通了跨洲的国际航线，如英国开通了到印度和南非的航线，荷兰开通了由阿姆斯特丹到雅加达的航线，美国开通了到南美和亚洲的航线，机场在全世界各地大量出现。随着航空技术的进步，飞机对机场的要求也提高了，机场建设中出现了各种新兴的需求，如空管和通信的要求、跑道强度的要求、一定数量旅客进出机场的要求。为满足这些要求，出现了塔台、混凝土跑道和候机楼，现代机场的雏形已经基本出现，这时的机场主要为飞机服务，是飞机的机场。

在第二次世界大战以后，出现了更成熟的航空技术及飞行技术，加上全世界经济复苏发展的推动，国际交往增加，客货运输量快速增长，开始出现了大型中心机场，也称航空港。1944年国际民航组织成立，成为一个世界航空运输标准和政策统一制定与指导机构。20世纪50年代，国际民航组织制定了统一的机场建设标准和指南，使全世界的机场建设有了大体统一的标准，新的机场建设已经有章可循。

（3）第三阶段：社会的机场。20世纪50年代末，大型喷气运输飞机投入使用，使飞机变成真正的大众交通运输工具，航空运输成为地方经济一个重要的、不可缺少的组成部分。通过技术改进提升机场建设质量和运营水平，不仅满足了航空运输行业日益发展的需求，还带动了机场所在地的商业、交通、旅游、就业等，为所在地区的经济发展提供了巨大的动力。同时，这种发展也给机场带来了巨大的压力，它要求全世界范围内的机场设施提高等级。首先，先进的飞机性能要求各个机场的飞行区有较大改进，不仅是跑道、滑行道、停机坪的硬度、宽度和长度，还涉及飞机起降设施水平的提高、空管系统的改进等。其次，载重量更大、航程更远的喷气式飞机的使用造成乘机旅行、客流量、货运量的增加，原有候机厅亟须进行改建、扩建、重新设计，以满足新的需求。但无论如何，机场成为整个社会的一部分，因而这个时期的机场是社会的机场，机场的建设和管理需要同城市的发展有协调的、统一的、长期的考虑。

2）我国机场的发展历程

1920年，我国开通了京沪航线京津段及京济段后，就在北京南苑、济南张庄、上海虹桥、上海华龙、沈阳东塔等地出现了民用机场，随后在全国各大城市都建立了机场，开辟了航线。但在1949年以前，我国能用于航空运输的主要航线机场只有36个，大多设备简陋，且多是小型机场。

1949年以后，我国着手进行了机场建设工作。先是改建天津张贵庄机场、太原亲贤机场和武汉南湖机场，新开工建设北京首都机场、昆明巫家坝机场、南宁吴圩机场、贵阳磊庄机场、成都双流机场等。其后，各省（直辖市、自治区）在首府及其所辖重点城市开展了修建机场的热潮，建起了一批机场。20世纪60年代，为了开辟国际航线，并适应喷气式大型飞机的起降技术要求，我国又先后改扩建了上海虹桥、广州白云机场，使其成为国际机场，随后又新建、改建、扩建了一批机场。但此时中国民航使用的飞机机型较小，所以建设的机场规模也较小，大多是中小型机场。截至1978年，我国用于航班飞行的机场达到70多个（其中军民合用机场36个），初步形成了大、中、小机场相结合的机场网络，基本上能适应当时中国的航空运输需求。

1978年以后，经济特区和沿海开放城市及海南省，都把机场建设作为开发特区和发展本地经济、旅游必不可少的工作，竞相新建和改建机场，厦门高崎机场、大连周水子机场、上海虹桥机场、广州白云机场、三亚凤凰机场等得到新建、改建或扩建。同时，中国陆续引进大型中、远程宽体喷气式飞机,从而促进了机场在标准、规模、安全保障等建设水平方面的提高。自此,内地省会以及各大中城市也掀起了民航机场的建设热潮,其数量之多、范围之广,均为中国民航史上少见。截至20世纪90年代,新建或扩建的大型机场有成都双流国际机场、长沙黄花国际机场等;扩建或改建的中型机场有包头东河机场、齐齐哈尔机场等;新建或改建的小型机场有黑河机场、常州奔牛国际机场等。

20世纪90年代以来,我国国民经济的持续快速发展和民航运输规模的快速增长,进一步要求更大规模的现代化机场的建设。深圳宝安国际机场、济南遥墙国际机场、武汉天河国际机场、上海浦东国际机场、南京禄口国际机场、郑州新郑国际机场、昆明长水国际机场、成都天府国际机场、北京大兴国际机场、广州白云国际机场等现代化机场相继投入使用,同时一大批中、小型机场也完成了新建、改建和扩建,改变了中国民用机场设施较为落后的局面。同时,在机场建设质量上也有很大改变,机场功能不断得到完善,乘客服务设施现代化水平不断提高,安全运行条件得到明显改善。

当前,民航局印发《中国民航四型机场建设行动纲要(2020~2035年)》(以下简称《纲要》),指出2021~2030年是四型机场建设的全面推进阶段……示范项目的带动引领作用充分发挥,多个世界领先的标杆机场建成。《纲要》明确了四型机场建设五方面的主要任务:建设平安机场,严守安全生命线;建设绿色机场,实现可持续发展;建设智慧机场,推动转型升级;建设人文机场,实现和谐发展;为新时代机场高质量发展构筑坚实基础。

3. 机场的分类

1) 按服务对象划分

按服务对象可以将机场分为军用机场、民用机场和军民合用机场三类。其中,军用机场用于军事目的,有时也部分用于民用航空或军民合用,但从长远来看,军用机场将会和民用机场完全分离;民用机场又分为商业运输机场、通用航空机场以及用于科研、生产、教学和运动的机场。通用航空机场主要用于通用航空,为专业航空的小型飞机或直升机服务。

2) 按航线性质划分

按航线性质可以将机场分为国际航线机场(国际机场)和国内航线机场。其中,国际航线机场有国际航班进出,并设有海关、边防检查(移民检查)、卫生检疫和动植物检疫等政府联检机构;国内航线机场是专供国内航班使用的机场。

3) 按机场在民航运输网络系统中所起作用划分

按机场在民航运输网络系统中所起作用可以将机场分为枢纽机场、干线机场和支线机场。其中,国内、国际航线密集的机场称为枢纽机场;干线机场是指各直辖市、省会、自治区首府以及一些重要城市或旅游城市的机场,干线机场连接枢纽机场,空运量较为集中;支线机场的空运量较少,航线多为本省区市内航线或邻近省区市支线。

4) 按机场所在城市的性质、地位划分

按机场所在城市的性质、地位可以将机场分为Ⅰ类机场、Ⅱ类机场、Ⅲ类机场和Ⅳ类机场。其中,Ⅰ类机场,即全国经济、政治、文化中心城市的机场,是全国航空运输网络和国际航线的枢纽,运输业务繁忙,除承担直达客货运输外,还具有中转功能,也为枢纽机场;Ⅱ类机场,即省会、自治区首府、直辖市和重要的经济特区、开放城市、旅游城市,或经济发达、人口密集城市的机场,可以建立跨省、跨区域的国内航线,是区域或省区市内民航运输的枢纽,有的可开辟少量国际航线,也为干线机场;Ⅲ类机场,即国内经济比较发达的中小城市,或一般的对外开放和旅游城市的机场,除开辟区域和省区市内支线外,可与少量跨省区市中心城市建立航线,故也可称为次干线机场;Ⅳ类机场,即省、自治区内经济比较发达的中小城市和旅游城市,或经济欠发达,但地面交通不便城市的机场,航线主要是在本省区市内或连接邻近省区市,这类机场也可称为支线机场。

5)按乘客乘机目的划分

按乘客乘机目的,可将机场分为始发/终程机场、经停机场和中转机场。其中,始发/终程机场中,始发和终程乘客占乘客的大多数,始发和终程的飞机或掉头回程架次比例很高,目前国内机场大多属于这类机场;经停机场往往位于航线的经停点,没有或很少有始发航班飞机,只有比例不大的始发/终程乘客,绝大多数是过境乘客,飞机一般停驻时间很短;中转机场中,有相当大比例的乘客下飞机后,立即转乘其他航线的航班飞机飞往目的地。

4. 机场的等级

机场的等级主要根据飞行区等级、跑道导航设施等级、业务量规模等级、救援和消防等级等标准来划分。

1)飞行区等级

国际民航组织和中国民用航空局采用飞行区等级指标Ⅰ和指标Ⅱ进行分级,以使该机场飞行区特性的许多规定和航空器特性联系起来,从而较好地划定该机场可以起降的机型和种类。其中,飞行区指标Ⅰ是指按拟使用机场跑道的各类飞机中最长的基准飞行场地长度,分为1、2、3、4四个等级;飞行区指标Ⅱ是指按拟使用该机场飞行区的各类飞机中的最大翼展或最大主起落架外轮外侧间距,分为A、B、C、D、E、F六个等级,两者中取较高等级,详见表4.3。

表4.3 飞行区等级内容

指标Ⅰ		指标Ⅱ		
等级	基准飞行场地长度/m	等级	翼展/m	主起落架外轮外侧间距/m
1	<800	A	<15	<4.5
2	800~<1200	B	15~<24	4.5~<6
3	1200~<1800	C	24~<36	6~<9
4	≥1800	D	36~<52	9~<14
		E	52~<65	9~<14
		F	65~<80	14~<16

注:基准飞行场地长度是某型号机所规定的最大起飞重量,在标准条件(海平面、1个大气压、气温15℃、无风、跑道无坡度)情况下起飞时所需的最小飞行场地长度。

根据机型的运行技术指标就可以确定该机型所需要的飞行区等级，见表4.4。

表 4.4 具体机型所需飞行区等级

机型	基准飞行场地/m	翼展/m	主起落架外轮外侧边间距/m	所需飞行区等级
A320-200	2480	33.9	8.7	4C
A380	2750	79.75	13.8	4F
B747-400	3383	64.7	12.4	4E

2）跑道导航设施等级

跑道导航设施等级按配置的导航设施能提供给飞机何种进近程序飞行来划分，可以分为非仪表跑道和仪表跑道两种，详见表4.5。在仪表跑道中，精密进近是使用仪表着陆系统、微波着陆系统或精密进近雷达提供方位和下滑引导的进近；非精密进近是使用甚高频全向信标台、无方向性无线电信标台或航向台（仪表着陆系统下滑台不工作）等地面导航设施，只提供方位引导，不提供下滑引导的进近。

表 4.5 跑道导航设施等级

分类			含义及小分类
非仪表跑道			只能供飞机用目视进近程序飞行的跑道，代码为V
仪表跑道——供飞机用仪表进近程序飞行的跑道	非精密进近跑道		装有目视助航设备和一种至少足以提供直线进入的方向性引导的非目视助航设备的仪表跑道，非目视助航设备能足以对直接进近提供方向性引导，代码为NP
	Ⅰ类精密进近跑道		装有仪表着陆系统和（或）微波着陆系统以及目视助航设备，能供飞机在决断高度低至60m，能见度不小于800m或跑道视程不小于550m时着陆的仪表跑道，代码为CAT Ⅰ
	Ⅱ类精密进近跑道		装有仪表着陆系统和（或）微波着陆系统以及目视助航设备，能供飞机在决断高度低于60m但不低于30m和跑道视程不小于300m时飞行的仪表跑道，代码为CAT Ⅱ
	Ⅲ类精密进近跑道（代码为CATⅢ）	Ⅲ类A	用于决断高度小于30m或不规定决断高度以及跑道视程不小于175m时运行
		Ⅲ类B	用于决断高度小于15m或不规定决断高度以及跑道视程小于175m但不小于50m时运行
		Ⅲ类C	用于不规定决断高度和跑道视程时运行。对于Ⅱ类或Ⅲ类运行的机场，不再使用跑道能见度，只有跑道视程标准

3）业务量规模等级

一般通过机场年乘客吞吐量和年货邮吞吐量划分规模等级，详见表4.6。

表 4.6 机场业务量规模分级标准

航站业务量规模等级	年乘客吞吐量/万人	年货邮吞吐量/10^3t
小型	<10	<2
中小型	10～<50	2～<12.5

续表

航站业务量规模等级	年乘客吞吐量/万人	年货邮吞吐量/10^3t
中型	50~<300	12.5~<100
大型	300~<1000	100~<500
特大型	≥1000	≥500

4）救援和消防等级

救援和消防等级是指机场所具备的与使用该机场最高类别的航空器相对应的消防救援能力。按航空器机身长、宽度划分消防保障等级，保障救援能力越强，级别越高，详见表4.7。

表 4.7 救援和消防的机场等级

机场级别	飞机机身全长/m	最大机身宽度/m
1	0~<9	2
2	9~<12	2
3	12~<18	3
4	18~<24	4
5	24~<28	4
6	28~<39	5
7	39~<49	5
8	49~<61	7
9	61~<76	7

综上所述，根据飞行区等级、跑道导航设施等级和业务量规模等级的不同，民航运输机场规划等级可以分为四级、三级、二级、一级、特级，具体指标划分如表4.8所示。

表 4.8 民航运输机场规划等级

机场规划等级	飞行区等级	跑道导航设施等级
四级	3B、2C 及以下	V、NP
三级	3C、3D	NP、CAT
二级	4D	CAT
一级	4D、4E	CAT、CAT
特级	4E 及以上	CAT

4.1.2 机场的功能分区

机场功能分区包括空侧和陆侧两部分，机场的运行主要针对这两个区域的业务内容。空侧是受机场部门控制的区域，包括供飞机起飞和降落的终端区进近空域及供飞机在地面上运行的活动区两部分。其中，活动区为飞机活动的区域，包括跑道、滑行道和停机坪；陆侧包括供乘客、货物办理手续和上下飞机的航站楼、各种附属设施及出入机场的地面交通设施三部分。机场功能分区如图 4.1 所示。

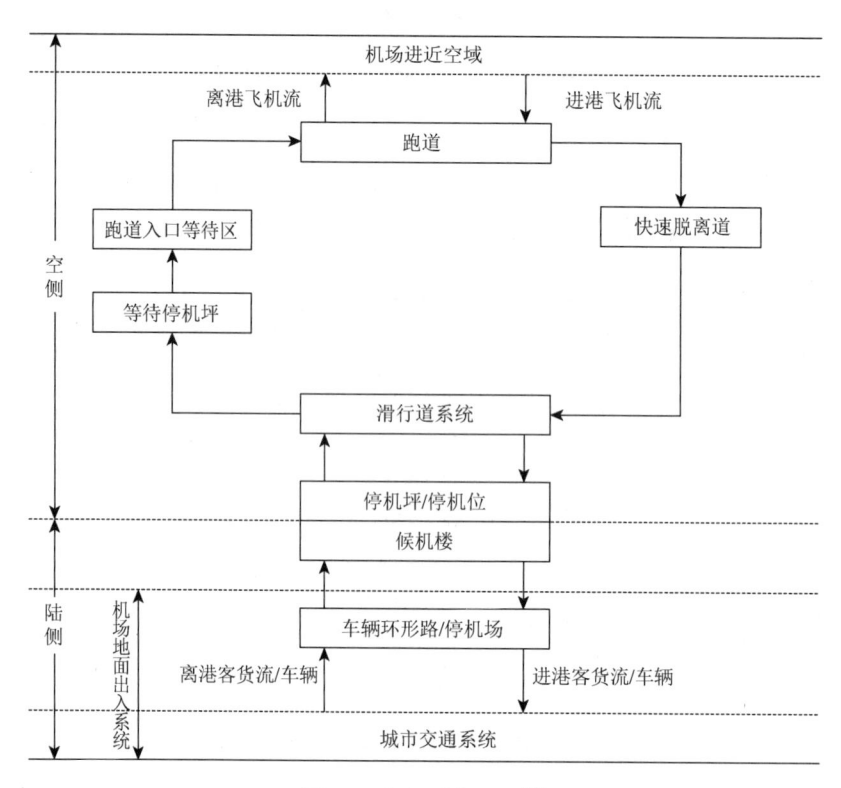

图 4.1 机场功能分区[1]

1. 空侧

空侧包括跑道、滑行道、停机坪和登机门，以及一些为维修和空中交通管制提供服务的设施，如机库、救援中心等。

1）跑道

跑道是陆地机场上划定的长方形地区，供航空器着陆和起飞之用。跑道的基本参数包括方向和跑道号、基本尺寸、道面和强度等。

（1）方向和跑道号。主跑道的方向一般和当地的主风向一致，跑道号按照跑道中心线的磁方向以 10°为单位，四舍五入用两位数表示，如磁方向为 267°的跑道为 27，跑道号标在跑道的进近端。而上述跑道号为 27 跑道另一端的磁方向是 87°，跑道号为 09，因此一条跑道的两个方向有两个编号，二者相差 180°，跑道号相差 18。

（2）基本尺寸。基本尺寸是指跑道的长度、宽度和坡度。跑道的长度取决于所能允许使用的最大飞机的起降距离、海拔及温度等；跑道的宽度取决于飞机的翼展和主起落架的轮距，一般不超过 60m；跑道纵坡最好为 0，但一般为节省机场飞行区土方工程造价，机场跑道都有一定的纵坡，但对坡度值和变坡率有严格规定。

(3) 道面和强度。跑道道面分为刚性道面和非刚性道面。刚性道面由混凝土筑成，能把飞机的载荷承担在较大面积上，承载能力强，一般中型以上机场都使用刚性道面；非刚性道面由草坪、碎石、沥青等构成，这类道面只能抗压不能抗弯，因而承载能力小，只能用于中小型飞机起降的机场。对于起飞质量超过 5700kg 的飞机，为了准确表示飞机压强和跑道强度之间的关系，国际民航组织规定使用飞机等级序号（aircraft classification number，ACN）和道面等级序号（pavement classification number，PCN）的方法来决定。

2）跑道的附属区域

跑道的附属区域包括跑道道肩、跑道安全带和净空道。

(1) 跑道道肩。在跑道纵向侧边和相接的土地之间有一段隔离的地段，这样在飞机因侧风偏离跑道中心线时，不致引起损害，有的机场在道肩之外还要放置水泥制的防灼块，防止发动机的喷气流冲击土壤。跑道道肩一般每侧宽度为 1.5m，道肩的路面要有足够强度，以备在出现事故时，使飞机不致遭受结构性损坏。

(2) 跑道安全带。跑道安全带的作用是在跑道四周划出一定的区域，来保障飞机在意外情况下冲出跑道时的安全，分为侧安全带和道端安全带。其中，侧安全带是由跑道中心线向外延伸一定距离的区域，在这个区域内要求地面平坦，不允许有任何障碍物；道端安全带是由跑道端至少向外延伸 60m 的区域，划出道端安全带是为了减小起飞和降落时冲出跑道的危险。

(3) 净空道。净空道是指跑道端之外的地面和向上延伸的空域，它的宽度一般为 150m，在跑道中心延长线两侧对称分布。在这个区域内除了有跑道灯之外不能有任何障碍物，但对地面没有要求，可以是地面，也可以是水面。

3）滑行道

滑行道是连接对空面各个部分的飞机运行通路，它从机坪开始连接跑道两端，在交通繁忙的跑道中段设有一个或几个跑道出口滑行道，以便降落的飞机迅速离开跑道。滑行道的宽度由使用机场最大的飞机的轮距宽度决定，要保证飞机在滑行道中心线上滑行时，它的主起落轮的外侧距滑行道边线不少于 1.5~4.5m。在滑行道转弯处，它的宽度要根据飞机的性能适当加宽。滑行道的强度要和配套使用的跑道强度相等或更高，其原因在于滑行道上滑行的飞机的质量和低速运动的压强会比在跑道上的压强略高。滑行道在和跑道端的接口附近有等待区，由地面标志线标出，这个区域是为了让飞机在进入跑道前等待许可指令。等待区与跑道中心线保持一定的距离，以防止等待飞机的任何部分进入跑道，成为运行的障碍物或产生无线电干扰。

4）停机坪

停机坪是飞机停放和乘客登机的地方，飞机还在这里进行货物装卸、加油、维修和长时间停放。停机坪的面积要足够大，以保证进行上述活动的车辆和人员的行动，机坪上用不同颜色的漆绘制出飞机、地面保障车辆的活动区域和引导路线。例如，用黄色漆标出飞机滑行路线和停机位，用白色线绘制出地面车辆等候区域，用红色线绘制出廊桥活动区等。

5）跑道的标志

跑道的类别不同，它的道面标识也不同，目视跑道有下列基本标识：中心线、跑道号和等待位置标志。对于非精密进近跑道,要加上跑道端标识和定距离标识;对于精密进近跑道,还要增加着陆区标识和跑道边线标识。跑道端标识表示跑道可用部分的开始,通常由铺设道面的起点作为跑道端,但在有安全道时或起降不能全部使用跑道时,跑道端就会移入跑道一定距离。各类跑道标识如图4.2所示。

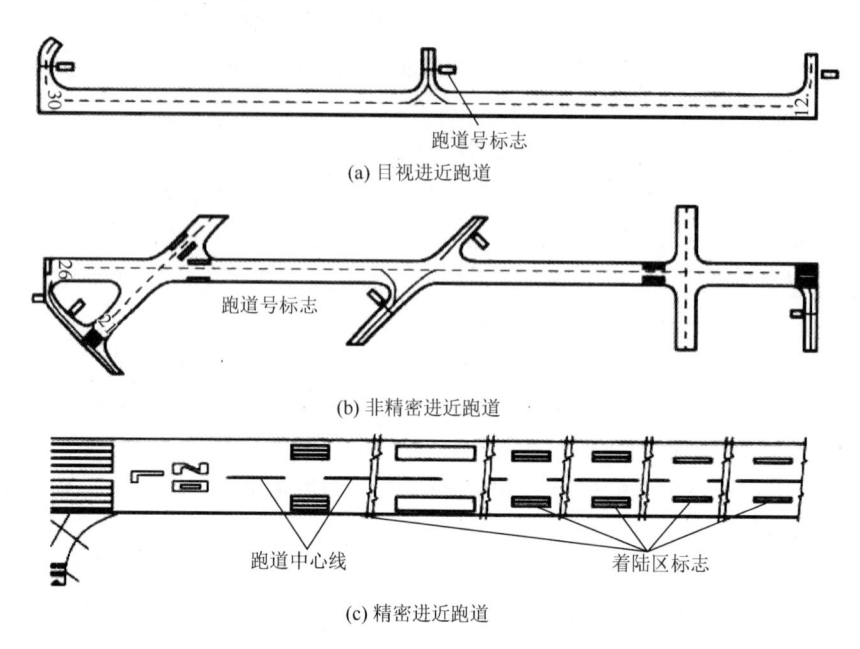

(a) 目视进近跑道

(b) 非精密进近跑道

(c) 精密进近跑道

图 4.2　各类跑道标识[1]

6) 机场灯光系统

机场灯光系统包括进近和跑道灯光系统、滑行道灯光系统、机坪灯光系统等。

(1) 进近和跑道灯光系统,其对于驾驶员在夜间和低能见度着陆是非常重要的。有些灯光的亮度很高,照明的供电不能出现故障,因此要求机场电源有故障时它的跑道照明备用电源在15s内接通,整个系统如图4.3所示。

其中,顺序闪光灯是白色的,它一排接一排地顺序闪光把驾驶员的眼睛引向跑道中心线。红色进近灯有300m区域告诉驾驶员未达到跑道端,这个区域不能降落。白色横排灯在红色进近灯之前指示驾驶员确认在着陆前机翼是否水平。跑道端灯向着进近一面是绿色,表示驾驶员可以降落;另一面为红色,表示起飞的方向。中线灯和跑道道面齐平,可以承受飞机着陆时的压力,每个灯的功率在200W以上。跑道边灯指示跑道道边,它们360°可见,有些跑道边灯基座较高称为防雪灯,它们可以不被雪埋住,在下雪时也发挥作用。接地区灯在跑道上延伸750m,使驾驶员能明确接地区的位置。

(2) 滑行道灯光系统,包含滑行道中线灯和边线灯。滑行道中线灯的灯光颜色一般是绿色,间距一般小于60m,其光束大小只有从滑行道上,或者附近的飞机上才能看见,滑行道中线灯为驾驶员在跑道中线和停机位之间提供连续的滑行引导。滑行道边线灯安装于滑行道两侧的边缘或距边缘不大于3m处,滑行道边线灯颜色为蓝色,均匀分布。

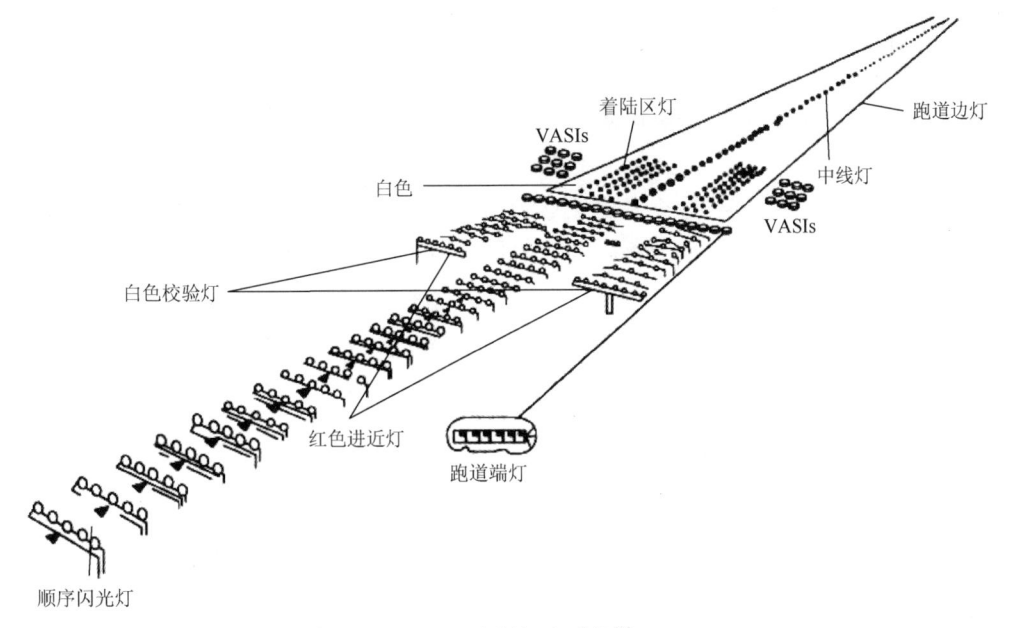

图 4.3 跑道灯光系统[1]

（3）机坪灯光系统，是为整个机坪工作区（包括飞机机位、机务维修坪、试车坪等区域）提供的一般照明。

7）机场净空

为了航空器的起降安全和机场的正常使用，根据航空器的特性和助航设备的性能，在机场及其附近区域，规定了几种称为净空障碍物限制面的平面、斜面，用以限制机场周围及其附近的山、高地、铁塔、架空线、建筑物等的高度。根据跑道运行的类型，机场的净空障碍物限制面包括锥形面、内水平面、端净空面和过渡面。精密进近跑道还包括内进近面、内过渡面和复飞面等，详见图 4.4。

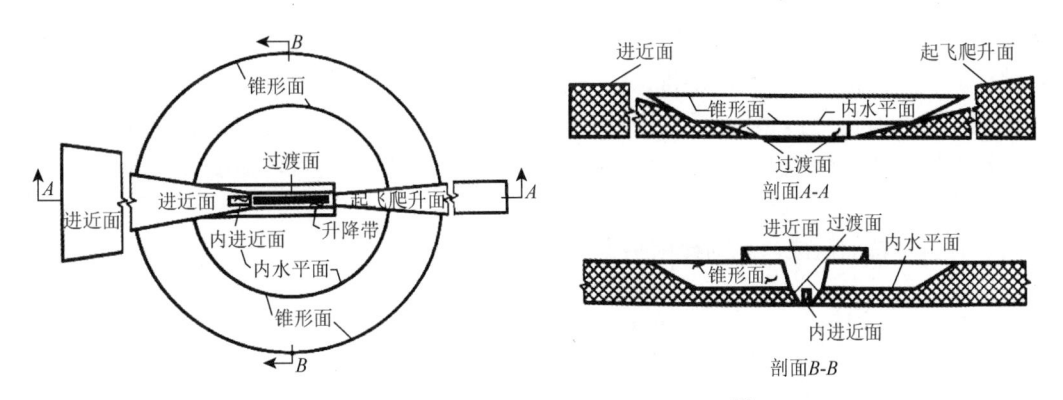

图 4.4 机场的净空障碍物限制面示意图[2]

2. 陆侧

机场陆侧一般包括停车场、办票岛、行李托运以及必要的服务设施等。

1)航站楼

航站楼为乘客上、下飞机提供各种服务,是地面交通和空中交通的接合部,是机场对乘客服务的中心地区,又称候机楼。

(1)航站楼水平布局。航站楼水平布局是否合理,对航站楼运营有至关重要的影响。航站楼采取何种布局,需要综合考虑乘客流量、飞机起落架次、航班类型、地面交通等因素。归纳起来,航站楼的水平布局有四种基本形式,如图4.5所示。

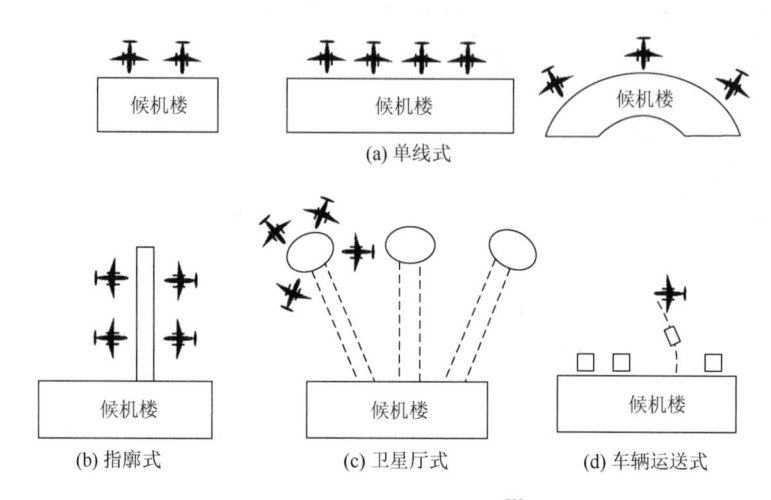

图 4.5 航站楼水平布局[2]

(2)停机位置的设施。除远机坪外,在登机的停机位置都需要一定的设施帮助驾驶员把飞机停放在准确的位置,让登机桥能与机门连接。廊桥是一个活动的走廊,它是可以伸缩的,并且有液压机构调整高度,以适应不同的机型。当飞机停稳后,登机桥和机门相连,乘客就可以通过登机桥直接由航站楼进出飞机。

在停机位置处,侧面有侧标志板,画有各种机型的停机指示线,当驾驶员左肩对准所驾驶机型的指示线时,飞机机门的位置就对准了登机桥。此外,还有停机对准系统,驾驶员通过前方的灯光显示,判断机头是否对正了滑入停机位的方向。在停机位的前方滑行道上还铺有压力传感垫,飞机前轮压上传感垫之后,在机头前方的显示板上会显示出前轮停放位置的偏差。在远处机坪停放的飞机,有专门的停机坪调度员引导飞机进入正确的停机位置。

(3)航站楼的组成。航站楼由乘客服务区和管理服务区组成,详见表4.9。

表 4.9 航站楼的组成内容

组成	具体内容
乘客服务区	办理机票行李手续的柜台; 安检、海关、检疫的通道和入口; 登机前的候机厅; 行李提取处; 迎送乘客活动大厅; 乘客信息服务设施,问讯处、显示牌、广播通知系统、电视系统等;

续表

组成	具体内容
乘客服务区	乘客饮食区域，供水处、饭店、厨房等； 公共服务区，邮电部门、行李寄存处、失物招领处、卫生间、医疗设施； 商业服务区，各种商店、银行、免税店、旅游服务处、租车柜台等
管理服务区	机场管理区，机场行政办公室、后勤的办公和工作场所，如水电、暖气、空调等； 紧急救援设施，消防、救援的工作人员和设备的场地； 航空公司运营区，运营办公室、签派室和贵宾接待室等； 政府机构办公区，民航主管部门、卫生部门、海关、环保、边防检查部门的办公区域

（4）航站楼的乘客流程。

航站楼的乘客都是按照到达和离港的目的有序流动的，在设计航站楼时必须很好地安排乘客流通的方向和空间，这样才能充分利用空间，使乘客顺利到达目的地，不致造成拥挤和混乱。目前通用的设计方式是把出港（离去）和入港（到达）分别安置在上、下两层，上层为出港，下层为入港，这样既互不干扰又可以互相联系。由于国内乘客和国际乘客所要办理的手续不同，通常把这两部分乘客分别安排在同一航站楼的两个区域，或者分别安排在两个航站楼内。机场航站楼乘客流程分为国际出发、国际到达、国内出发、国内到达和中转（国际转国际、国际转国内、国内转国内和国内转国际）等流程。

2）地面运输区

地面运输区包括机场进入通道、机场停车场和内部道路。规模较大空港需要有双道路系统，整合高速铁路、城市轨道交通和机场大巴等构建综合交通运输体系。

（1）进入通道。机场是城市的交通中心之一，而且有严格的运营时间要求，因而从城市进出机场的通道是城市规划的一个重要部分，大型城市为了保证机场交通的通畅都修建了市区到机场的专用公路或高速公路。为了解决乘客来往于机场和市区的问题，机场要建立足够的公共交通系统。有的机场开通了到市区的地铁或高架铁路，大部分机场都有足够的公共汽车路线来方便乘客出行。在航空货运时，要把机场到火车站和港口的路线同时考虑在内。

（2）机场停车场。既要考虑乘机的乘客车辆，还要考虑接送乘客的车辆、机场各部门的工作人员车辆，以及观光者和出租车辆的停车需求，因此机场停车场的设计应根据不同的车辆停车需求，进行分类设计。停车场面积要有一定规模，但也不能太大。繁忙的机场按车辆使用的急需程度把停车场分为不同区域，离航站楼最近的是出租车辆和接送乘客车辆的停车区，以减少乘客的步行距离，机场职工或航空公司使用的车辆则安排到较远位置或安排专用停车场。

（3）机场内部道路系统。要很好安排和管理航站楼外的道路区，这里各种车辆和行人混行，而且要装卸行李，特别是在高峰时期，容易出现混乱和事故。港内道路的另一个主要部分是安排货运的通路，使货物能通畅地进入货运中心。

（4）综合交通运输体系。随着高速铁路网络规划的逐步完善，国家综合交通运输体系格局将发生新的变化，应重视高速铁路以及其他地面运输方式与航空运输之间存在的分工协作关系，发挥民航与其他运输方式的协同优势，实现优势互补，形成立体式、一体化综合交通运输网络。

4.1.3 机场的管理模式

1. 我国机场管理模式

我国各机场在寻求发展的同时形成了诸多类型的机场管理模式，主要表现为省机场集团、跨省机场集团、省会机场公司、市属机场公司、航空公司管理、委托管理机场六种模式，详见表4.10。

表 4.10 我国六种机场管理模式

模式	内容
省机场集团	以省会机场为核心机场，以省内其他机场为成员机场的机场集团组织架构
跨省机场集团	各地在以省为单位成立机场管理集团后，出现省机场管理集团之间兼并与收购的情况
省会机场公司	在没有以省为单位成立机场管理集团的情况下，省政府只负责管理省会机场，其他机场由所在地市政府管理的模式
市属机场公司	机场由所在地市政府管理，这些机场公司只管理本地一个机场
航空公司管理	机场由航空公司管理
委托管理机场	将机场委托给具有经营机制和管理优势的机场管理者，以期提高经营管理水平（包括安全、服务、效率等）

2. 国外大型机场管理模式

国外大型机场管理模式大致包括公益型机场管理模式、企业型机场管理模式和混合型机场管理模式，详见表4.11。

表 4.11 国外大型机场三种管理模式

模式	内容
公益型机场管理模式	基于机场作为具有准公共物品、正外部性等属性进行的制度设计。 机场的利润收入只能用于机场建设投入，机场由州、市政府负责投资、建设、管理，政府对机场征收的税费给予部分减免和返还。 代表国家：美国
企业型机场管理模式	基于机场具有收费性（价格排他性）和自然垄断性等收益性特点进行的制度安排。 机场管理机构多是介于政府和营利性企业之间的组织，属于公共法人性质，拥有一定的经营自主权，其职责是通过企业和市场途径而非行政途径管理和发展机场。 代表国家：英国、德国等
混合型机场管理模式	介于公益型机场管理模式与企业型机场管理模式之间的一种管理模式。 代表国家：澳大利亚、日本等

4.2 高原机场概述

4.2.1 高原机场的概念及发展

1. 高原机场的概念

1）高原机场的定义

高原机场可分为一般高原机场和高高原机场,其中海拔在1524m及以上,但低于2438m的机场称为一般高原机场;海拔在2438m及以上的机场称为高高原机场。

2）高原机场的运行特点

高原机场具有不同于普通机场的地理环境特点,这些特点会对航空运营人的运行产生多方面的不利影响,航空运营人要保证高原机场的运行安全,需要从多方面满足更高的要求。高原机场的运行特点具体从两个层面展开介绍:一般高原机场的地理环境特点(表4.12)、高高原机场运行的特点(表4.13)。

表4.12 一般高原机场的地理环境特点

	特点	具体内容
一般高原机场的地理环境特点	海拔高	海拔高,空气稀薄,空气密度小,大气压力低,氧气分压小,温度偏高,International Standard Atmosphere(ISA)标准较多
	地形复杂	大多位于高原山区,周围高山密布,地形往往比较复杂,净空条件较差,飞行程序的设计和导航设施的设置受地形条件限制较大
	气象条件复杂	对流天气多,雷暴强度强;大风、乱流天气多;天气变化无常

表4.13 高高原机场运行的特点

	特点	具体内容
高高原机场运行特点	海拔高,空气稀薄,气压偏低	海拔高,空气稀薄而使含氧量偏低,会导致发动机热效率低,启动时易超温
	昼夜温差大,气象复杂多变	昼夜温差大易导致积冰,尤其是在冬季。气象复杂多变,有明显的时间差异,还存在地域性和局部性特征
	海拔高,高空风通常很大	高空风通常很大,接近地面的空气因太阳照射导致向阳和背阴方向的受热不均匀,加上地形对风的阻挡、加速,使得高高原机场经常出现大风,风速、风向变化也很大,极易形成乱流、颠簸和风切变
	气候干燥,植被少,土层干,多大风和沙尘	大风和沙尘会导致机场灰尘较多,在设备冷却管路、风扇和滤网等地方易形成灰尘聚集阻塞,使流量降低
	地形复杂,机场周围净空条件差	机场周围净空条件差,导航设施设置困难,导致飞机起降、复飞操纵难度大。中国多数高高原机场需要编制专门的单发复飞程序。另外,高高原机场可用的机动空域和机动高度很少,飞机空中调配较为困难
	特殊地形对飞机通信造成影响	受地形的遮蔽和反射,机场无线电波产生多路径干扰;地面通信作用距离短,信号微弱;机场甚高频全向信标台/测距仪作用距离、覆盖范围较小,指示不稳定,仪表着陆系统在某些方位会有假信号产生
	对高高原机场运行的飞行员造成心理影响	由于高高原机场存在以上诸困难,再加上飞机在高高原机场飞行操纵难度加大、机动性能较差,飞行员在高高原机场飞行易产生畏惧心理

2. 高原机场的发展

1950年,昭通解放,昭通机场转为军民合用机场,是国内第一个一般高原机场;1965年,民航拉萨站组建成立,北京—成都—拉萨航线正式通航,拉萨贡嘎机场成为我国第一个高高原机场。稻城亚丁机场位于中国四川省甘孜藏族自治州稻城县桑堆乡海子山,距县城直线距离约35km,为4C级军民合用支线机场、一类高高原机场(海拔4411m),是目前世界上海拔最高的民用机场。

4.2.2 高原机场对航空运行的影响

1. 飞机性能衰减严重

1) 飞机起飞、着陆性能变差

在高原机场运行时,相同的起飞、着陆重量,飞机的真空速要比平原机场大得多。同时,发动机的推力明显减小,飞机加速、减速性能变差,这两个不利因素的叠加使飞机在高原机场的起飞和着陆距离显著增加。

2) 飞机爬升和越障能力下降

由于高原机场空气密度小,发动机推力减小明显,同时空气密度小,飞机翼面的空气动力性能变差,飞机的爬升和越障能力变差。在起飞一发失效时,这种影响更加突出。

3) 飞机机动性能变差

在高原机场,大气密度低,导致飞机以相同表速飞行时真空速增加较多,地速和转弯半径增大,空中加速、减速所需距离增长,飞机的机动能力明显降低。

4) 发动机起动困难

由于高原机场气压低,APU或地面气源设备供气压力降低,发动机起动增速慢、散热不畅,起动时易出现EGT超温和起动悬挂等现象。高原机场起动发动机时,应尽量迎风起动发动机,严格遵守发动机起动最大温度、起动周期等限制,避免高温状态下多次起动。

2. 对人体生理影响大

高海拔环境对人体的影响因素主要包括高空缺氧、低气压、低温。目前建成的机场海拔最高不超过4600m,而且低温容易防范,因此低温对人体的影响相对较小。高空缺氧和低气压对人体的影响较大,尤其是高空缺氧,容易导致人体出现呼吸不畅、头昏、胸闷、疲劳等生理反应,使人反应迟钝,警觉性下降。同时,诱发的其他疾病是高原反应对人体的主要威胁。

1) 高空缺氧对人体的影响

缺氧对人体的影响程度主要取决于空气中的氧分压、人体在高海拔环境中的暴露速度和暴露时间,以及人体对缺氧的耐受力。暴露时间指人体直接暴露于外界高空或高原机场环境(包括没有密封的室内或破损释压的飞机客舱)的时间。高空缺氧体现为爆发性高空缺氧、急性高空缺氧、慢性高空缺氧,详见表4.14。

表 4.14 高空缺氧的影响

类型	性状
爆发性高空缺氧	发展非常迅速、程度极其严重的高空缺氧,此情况下人只能坚持数十秒至数分钟
急性高空缺氧	持续时间为数分钟到数小时,急性暴露于高空低气压环境所引起的缺氧
慢性高空缺氧	长期(数日到数年)或者反复暴露于轻度或中度缺氧环境中而引起的缺氧

2)低气压对人体的影响

低气压造成人体损害的程度取决于四个因素:气压值、气压变化速度、低气压持续的时间、人的身体状况。低气压或气压剧变可以引起高空减压病、体液沸腾、胃肠胀气、肺损伤、航空性中耳炎、航空性鼻窦炎。在海拔不超过 5000m 的高原机场,其气压及气压变化只能影响人体的含气空腔器官,如引起胃肠胀气进而腹痛,或引起耳痛、鼓膜充血、鼻窦部疼痛等。在这个高度的气压变化极少造成肺损伤。

3. 飞行运行难度大

1)运行标准要求高

高原机场终端区地形复杂、超障裕度小,地面导航设施安装困难、使用范围受限,导致进、离场程序设计难度大,进、离场程序往往比较复杂。某些机场或跑道由于客观条件的限制,只能使用目视进、离场程序或较高的仪表飞行最低标准,方能满足安全飞行的要求。某些机场由于地形的限制,只能使用单向跑道起飞或着陆。

2)飞行操纵难度大

进、离场飞行航道上高大障碍物多,供飞机机动飞行的空域狭小,同时由于飞机真空速和地速较大,加之乱流、颠簸的影响,起飞、着陆和复飞过程中的操纵难度大。可控飞行撞地(controlled flight into terrain,CFIT)威胁大,要求飞机有良好的机动性能,飞行员精准地操纵飞机。

3)对飞机高度性能和供氧要求高

高原航线的航路最低安全高度高,以拉萨航线为例:昌都以东的航路安全高度为 6336m,昌都以西为 7470m,飞机在航路上发生发动机失效后,飞机的高度性能和客舱释压后飞机的供氧性能都必须满足高原航线飞行的特殊要求。

4)特情处置难度大

部分高原机场必须制定起飞一发失效应急程序,部分航线需要制定特殊的飘降或释压应急程序,飞行中一旦发生特殊情况,特情处置程序复杂,机组处置难度较大。

(1)高原航线发生发动机失效时,由于性能限制往往需要实施飘降程序,飞行人员需要根据当前位置与航路发动机失效折返点的相对位置关系,做出继续飞行、返航或改航到其他指定机场的决定。当飞机因客舱释压需要紧急下降高度时,飞行人员需根据不同航线特点执行对应的航线客舱释压应急操作程序。

(2)高原地区雷雨等危险天气多,而部分机载气象雷达受地形回波反射干扰大,天气识别困难,绕飞难度较大,特别是进、离场过程中绕飞尤其困难。

（3）由于高原地区航路备降机场少，当发生失火等要求飞机尽快着陆的特殊情况时，机组决策和处置的难度较大。

4. 运行控制要求高

高原机场的运行控制在保证航行情报资料可靠、有效方面与平原机场差别不大，但在其他诸多方面有着更高的要求，主要存在如下困难。

1）飞机调配困难

由于客舱供氧和航路飘降要求，只有供氧系统和发动机满足特定性能要求，并按高原运行特别标准维护的飞机才能执行高原机场运行。同时由于高原航线和机场飞行的特殊性，此类航线运行时最低设备清单（MEL）有特殊的限制，一旦飞机临时出现故障，飞机调配往往比较困难。

2）机组资格要求较高

高原机场要求对机组进行专门的训练以满足特定资格，高原机场及高高原机场还对机长的年龄和经历有专门的要求，因此高原机场运行对于机组的派遣和搭配有较高的要求。

3）备降机场选择困难

高原地区机场密度较低，高原运行选择备降场时，既要考虑机场天气和航程，又要考虑机场的保障能力，还要考虑安全改航点。某些高原航线在起飞机场和目的地机场之间可供使用的备降机场很少，所以对于没有备降机场的某些机型，在运行时往往使用起飞机场作为其备降机场，运行控制难度较大。

4）航线业载限制较大

高原航线由于温度、机场标高对飞机性能的影响大，同时要保证到可靠备降场安全降落的剩余油量，业载受到较大的限制。

5）部分航线有夜航限制

部分高原机场没有夜航标准，为保证飞行安全，必须控制好最早、最晚起飞时限。

6）高原机场保障能力有限

有些高原机场保障能力有限，如不能加油或不能除冰等，运行控制人员在放行飞机时必须就油量、天气、飞机状况等情况给予额外考虑。

5. 对适航维修的要求高

高原运行对飞机的适航性有特殊要求，只有满足局方相关要求并获得批准的飞机才能投入相应的运行。

（1）高原运行维修放行标准高，往往需要在起降航站执行特殊的维修工作单和特殊的MEL放行条款，对机务人员的责任心和技术能力有更高的要求，需要机务人员及时、准确、全面地与机组和运行签派部门交流及协调相关信息。

（2）高原机场乱流较强，容易出现着陆载荷大的情况，同时起飞、着陆滑跑距离长，需要机务人员对起落架和刹车系统加强检查和维护。短停时，需要严格遵守刹车冷却时间限制，保证足够的过站时间。

（3）高原缺氧容易造成机务人员身心疲劳，从而降低其维修工作质量，甚至引起人为差错，因此需要配备足够的合格机务人员，并为其提供必要的休息设施。在高高原机场，对于双发飞机需要严格执行双重维修项目的要求，避免单人完成对同一关键运行系统的维修工作（如对左、右发在同一次航线维护时补加滑油）。

6. 通信、导航受影响较大

高原地区通信、导航设施安装和维护难度大，设备数量相对较少。受高原山区地形的遮蔽和反射影响，无线电波产生多路径干扰，通信较为困难，导航设备指示误差较大，甚至会出现局部限用。

（1）地面甚高频通信电台受地形影响，有效工作范围受限，通信距离短，高频通信无线电干扰大、信号弱，时常出现杂音或者失真。

（2）高原航线上无方向性无线电信标台、甚高频全向信标台/测距仪、仪表着陆系统作用距离短，工作信号不稳定，容易出现信号屏蔽，在某些方位会有假信号产生。

4.2.3 高原机场在经济发展中的作用

机场特别是枢纽机场所在的区域，已经成为越来越具有吸引力的商业区域，而且影响力巨大，成为潜在的经济增长中心。机场对于区域经济发展的影响可以分为以下几个层面。

1. 原生效应

原生效应指创建新的航空服务设施或者扩建现有的航空服务设施（如跑道建设、航站楼建设以及航空管制系统建设等）所产生的直接即时的经济影响。原生效应反映在机场建设本身所创造的地方就业和当地承建商的工作，还反映在这些员工和公司在工资和收入上的增加及其在当地的支出。原生效应对地方政府和团体的好处非常明显，但相对而言，其作用周期短，作用大小有限，基本上随机场建设的结束而终止。

2. 次生效应

次生效应指运营机场所带来的长期的经济影响，包括直接为飞机和乘客以及客货转运提供服务所创造的就业机会，还包括机场运营创造的地方收入持续增长对本地经济所产生的间接影响。这些影响对于地方经济发展极其重要，作用范围包括就业、收入和政府税收，作用的大小则因机场的性质而异。

3. 衍生效应

衍生效应源自被机场吸引到本地建厂的个人和产业，特别是高科技产业，刺激和推动地方经济。邻近主要机场获取高质量高效率的航空服务是这些产业被吸引的关键。如今，大部分商业活动都相当依赖航空运输，现代型企业尤其需要直接交流，而这些交流只有通过高效的交通服务才能实现。对于地区经济前景而言，正是这种企业构成长期经济增长的基础。

4. 国防效应

国防效应是指机场在稳固国防方面发挥的作用。机场是航空运输系统重要的基础设施，是空地联结的"桥梁"和"纽带"，是空中力量赖以生存的关键因素，无论是民用航空还是军事航空，要有机场才能生存和发展。无论是部队进行作战行动还是应对非战争军事行动，时间紧、要求高，大多需要依托民航运输力量同时展开行动。平时以民用机场为依托，组织保障新老兵运输以及物资装备运输等，战时民用机场将和军用机场共同保障部队快速机动。民用机场在应对突发性事件方面更能发挥快速高效作用，利用空运可以在最短时间内向突发事件发生地区投送救援人员，运送生活、救灾、医疗等紧缺物资，在关键时刻把救援力量快速投送到关键地域。

5. 反恐效应

反恐效应是指机场在防范恐怖袭击方面的作用。由于民用机场具有人员密集、经济价值较大、影响面较广的特点，已成为恐怖袭击的重要潜在对象。在实际操作中，机场安全防范通过基础人员进行探测，发现妨害或破坏安全的目标，利用实体防范推迟危险的发生，为解决突发问题提供足够的时间，一方面使机场设施被破坏的可能性变小；另一方面也为机场本身增加探测和反应的功能。随着社会的发展，机场要利用高科技智能化的手段，不断提高探测能力、反应能力，使防范手段真正起到作用，在此基础上做到对机场的安全防范，预警分析综合研判。

6. 永久性效应

永久性效应指一个地区的经济一旦开始增长，便具有了自我持续并增强这种增长的作用。与此相关的是，基础设施投入可以作为一个地区经济高速增长的催化剂。而航空服务会促进地区经济更长期和更大的发展。航空服务带来规模经济、范围经济和集聚经济，同时为新经济活动提供重要的知识库。在现代经济中，这种知识体系可以通过前后相关联，引发自主研究和开发活动，让本地的经济发展不过分依赖于其他地区，从而保持并进而加速地区经济的增长。对于拥有高水平航空服务的地区来说，这种潜在的、永久性的效应对于地区经济的前景恰恰是最为关键的。

4.3 机场的运营管理

机场运营管理决定着一个机场是否能够高效运行，是否能够满足长远的发展要求，以及是否能够扩大机场经营规模。本节将从机场的组织与职能、机场的运行服务、机场的财务管理、机场的社会关系管理四个角度分析机场的运营方式。

4.3.1 机场的组织与职能

机场是供飞机起飞、着陆、停放、维护，并有专门部门和设施设备保障飞机飞行活动的场所。机场是一个复杂系统，它的组织构成包含机场行政和财务部门、机场规划和工程部门、机场运营部门、后勤和维修部门，各部门各司其职，共同保障机场的正常运营。

1. 机场行政和财务部门

机场行政和财务部门包括人事部门、财务部门、公共关系部门、办公室和采购部门等。其中，机场的人事部门负责机场各类职员的任免工作，包括安检人员、医疗急救中心人员、现场监管人员、货运人员等的任免。机场的财务部门是管理机场企业的资金及办理支付结算的部门，包括职工工资的发放、银行票据的汇兑、结算，应收、应付款项目的处理等。机场的公共关系部门是负责机场公共关系的部门，如举办或参加专题活动，负责对外联络协调工作、编辑出版工作、调研工作等。机场办公室是机场企业行政办公的场所，主要内容包括承办机场各类会议、传达机场决策层的各项决策并督促执行等。机场采购部门主要负责机场各种设施设备的采购工作。

2. 机场规划和工程部门

机场规划和工程部门主要负责机场投入使用以后的二次开发和新建设问题。我国民航业发展迅速，机场的民航基础设施建设必须适应行业的整体发展要求，特别是近年来我国经济高速发展，几乎每一个机场在投产的同时都遇到了进一步扩展的问题。统一规划，保证发展的整体性和建筑工程质量是一个机场长期良好运行的必要条件。

3. 机场运营部门

机场的运营部门分为空侧、航站楼、安全保卫和应急救援四个部分。其中，空侧部门要保证飞机的运行严格按照规定进行，对飞行区的车辆进行严格管理，防止出现任何危险事故，为计划外特殊安排的飞机安排机位和登机门。航站楼管理部门要保证候机楼和进出道路的安全和通畅，要防止机场内的从业人员和乘客任何妨碍安全规定的行动，引导他们有秩序地按照规定行动，同时管理驻场的各种企业和协调各种政府机构的行为。安全保卫部门保护机场的关键地区和危险地区，保证在各登机门和安检区顺利执行任务，保护机场财物和人身的安全，在紧急情况下组织和疏散人群。应急救援部门在飞机发生坠落、失火等航空运输事故时，要组织紧急救援行动。

4. 后勤和维修部门

机场有大量的建筑和设备，维护和后勤工作量十分庞大，涉及建筑物和配套设施的维修、场地维修、车辆维修、净空管理、鸟害控制等。其中，后勤人员包含民用航空器维修人员、餐食配发人员和航空公司派往机场的后勤保障人员等。

4.3.2 机场的运行服务

1. 现场指挥服务

民航体制改革后,机场根据局方要求成立了现场指挥机构,其从业人员称为机场运行指挥员,简称指挥员。现场运行指挥机构一般称为现场运行指挥中心或运行管理中心。现场运行指挥中心是一个统筹机场运行全局的管理机构,是机场管理机构中负责现场运行的最高调度指挥部门,负责航空器机场运行保障作业的指挥、协调和监控,处理停机位的分配以及机场的应急救援等工作。除此之外,现场运行指挥中心还负责机场范围内所有不正常情况的处理。现场运行指挥中心从事的工作又称现场管理,具备现场组织、现场指挥、现场协调、现场监控和现场服务五个方面的职能,以保证航班保障的正常完成[3],详见表 4.15。

表 4.15 现场管理的五个职能

职能	含义
现场组织	为保障机场的正常运行,按照每日的航班计划和保障相关要求,把机场各保障要素在时间和空间上合理地组织起来,形成一个有机的整体,使整个运行保障系统处于正常的运行状态
现场指挥	依据决策和计划,根据当时和当地的条件和情况,通过带有权威性、强制性的行政职能手段,及时有效地处理保障过程中出现的矛盾
现场协调	通过疏通处理上下级的纵向关系、各部门的横向关系和与机场外部单位或部门的关系,及时调整不正常的环节
现场监控	在及时了解掌握保障信息的前提下,按各航班保障计划的完成情况,纠正执行时的偏差
现场服务	为确保航班保障的顺利完成,在本部门的职责范围内尽量为其他保障部门提供或创造更有利的条件

2. 航班保障服务

机场航班保障服务可分为乘客服务、货物(或货邮)服务以及航空器服务。其中,乘客服务比较复杂,可分为进港、离港或出港以及中转服务,同时又要区分国际乘客和国内乘客。航空器地面保障分为出港、进港、经停服务,涉及的保障项目繁多,且有严格的时间限制。图 4.6 展示了航空器在机坪上的保障服务状况,表 4.16 展示了航空器机坪保障服务中所需车辆的类型及功能[4]。

3. 机场的后勤维护

要确保机场的安全运行,机场职能部门要进行细致的维护检查工作,任何疏忽都可能导致事故的发生。机场的后勤服务主要包括道面维护、除雪和除冰、防止鸟撞、建筑物及设施的维修、车辆的维护等,详见表 4.17。

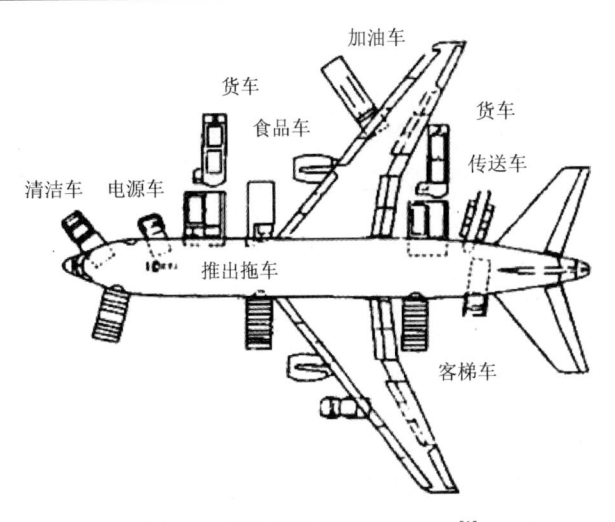

图 4.6 航空器的机坪保障服务[1]

表 4.16 航空器的机坪服务车辆

序号	车辆类型	车辆功能
1	飞机拖车	飞机倒退出机位时,要借助于拖车把飞机推出机位
2	清水车	为飞机供应饮水,可以携带数吨水
3	加油车	为航空器加油的车,分为两种:油罐车和油栓车
4	地面电源车	飞机停放地面,发动机未开启前的供电,用于启动发动机、照明和空调
5	客梯车	在没有登机桥的机坪上供乘客上下飞机
6	货运拖车	由牵引车拖动,运送行李和小件货物
7	货运平台车	用于放集装箱或集装货板,易于和传送带联合作业
8	可移式传送带车	在飞机装卸行李时,它可以大大提高工作效率
9	食品车	将食品供应人员以及补充的各种物品送上飞机
10	清洁车	清除机上厕所污水和其他杂物

表 4.17 机场后勤维护内容

序号	工作	具体内容
1	道面维护	定期目视检查跑道的表面状况、对跑道的强度和性能进行检测;及时修补道面磨损;采用高压水冲洗、化学溶剂溶解、高速机械刷除、超声波清洗消除跑道污染
2	除雪和除冰	机械、化学除雪法;撒沙子、撒热沙子、喷洒酒精除冰
3	防止鸟撞	封存垃圾断绝鸟类食物来源;使用声音驱赶鸟类;投放化学药物猎杀等
4	建筑物及设施的维修	按计划对航站楼和其他建筑以及其中的设施定期维护和修理
5	车辆的维护	除特殊的车辆大修由外界承包外,其余问题大多由机场自行解决

4. 应急救援

机场应急救援服务一般指针对突发、具有破坏力的紧急事件采取预防、预备、响应和恢复的活动与计划。在突发事件发生后，通过事先计划和应急措施，充分利用一切可能的力量，迅速控制事态的发展，保护现场人员和场外人员的安全，将突发事件对人员、财产和环境造成的损失降低至最小程度。据统计，70%的航空事故发生在起飞和降落阶段，这种事故发生的地点都在机场附近，因而机场要有一支训练有素、装备精良的救援队伍。

4.3.3 机场的财务管理

1. 机场的收入和支出

机场的收入分为经营性收入和非经营性收入两类。其中，经营性收入包含飞行场地收入、航站楼出租收入、航空公司租用设施收入、其他出租收入和其他经营服务收入五个部分；非经营性收入包含政府的补贴、机场费、与机场运行无关的出租或出卖机场的财产等。

机场的支出分为经营性支出和非经营性支出两类。其中，经营性支出包含飞行场地支出、航站楼的支出、机库/货运设施等建筑和机场的地面支出、经常性管理费用四个部分；非经营性支出主要包括负债利息和折旧，以及其他一些杂项费用。

2. 机场的财务管理运行方式

机场具有公共服务性质，同时机场建设的初始投资很大，因此在机场财务运行上一般都需要政府的参与和补贴。根据补贴来源的不同，财务的管理方法分为政府管理补贴、航空公司补贴、独立核算补贴和纯企业运行方式四种，详见表4.18。

表 4.18 机场的四种财务管理运行方式

财务管理方法	含义
政府管理补贴	机场从建设投资起到随后的运行都由政府负责。财务上的亏空都由政府补足，盈余则上缴政府，机场不承担任何财务风险
航空公司补贴	机场和使用它的主要航空公司签订长期协议，在每年的结算中如果出现赤字由签约的航空公司予以补平，如果出现盈余，则在下一年对航空公司的收费给予减免，将机场的财务风险转移到与航空公司共同承担
独立核算补贴	机场自己承担财务风险，独立核算，对航空公司的收费可以在政府规定的一定范围内浮动，机场独立承担经营风险
纯企业运行方式	机场除受到民航局的条例约束外，一般运作和其他企业没有什么不同，它完全按市场经济的规则运行，自由竞争，风险自担

3. 机场建设资金的筹集

机场建设是一个投资巨大的综合性工程项目，因而筹集资金是机场建设和发展的基本保障。资金的来源有以下三个方面：政府投资、机场发行股票或债券和第三方投资，详见表4.19。

表 4.19　机场建设的资金来源

资金来源	含义
政府投资	目前世界上在建机场的主要资金来源，一般大型机场或特大型机场都需要中央政府的投资
机场发行股票或债券	两种债券：一种是作为公益事业由地方政府担保发行低利率的债券；另一种是以机场收入作为保证的债券。机场发行的债券股票可以上市，这种方法筹集资金需要机场加强自身的经营能力和具有良好的发展前景
第三方投资	指私营开发商或国外资本（政府或私人）进行投资

4.3.4　机场的社会关系管理

机场作为城市和社区的一个部分，有着公用的性质，但它又是一个企业，有商业经营的性质。机场拥有土地，有众多的经济活动，因而大的机场有如一个小型城镇，这带来机场和社会联系的特殊性[5]。

1. 机场与航空公司的关系

从航空公司出发，机场是它整个航线网上的一点，需要机场为它提供一定的设施和服务；从机场出发，航空公司是它的主要用户，是它收入的主要来源，因而机场就要有必要的设备和灵活性来尽量满足航空公司的要求。

2. 机场与租用机场土地的服务行业的关系

机场区域内有大批的服务性企业，如饭店、旅店、商店、出租车、停车场等，机场要向这些企业收取租金，同时也要进行管理。这些企业的服务对机场的声誉有很大影响，有的机场实行出让经营权的方法来管理这些企业，即这些企业的收入都上缴机场，机场给这些经营者以经营费和一定的提成，这样有利于机场对这些企业的经营进行管理。在机场的收入中有时候这部分收入和从航空公司得到的收入相等或者更多，所以机场的管理者必须处理好与这部分企业的关系。

3. 机场与使用公众的关系

机场的使用公众包括机场区的居民、工作人员以及来往的公众。机场除了要维护好秩序、保持环境之外，一个突出的问题是对在机场区发生的各种事故和财产损害的处理。事故主要是指由飞机操作造成的事故、车辆造成的事故和使用商品/服务时造成的事故，特别是机场附近的空难事故，机场要花费很大的力量去处理，而且影响也会是长期的。对财产的损害是指公众对机场设施或航空器造成的损害，在处理这些问题时，机场应该有明确的规定和办法，并且要有相应的保险和赔偿规定。

4. 机场与邻近地区的关系

机场与邻近地区的关系的主要问题是土地使用问题和噪声问题。其中，土地使用问题是指由于机场在投入使用后会逐渐形成一个成熟的居民区，原来处于城市郊区的机场又会被城市包围起来，随之就出现了障碍物（建筑）进入机场空域、噪声敏感区的居民增多、机场交通拥挤等一系列问题。噪声问题是指机场对周围区域有很强的噪声污染，特别是处在飞机起飞和下滑航道下的区域，受噪声的影响更为严重。

4.4 高原机场的发展和规划

4.4.1 高原机场的总体规划

1. 高原机场的总体规划定义

高原机场总体规划是高原机场建设者对高原机场的兴建、扩展、改建所提出的长期设想的纲领性的规划文件[6]。高原机场总体规划应当由高原机场建设项目法人（或机场管理机构）委托具有相应资质的单位编制。

2. 高原机场的总体规划步骤

1）协调要求，制定目标

不同的社会团体和人群对高原机场有不同的要求，制定总体规划前要征求各方面意见进行综合研判，如要听取地区居民、企业环境保护机构、城市规划机构、航空公司、空军、国防等各方面的意见，据此确定高原机场的短期目标和长期目标。在上述基础上，对费用和效益做初步估算，确定投资来源，组建规划队伍。

2）预测报告

要对未来若干年的航空活动进行逐年预测，其中，包括飞机的起降架次和客货的吞吐量，也要估计高峰时间的小时流量，从而决定对空面、航站楼和对陆面设施的规模及数量。预测报告要进行分类，如客运量和货运量、班机和包机的架次、国内的和国际的航班数量等，只有在严格论证和科学预测下，才能合理决定高原机场的规模。

3）容量分析

预测通常只考虑当地经济发展因素和航空运输的发展条件，而对其他方面的限制考虑较少，因而对容量的分析要考虑现有的设施和现有高原机场的影响、高原机场各方面设施的配套和平衡，以及有无其他方案来进行比较[7]。

4）选址

如果扩展现有高原机场已经无法满足空运的需要，就要新建机场。选址问题是新建机场首先遇到的问题，选址要考虑运行、社会、投资三方面的要求。其中，运行包含跑道要求、空管要求、周围障碍物和天气要求；社会包括乘客的需求、环境的要求；投资要考虑地形、土质、地价建筑材料和各种交通、服务的情况。

5）制定总体规划的各个细节

综合各种信息，制定出相应的实施内容、控制措施和执行机构，以保障规划内容能够有效执行。

3. 高原机场总体规划的内容

高原机场的总体规划包含高原机场布局规划、土地使用规划、航站楼区规划和高原机场进出通路规划四个部分[8]，详见表 4.20。

表 4.20　高原机场的总体规划内容

构成	具体内容
高原机场布局规划	主要文件是布局规划图，在图中要标出机场各种设施的大小、位置；要标出自然和人工的地形特征，标出预留地区图，附上进近和净空的边界区域；图的说明部分要有一个基本数据表，如机场标高、跑道的等级等
土地使用规划	一部分是机场边界内的土地使用，这部分土地为机场所有，但在使用时要充分考虑航空的需要；另一部分为机场边界外周围土地的使用规划，这一部分必须由当地政府批准并和周围的土地使用者协商
航站楼区规划	航站楼区规划一般依据预测的年乘客吞吐量、典型高峰小时乘客吞吐量或同时服务航班数量，结合使用功能、平面构型、场地条件等进行匡算，同时要预留足够的发展土地和空间
高原机场进出通路规划	一部分是市区的繁华地区到机场的通道，要求将机场与市区连接起来，充分发挥机场的运输效率；另一部分是机场的内部道路系统，要求按照高峰时间的流量设计，但是也不能无限扩张

4.4.2　高原机场的容量

1. 容量的定义

容量是指机场可容纳的交通量，即需求的数量，在规定的安全标准条件下，当需求超过这个数量时，就会导致航空器等待，从而产生延误。由于机场并非全天都很繁忙，如果延误可以任意延长的话，几乎可以把需要内的任何数量的飞机都安排下来，因此需要对延误的时间做一个规定，机场的容量才有实际的意义。

有两种常见的定义高原机场容量的方法：吞吐量（名义容量）和实际容量。其中，吞吐量（名义容量）是指在不考虑延误的情况下，单位时间内航空器能够进出高原机场的数量；实际容量是指在不超过一个给定数值的延误基础上，高原机场能够运行（起飞和着陆）的航空器的数量，这个给定数值的延误通常表示为最大可以接受的平均延误。可以看出，允许延误的时间越长，高原机场的实际容量越大。实际容量常常使用实际小时容量和实际年度容量表示，如一个机场将其实际容量定为在正常高峰 2 小时期间的平均延误时间不超过 4 分钟[9]。

2. 影响容量的主要因素

高原机场的容量并不是一个常量，随着高原机场和空间结构、空中交通管制规则和程序、天气以及交通混合情况等物理和运行因素的变化，高原机场容量可能在一天中或者一年中不断变化，详见表 4.21。

表 4.21　高原机场容量的影响因素

序号	影响因素	具体内容
1	飞行场地的性质	飞行场地的布局、跑道、滑行道、机坪的停放和通过飞机的能力等
2	机场空域的情况	空域本身的几何尺寸、形状和障碍物的情况；邻近机场之间是否有干涉
3	空管因素	空管条例中对于飞行间隔时间有相关规定；其他特殊需要
4	气象因素	雾、降水、强风、积雪、较大的风向变化等
5	使用量因素	使用量越大，越接近生产容量，延误就会急剧变长

3. 减少延误和增加容量的方法

减少高原机场延误和增加高原机场容量的方法主要有两种：行政管理方法和其他需求管理方法。其中，行政管理方法包括重新建立高原机场枢纽、高原机场的分流、限制进入高原机场的航空器类型、平衡使用大型高原机场等；其他需求管理方法包括差异定价、随机摇号、时隙拍卖等。

4.4.3　高原机场的发展趋势

1. 高原机场发展常见的问题

1）经营问题

高原机场运营存在的问题包括：机场适航机型有限，航线运营成本较高，航班引入困难较大；公安、医疗人员社会化可以减轻机场负担，但受地方社会经济发展水平限制，高原边远地区的公安、医疗人员配备不足，设施设备陈旧落后，各方面保障能力有限，仅能满足地方保障工作，无法为机场提供有力的保障；高原机场生活条件艰苦，新员工招聘难度大，员工时有流失；机场在人力资源可持续发展方面存在一定困难；受设备高原降效影响，高原机场人工成本及物资成本高于其他地区，机场运营成本较高等。

2）拥挤问题

高原机场拥挤问题较大型枢纽机场好，机场拥挤的性质非常类似于公路拥挤。位于大都市的大型机场以及其他以航空运输为中心的区域的大型机场，是非常拥挤的，尤其在一天的某段时间里。而位于小城市的大部分机场从不拥挤，所有航班趋向于同时为大都市提供航空服务，因为大都市对航班的需求量最大[10]。而高原机场一般处于海拔较高地区，地方经济发展较为落后，因此地方城市对航班的需求量较小，故高原机场拥挤程度较小。

3）土地使用问题

高原机场所处的位置要能很容易地与地面和空中的交通网连接，可达性极为重要。高原机场又不能离城市太远，地形和障碍物要符合要求，周围没有噪声敏感区，这样的地点非常难找，即使能找到，地价也会很高，因此高原机场及其周围的土地利用是一个需要严格规划和管理的问题。由于与周围居民的要求难以协调，高原机场的兴建将会大大提高航空运输的总成本，即使是高原机场内部的土地利用也会存在着不同的使用矛盾。

4）噪声问题

自从喷气客机进入空运以来，噪声就成为影响居民和环境的重要因素。飞机发动机排出的废气和机场的各种垃圾对环境也造成了污染，各个国家环境保护的主管单位对噪声污染及其他污染都制定了各种规定、提出了各种要求，这使得机场特别是高原机场的建设成本提高，同时也出现了对现有高原机场的改造要求。

2. 高原机场的未来发展

过去 20 年，我国民航为国家经济的腾飞做出了巨大的贡献，民航在交通运输总量中所占比例得到很大提升，使民航在国民经济活动中的重要性达到了前所未有的高度。同时随着科技发展，新的硬件、软件更好地辅助民航运输，正改变着乘客的出行方式。这些都给民航带来日新月异的变化，高原机场的设计也将伴随着民航的发展而不断完善、调整、创新，为乘客带来更好的服务，为民航注入新鲜的活力。

未来高原机场会把更多的原来在机场内的服务项目、功能性活动转移到机场之外进行，从而为机场节省出更大的物理空间，提高机场内的空间利用率；将使用更先进的处理技术，如乘客跟踪与识别技术、完全自动化或者机器人技术，乘客服务流程将会更加自助化、智能化；在机场和空管、机场和航空公司、机场和地服、机场和机场、航空公司和航空公司、不同空域空管之间，信息共享、互联互通是未来机场所需要具备的。

思 考 题

1. 机场的空侧和陆侧是如何划分的？它们各自包含哪些功能区域？
2. 跑道灯光包括哪些组成部分？各自有什么作用？
3. 我国机场的管理模式包含哪几种？具体含义是什么？
4. 简述高原机场对航空运营的影响是什么。
5. 简述高原机场对区域经济发展的作用有哪些。
6. 简述机场的运行服务包含哪些内容。
7. 简述机场社会关系管理的主要内容有哪些。
8. 简述高原机场总体规划的主要内容有哪些。
9. 简述影响高原机场容量的主要因素有哪些。
10. 简述高原机场发展常见的问题有哪些。

参 考 文 献

[1] 刘得一，张兆宁，杨新湜. 民航概论[M]. 3 版. 北京：中国民航出版社，2011.
[2] 杨新湜，吴雄，孟令航. 民用航空概论[M]. 北京：人民交通出版社股份有限公司，2019.
[3] 朱志愚. 民航机场管理[M]. 成都：西南交通大学出版社，2008.
[4] 曾小舟. 机场运行管理[M]. 北京：科学出版社，2017.

[5] 汪泓，周慧艳，石丽娜. 机场运营管理[M]. 2版. 北京：清华大学出版社，2014.
[6] 民航西南地区管理局. 民航西南地区高原、特殊机场运行指南[Z]. 成都：民航西南地区管理局，2011.
[7] 民航西南地区管理局. 西南地区高高原机场运行飞机维修指导意见[Z]. 成都：民航西南地区管理局，2013.
[8] 欧阳杰. 中国通用机场规划建设与运营管理[M]. 北京：航空工业出版社，2016.
[9] 王维. 机场净空管理[M]. 北京：中国民航出版社，2008.
[10] 何蕾，王益友. 民用机场地面服务[M]. 北京：化学工业出版社，2013.

第 5 章 高原航空器维修与可靠性

民用航空器维修是机务人员按适航资料对航空器进行的维护和修理，是以保证飞机、发动机和机载各系统及设备的完好性和适航性为目的，使飞机能安全、环保、可靠和经济地完成预定飞行任务。本章重点介绍航空器维修的一般定义和概念，在此基础上，对高原运行航空器的维修和保障进行初步探讨。

5.1 飞机维修概论

5.1.1 维修的定义及维修分类

1. 维修的定义

根据《民用航空器维修单位合格审定规则》（CCAR-145 R4 部），民用航空器维修是指对航空器或者航空器部件所进行的任何检测、修理、排故、定期检修、翻修和改装工作[1]。

（1）检测：指不分解航空器部件，而根据适航性资料，通过离位的试验和功能测试来确定航空器部件的可用性。

（2）修理：指根据适航性资料，通过各种手段使偏离可用状态的航空器或者航空器部件恢复到可用状态。

（3）翻修：指根据适航性资料，通过对航空器或者航空器部件进行分解、清洗、检查、必要的修理或者换件、重新组装和测试，来恢复航空器或者航空器部件的使用寿命或者适航性状态。

（4）改装：指根据民航局批准或者认可的适航性资料进行的各类一般性改装，但对于重要改装应当单独说明改装的具体内容。

2. 维修的分类

根据维修项目是否可预测，可以分为例行性维修和非例行性维修，也可称计划性维修和非计划性维修；根据维修任务实施方式的不同，可分为航线维修和定期检修。

例行性维修是指按规定的时间或周期完成预定的维修项目，以确保飞机安全性、可靠性的持续适航性维修活动，一般情况下系统或部件未发生故障，属于事前维修。典型的例行性项目有系统维修项目（包括系统、部件、辅助动力装置和动力装置）、区域维修项目、结构维修项目以及自定义维修项目。例行性项目的实施方法主要有航线维修以及特殊航线维修、定期维修（字母检）和监控维修，按照事先编制的航线工作单、定检工卡，以及维修工艺等维护手册开展相关工作。

非例行性维修是指无法确定维修时间的维修项目，以恢复或提高飞机的正常性、舒适性、可靠性和持续适航性为目的。典型的非例行性项目有突发性检查/修理、加装/改装、故障处理、飞机重着陆、飞机遭雷击、飞机结构受外来物的损伤、飞机超速等，也包括由上述原因导致飞机长时间停场而产生的维护工作任务，属于事后维修。另外，也包括按照经批准的标准改变航空器或航空部件的构型和状态，根据厂家服务通告的强制和推荐要求并经确定执行的加/改装项目，飞机系统或部件偏离其正常的工作状态而导致系统或部件的失效、故障，通常无法预测此类维修任务所发生的时间。一般直接根据飞机维护手册、故障隔离手册、标准线路施工手册等航空器制造厂家提供的各类手册的具体要求和规定开展维修工作。

航线维修指按照航空运营人编写的工作单对航空器进行的例行检查和按照相应飞机、发动机维护手册等在航线进行故障和缺陷的处理，包括换件和按照航空运营人机型最低设备清单、外形缺损清单保留故障和缺陷。

航线例行维修主要有航前、短停、航后、周检，具体如下。

（1）航前：对于运营中的飞机，完成航后维修后，第一次飞行前必须完成航前维修。

（2）短停：完成航前维修后，在执行下个航后维修之前，飞行中途经停时必须执行短停维修。

（3）航后：对于运营中的飞机，两次航后之间的时间间隔不能超过48日历小时。

（4）周检：对于运营中的飞机，最长不超过8个日历日并按周检工作单执行检查。

另外，特殊航线维修也属于航线例行工作的一部分，主要是指当航班执行特殊航线运行时，如所需导航性能运行（RNP）、高高原航线运行、ETOPS等，除了执行常规的航线工作单外，还需执行特殊运行航线工作单。

航线非例行检查是指除例行检查项目外的其他检查项目，包括执行工程指令、特殊检查、特殊修理、在实施例行航线维修项目中出现的缺陷/故障处理和其他临时工作内容等均属航线非例行检查项目。

定期检修简称定检，指根据适航性资料，在航空器或者航空器部件使用达到一定时限时进行的检查和修理，维修方案中的定检维修项目均属于定检例行维修；在对应定检维修等级中没有的维修项目而在实际维修工作中实施的维修项目，则属于定检非例行性维修。定检一般在特定机库内完成，因此也称机库维修。

5.1.2 维修单位要求

维修单位是落实具体维修工作的主体，在CCAR121部规章中要求每个航空公司都应当建立一个由维修副总经理负责组织落实其飞机适航性工作，由总工程师负责落实飞机工程技术管理责任的维修系统。该维修系统应当具备必要的机构、设施、工具设备、器材、人员和工作程序来开展维修工作。航空公司维修系统应当至少包括一个符合《民用航空器维修单位合格审定规则》要求的维修单位，该单位可以是自己建立的，也可以是通过协议委托其他维修单位[2]。不论是自己建立的维修单位还是委托其他维修单位，在对航空器或者航空器部件进行维修或改装工作时，都应当遵守如下准则。

（1）使用航空器制造厂现行有效的维修手册或持续适航文件中的方法、技术要求、实施准则。当使用其他方法、技术要求或实施准则时，应当获得中国民用航空局的批准，并且不得涉及航空器持续适航文件中规定的适航性限制项目。

（2）使用保证维修和改装工作能按照可接受的工业准则完成的工具和设备（包括测试设备）；如果涉及制造厂推荐的专用设备，工作中应当使用这些设备，当使用替代设备时，应当获得中国民用航空局的批准。

（3）使用能保证航空器或者航空器部件达到至少保持其初始状态或者适当的改装状态的合格航材，当使用航材的替代品时，应当获得中国民用航空局的批准。

（4）工作环境应当满足维修或者改装工作任务的要求。当受气温、湿度、雨、雪、冰、雹、风、光和灰尘等因素影响而不能进行工作时，应当在工作环境恢复正常后开始工作。

5.1.3 维修人员要求

维修单位应当具备足够的、满足规章要求的维修、放行、管理和支援人员，包括责任经理、质量经理和生产经理各一名[3]。责任经理应当由维修单位的法定代表人或者由其按照法定程序授权的人员担任；质量经理不能兼职生产经理；上述人员不能由被吊销维修许可证的维修单位的责任经理、质量经理或生产经理调任或者继续担任。

1. 直接从事航空器或航空器部件维修的人员应当满足 3 条要求

（1）经过有关民航法规、国家或行业标准、专业知识、基本技能、工作程序和维修人为因素知识的培训；

（2）独立从事维修工作的维修人员应当获得本单位的具体工作项目授权；

（3）对于从事无损探伤等工作且国家标准有相关资格要求的人员，还应当同时符合国家标准的要求。

2. 放行人员还应当满足 3 条要求

（1）放行人员是本维修单位雇用的人员；

（2）国内维修单位的航空器整机放行人员除应当持有《民用航空器维修人员执照管理规则》规定的航空器维修人员执照外，机型签署应当与所放行的航空器一致，且在有效期内；

（3）放行人员应当具有本单位相应放行项目的授权，航线放行人员还应当获得航空运营人的授权。

5.1.4　民用航空维修人员执照管理规则

根据《民用航空器维修人员执照管理规则》(CCAR-66-R3)的规定,航空器维修人员执照按照航空器类别分为飞机和旋翼机两类,并标明适用安装的发动机类别。

维修人员在取得航空器维修人员执照后,可以维修放行除复杂航空器之外的其他航空器。航空器维修人员执照上加注复杂航空器的机型签署后,航空器维修人员执照持有人方可维修放行对应型号的复杂航空器[3]。

1. 航空器维修人员执照的申请条件

(1)年满 18 周岁;
(2)无影响维修工作的色盲或者色弱;
(3)具有大专以上(含大专)学历;
(4)完成民航局统一制定和发布按照飞机、旋翼机及其所安装发动机类别区分的航空器维修基础知识培训,并且不低于民航局规定的最低培训学时要求;
(5)具备至少 1 年的经所在单位授权从事民用航空器或者航空器部件维修工作的经历(培训和实习不计算在内),或者为理工科专业大专以上学历人员并完成所要求的航空器维修实作培训,并且不低于民航局规定的最低培训学时要求;
(6)通过航空器维修人员执照考试;
(7)完成航空维修技术英语等级测试;
(8)民航行业信用信息记录中没有航空器维修相关的严重失信行为记录。

2. 航空器维修人员执照的申请材料

(1)学历证书;
(2)能证明无色盲、色弱的体检报告;
(3)航空器维修基础知识培训证明;
(4)航空器维修相关经历证明或者实作培训证明;
(5)航空器维修人员执照考试合格证明;
(6)航空维修技术英语等级测试证明。

航空器维修人员执照的申请人提供(1)(2)规定的材料,并对材料的真实性负责。民航局通过内部核查或者其他方式获得(3)(4)(5)(6)规定的材料。

3. 航空器维修人员执照的颁发

对于符合申请条件的申请人,经审查合格的,按规定民航局会在自受理之日起 20 个工作日内向其颁发航空器维修人员执照,执照上根据航空维修技术英语等级测试的结果标注英语等级。

航空器维修人员执照的有效期:除法律、法规、规章另有规定外,航空器维修人员执照持续有效。

对于维修执照初次申请，完成航空器机型维修培训且持有具体航空器型号维修培训合格证的人员，在达到规定机型维修实习要求后，可向局方提供机型维修培训合格证、机型签署推荐函，申请机型签署。机型签署有效期为 24 个月，到期可按规章要求进行续签。

5.2 持续适航管理

持续适航管理是指在航空器取得单机适航证交付并投入运营后，应保证在整个使用寿命期间始终保持适航标准要求的最低安全水平。只有维修单位、维修人员、航空器都满足规章要求和标准，才满足持续适航管理要求。

5.2.1 维修单位适航文件

维修单位应当备有下列与航空器维修有关的文件：

（1）民航局颁发的与航空器维修有关的中国民用航空规章、航空管理程序、咨询通告、管理文件及其他形式的文件，包括上述文件所引用的有关国家标准。

（2）维修工作所必需的航空器或者航空器部件制造厂家规定的有关适航性资料或者民航局批准或者认可的其他资料，包括与航空器或者航空器部件维修有关的各类手册、文件、服务通告、服务信函以及上述资料中所引用的有关国际组织和行业的标准。

（3）送修人按照维修合同中的维修项目提供有关资料，包括航空运营人的维修方案、手册和工作单卡等。

维修单位应当按照以下方式对适航性资料建立有效的控制，保证适航性资料的有效和方便使用：

（1）建立一套集中保管的适航性资料主本和有效的资料管理程序，保证控制分发的资料与资料主本一致。使用计算机系统保存适航性资料的，应当建立有效的备份系统。

（2）适航性资料主本应当通过定期获得适航性资料目录索引或者直接向适航性资料发布单位核对的方法确定其有效性。使用由送修人控制其有效性的适航性资料的，使用前应当获得送修人提供的有效性声明。

（3）非现行有效的适航性资料及其他非控制性的参考资料，应当与现行有效的适航性资料有明确的区分标识并避免混放。

（4）确保维修人员在维修过程中能及时、方便地获得需要的适航性资料，提供必要的阅读设备。

5.2.2 常用维修手册

任何维修工作都根据经批准或认可的维修手册开展，常用的维修手册有飞机维修手册（aircraft maintenance manual，AMM）、故障隔离手册（fault isolation manual，FIM）、飞机图解零件目录（aircraft illustrated parts catalog，AIPC）、结构修理手册（structural repair manual，SRM)、维修大纲（maintenance review board report，MRBR)、主最低设备清单（master minimum equipment list，MMEL)。

1. 飞机维修手册

飞机维修手册包含了有关飞机及其机载设备运营和维修方面的所有基本资料。手册对每一个系统和子系统的工作原理进行解释说明（结构说明和工作原理），并对各种基本的维修和养护措施加以说明，如对航线可更换组件的拆卸和安装。还分别对在系统和设备上进行的各种试验给予叙述说明，如功能试验、运营试验、调试、各种油液的补充添加，以及其他养护任务。

2. 故障隔离手册

故障隔离手册包含一系列故障隔离逻辑分析图，以便将与飞机各系统和部件有关的故障找出来，并进行处理。这些流程图用来对各系统范围内的众多问题进行定位分析。

另外，现行使用的故障隔离手册已包含故障报告手册部分内容，故障报告手册是为飞行机组设计制定的，由飞行机组对维修提出预先故障警告，并在飞机到达之前提示机务人员在何处开始查找解决方案（在故障隔离手册和飞机维修手册中)。飞行机组利用一系列的提问、系统工作原理图和仪表指示来表明其问题，这样就产生了向地面站报告的八字代码。然后，维修人员用这种代码来确定适当的解决方案。这种方案既可以是故障报告手册相互参照清单中列出的"快速解决方案"，又可以引导到故障隔离手册中一个具体的故障树（即分析逻辑图)，以便更仔细地进行排故。

3. 飞机图解零件目录

飞机图解零件目录是由飞机制造商编制的，包含了用于该飞机型号的所有零件清单和零件位置图。它包括了各系统的所有零件，并且通常没有对航空公司的构型进行客户化。但是它却表明了各零件的适用范围（即适用的发动机、飞机型号等)，而且对各零件号、销售方、零件的互换性以及有没有相应的服务通告说明，是否能够使用该零件，均提供了数据资料。

4. 结构修理手册

结构修理手册包括向航空公司提供修理某些飞机结构所需要的资料。这些修理都是简单的修理，经联邦航空局批准，由运营人完成。其他结构修理则必须由飞机制造商完成，或者由美国联邦航空局指定的修理厂商完成。

5. 维修大纲

维修大纲是为飞机持续适航和航空运营人使用飞机准备的基本文件，它是飞机维修工作纲领性文件，是制定其他维修文件和持续适航管理的依据，目的是保持航空产品固有的安全性、可靠性；在飞机零部件的技术状态恶化时，将其安全性、可靠性恢复到固有水平。维修大纲确定了维修任务和维修间隔。

6. 主最低设备清单

主最低设备清单由两部分组成：关于飞机系统的主最低设备清单以及关于飞机结构的构型偏离清单指南。

主最低设备清单由飞机制造商提出，并由适航管理部门批准，以表明某些设备在飞机签派时允许的性能降低或带故障。这些系统在某些情况下，飞行机组可同意在其性能降低或在故障状态下飞行，但前提条件是，这种带故障的系统必须在主最低设备清单规定的时间限制内得到维修。主最低设备清单包含适于该飞机型号的所有现用设备的数据资料。航空公司可根据主最低设备清单结合自身运营情况制定符合规章要求的最低设备清单（MEL）。

5.3 航空维修思想及其发展

5.3.1 维修指导小组的产生

波音公司于 1968 年对当时最大的商用飞机 B747 采用现代方法制定维修大纲。波音公司认为，应当用更精良的方法制定维修大纲，为此，波音公司组织了由设计、维修、供应商、航空公司以及民航管理机构的代表组成的工作组。

在工作过程中涉及六个业务工作组：结构组、机械系统组、发动机和辅助动力装置组、电气与航空电子系统组、飞行控制与液压系统组、区域监督工作组。每一个组用同样的方法列出各个具体的系统，以制定出令人满意的初始维修大纲。在充分掌握有关系统工作和重大维修项目及其有关功能、故障状态、故障影响、故障原因等情况的基础上，工作组用逻辑树方法分析每一个项目，以便决定各项维修任务的要求。这种制定维修大纲的维修指导小组（maintenance steering group，MSG）方法在 B747 飞机上运用得很成功，稍加修改还可用在其他飞机上，该程序被命名为 MSG-2，并用于洛克希德 L-1011 和麦克唐纳·道格拉斯的 DC-10 飞机维修大纲的制定。

MSG-2 文件中的分析流程图太复杂，另外 MSG-2 程序现在已不再使用，故没有重复的必要。但是，理解如何把维修程序用在所选择的任务上是非常重要的。图 5.1 是该分析方法的简化流程图。简单地说，如果组件的故障与安全有关，能够通过维修检查检测出抗衰性是否降低。如果不能够执行检查或检测不到抗衰性是否降低，则该项目划分为定时维修项目。一旦维修措施确定下来，就必须做好这种维修的进度安排。

5.3.2 程序主导型维修

程序主导型维修大纲是为航空业制定的，它采用了美国航空运输协会制定的判断逻辑程序。MSG-2 程序是一种由底向上的分析方法，用这种方法对飞机上的每一个组件（系统、部件或设备）进行分析，并从三种维修方法中指定一种维修方式，这三种方法是定时维修、视情维修和状态监控[4]。

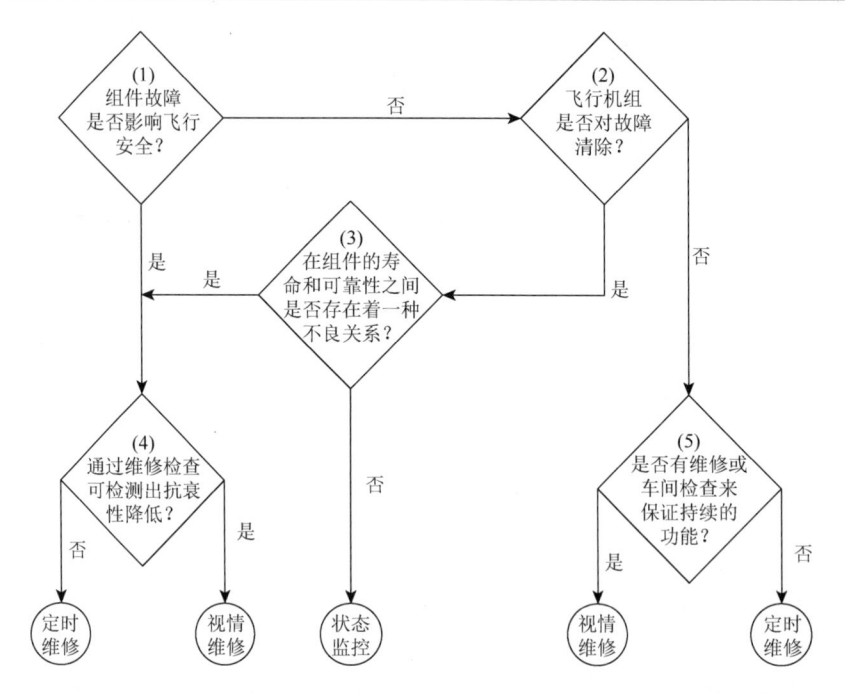

图 5.1　简化的 MSG-2 流程图[4]

一般情况下，定时维修是指一个项目按预定的时间间隔拆卸下来进行大修、修复或报废，时间间隔通常按多少飞行小时或多少个起落规定。而有些情况，定时维修间隔也可以按照日历时间计算；视情维修是指该项目按规定的间隔检查（以小时、起落次数或日历时间计算），以确定其还能使用多长时间；状态监控涉及对一个项目的故障率、拆卸率等进行监控，以便于维修计划的执行。

1. 定时维修

定时维修是一种故障预防维修程序，它要求将一个项目从飞机上拆卸下来，并且要么进行彻底大修，要么部分大修（修复），要么在超过规定的时间间隔之前报废。定时维修间隔的确定可以按照日历时间、发动机或飞机的检查间隔（发动机更换、C 检等）、着陆或运营周期（即起落次数）、飞行小时、轮挡飞行时间、规定的飞行种类（如水上飞行、中断飞行等），或者结合其他的维修方法（如视情维修等）。

当确定为定时维修后，该部件就需要从飞机上卸下来，并进行大修、修复或报废，哪一种合适就采取哪一种。这项工作在部件超过规定的时间间隔之前完成。大修或修复应使该部件恢复到安全运营状态，直到下一次的定期拆卸。理想的情况是，定时维修适用于那种在一定的运营小时数时总会发生故障的部件。该部件应在一定的累积运营时间之前，在最近的计划维修周期予以更换，这样运营人会得到最大的部件利用时间，各部件还不会在使用中发生故障。

定时维修也适用于那些对安全有直接的、不良影响的项目和那些因时效而可能使可靠性降低，但又没有维修检查手段的项目。前者，正如以后要讨论的，由于安全问题，不适合状态监控；而后者，如橡胶件，不参与任何状态周期检查，没有视情检查来确定其还能使用多长时间。

2. 视情维修

视情维修是一种故障预防维修程序，它要求按照适当的物理标准（损耗或衰变限制）对具体项目进行定期的检查或测试，以便确定该项目是否能够继续使用。在视情检查发现故障之后，必须对部件进行大修或修复，至少要更换掉超出容限的那些零件。大修或修理必须使组件恢复到一个合理保证的、满意的运营状态，至少再给出一个视情检查的周期。如果该项目不能大修或修复，或者不能恢复到还能再工作一个视情检查周期的状态，那么则应报废。

对于那些通过测量、试验或者其他不必进行分解检查就可以确定持续适航性的部件、设备或系统，应该采用视情维修检查。这些视情检查要在每一个视情检查规定的时间限制范围（即时间间隔）之内进行。通过视情检查确定持续适航性，这是一种量化检查，看是否符合运营人维修手册中规定的容限和/或损耗极限。

视情检查程序还包括定期搜集数据，以便用来揭示部件、系统或发动机的物理状态。通过分析和评估，视情数据必须能够确定项目的持续适航性和/或故障阻力的衰退情况，以及故障的临界状态。视情数据必须针对单个的部件、系统或发动机（通过序列号跟踪）。正是那种超前的（事实之前的）故障数据可以用来测量、估计减少的工作期限和/或预测故障临界值。视情检查举例如下：轮胎面和刹车内衬，发动机的定期孔探仪检查，发动机滑油分析，以及飞行中发动机性能分析。对于上述每种情况，人们可以测量项目的性能降低程度，并根据规定的标准确定其剩余多少寿命或工作期限。

关于视情检查，还需要注意：

（1）如果一项满意的视情检查能够完成，以保证最大可能的可使用性，直到下一次视情检查，或者如果通过对所采集的视情检查数据进行评估，可以预测故障临界值，那么视情检查就可以保证接近部件和发动机的最大寿命。

（2）视情检查的适用性受到状态测量要求或有关故障预测数据的限制。

3. 状态监控

当定时维修和视情维修两者都不能用的时候，可采用状态监控。状态监控针对那些没有确定的寿命限制和损耗周期的单个部件或系统的故障率、拆卸等情况。状态监控不像定时维修和视情维修那样是一种故障预防维修程序，没有适合于评估监控项目工作期限的维修任务，也没有在故障发生前更换项目的要求。既没有时间标准，又没有状态标准能够用来控制监控项目，因为这些部件不具备这种特性。因此，状态监控部件要一直使用到故障发生，而更换状态监控项目是一种非计划维修措施。

既然监控项目要一直使用到故障发生，那么航空运输协会就规定了这些项目必须符合下列条件。

（1）一个监控项目发生故障时应对安全没有直接不良的影响，即飞机能够继续飞行到安全着陆。一般情况下，由于有了系统余度，监控项目对安全只有这种间接影响，而非不良影响。

（2）监控项目应没有任何"隐患"（即机组人员感觉不明显的故障），因为它一旦发生故障，就会对安全产生直接的不良影响。然而，如果存在了隐患，而这种隐患通过飞行机组、维修组定期的操作试验或其他非测量试验能够发现，那么监控程序仍然能够使用。

（3）监控项目必须包含在运营人的状态监控或可靠性大纲里，即对于这些项目，必须有某种类型的数据采集和分析，以便在维修时对这些部件或系统的故障性质有更好的理解。

除了航空运输协会的上述规定外，监控项目通常在时效性与可靠性之间不存在任何不良关系（即没有可预计的工作期限）。它们呈现出一种随意的故障形式。

状态监控系统由数据采集和分析程序组成，这些程序用以指导如何判断飞机的安全状态。监控大纲包括了各种评估项目，通过这些项目来揭示飞机或其系统和部件的状态，利用揭示出的各种情况来判断飞机及其系统、发动机和部件的有关持续安全状态。以飞行机组报告为依据的评估，机载数据系统以及进行系统性能检查的地面设备均可用来实施状态监控。状态监控大纲的基本要素包括有关非计划拆卸的数据资料、维修记录、飞行员报告、抽检情况、机械可靠性报告、车间发现的问题以及其他维修数据资源。

5.3.3 任务主导型维修

任务主导型维修大纲是为航空公司制定的，它使用美国航空运输协会开发的决断逻辑程序，这个程序称为MSG-3，是在MSG-2方法的基础上进行更改和改进得到的。MSG-3技术是一种"从上往下"或者"故障结果"分析法，用这种方法在飞机系统最高的控制水平上进行故障分析，而不是像MSG-2那样在部件水平上。MSG-3逻辑用来确定适合的计划维修任务，以防止故障发生，并保持系统可靠的固有水平。用MSG-3方法，开发出三种类型的任务：飞机系统任务、结构项目任务以及区域任务。

MSG-3文件是美国航空运输协会为航空器制造商和航空器运营人制定"初始计划维修检查要求"而编写的规范性文件。虽然该文件只是建议性的标准或规范，但主要的航空器制造商都采用该文件作为编制航空器"初始计划维修检查要求"的指导性文件，MSG-3已逐渐被大多数国家的适航管理部门、航空器制造商和使用人接受，从而成为事实上的制定标准。此外，直升机和运输类以外的小型航空器也开始使用MSG-3的逻辑决断方法来制定"初始计划维修检查要求"。

1. 维修任务分类

按照MSG-3方法，对于飞机系统而言，其维修任务可分为八类，规定如下。

（1）润滑：为系统或部件添加润滑油、润滑脂或其他使用的物质，以便减少摩擦和/或热损耗，从而保持固有的设计能力。

（2）养护：对部件和/或系统进行基本的护理和保养，以便保持其固有的设计能力。

(3) 检查：对一个项目进行检查，并对照一个具体标准进行比较。

(4) 功能检查：是一种量化检查，用以检查一个项目的每一个功能是否能在规定的限制范围内正常发挥。这种检查可能会要求使用附加设备。

(5) 运营检查：该任务用以确定一个项目是否在朝着其规定目标正常运转。

(6) 目视检查：查看一个项目是否按要求正常运转。

(7) 修复：通过该项工作，使项目恢复到一个具体标准的水平。修复工作范围从组件清洗或更换单个零件到包括彻底的大修。

(8) 报废：按照规定的寿命限制，把任一项目拆卸掉不再使用。

2. 飞机结构性衰退的限制因素

飞机结构主要受三种因素影响，导致其结构性衰退。

(1) 环境原因：产品与气候或环境的相互化学反应，导致项目在强度或故障阻力上的物理性能衰退。环境引起的衰退受时间的影响，一般与结构的服役时间相关，服役时间越长，影响越大。

(2) 事故损伤：指非飞机本身物体的接触、冲击或影响所引起的一个项目的物理性能衰退，或者指在制造、飞机运营或维修期间发生的人为差错引起的损伤。

(3) 疲劳损伤：由周期性负荷所引起的一处或多处初始裂纹，以及这种裂纹随后扩展的现象。

通过对飞机结构进行检查，确定上述原因引起的性能衰退是否已经发生确定检查的细致程度。

3. 飞机结构检查技术

MSG-3 程序规定了如下三种类型的结构检查技术。

(1) 一般目视检查：是一种目视查看技术，看有没有明显的不合格状态或偏差。这种检查可要求拆卸压边、打开或卸下检查口盖或盖板，可能会需要工作台和梯子，以便于接近某些部件。

(2) 详细检查：对规定的零件、组件或装置进行精细的检查。通常利用充足的照明，必要时使用检查工具，如镜子、放大镜等，仔细检查有没有缺陷，也可能需要表面清洗和详细的检测程序。

(3) 特别详细检查：对一个规定的部位进行详细的检查，与上面的精细检查类似，但又增加了一些专用技术。这种检查可能需要一些专门技术，如无损监测、荧光渗透检查、高倍放大率检查、磁力探伤、涡流检查等。特别详细检查也可能会需要对某些组件进行分解。

4. 维修类型与任务的确定

与 MSG-2 类似，由 MSG-3 方法确定的维修任务可包括定时维修、视情维修和状态监控任务，但它们的命名方法不同。在制定全面的维修大纲时，MSG-3 程序更有灵活性。图 5.2 用来确定故障对飞行机组来说是明显的还是隐蔽的，图 5.3 和图 5.4 用来确定适应功能故障要求的维修任务。

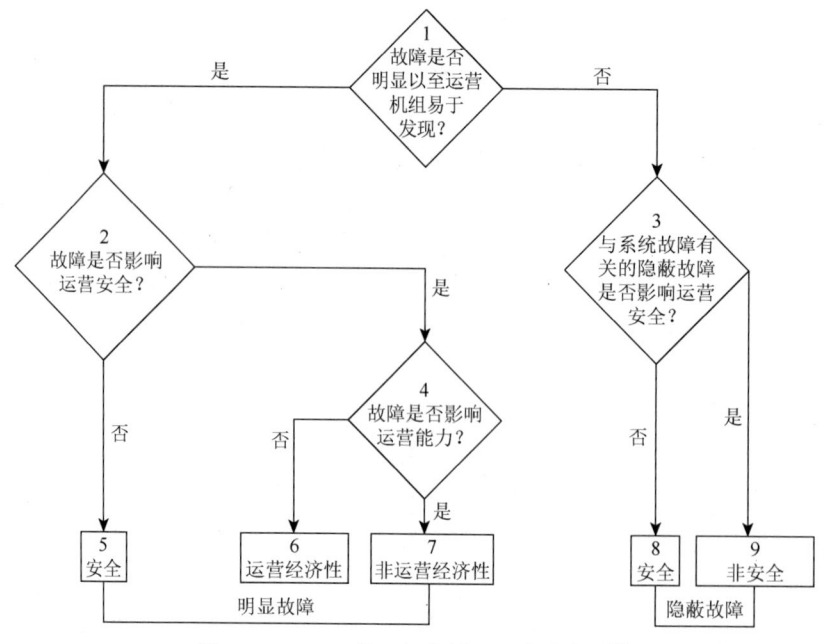

图 5.2　MSG-3 第一级分析——故障类型[5]

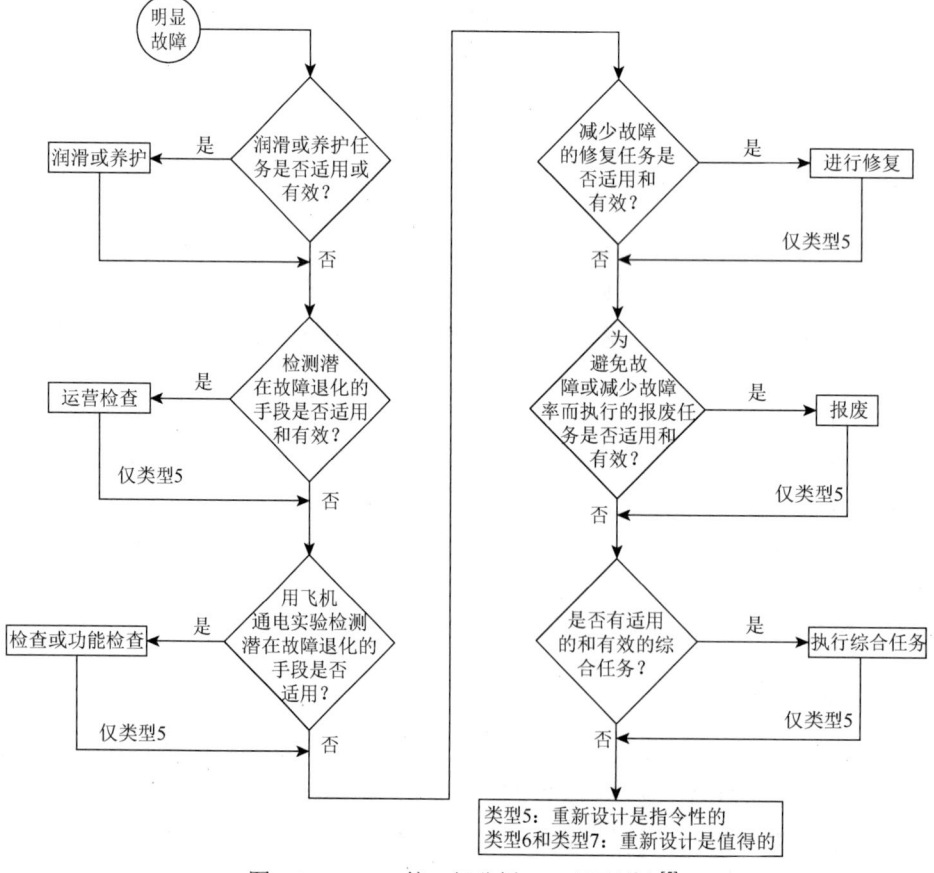

图 5.3　MSG-3 第二级分析——明显故障[5]

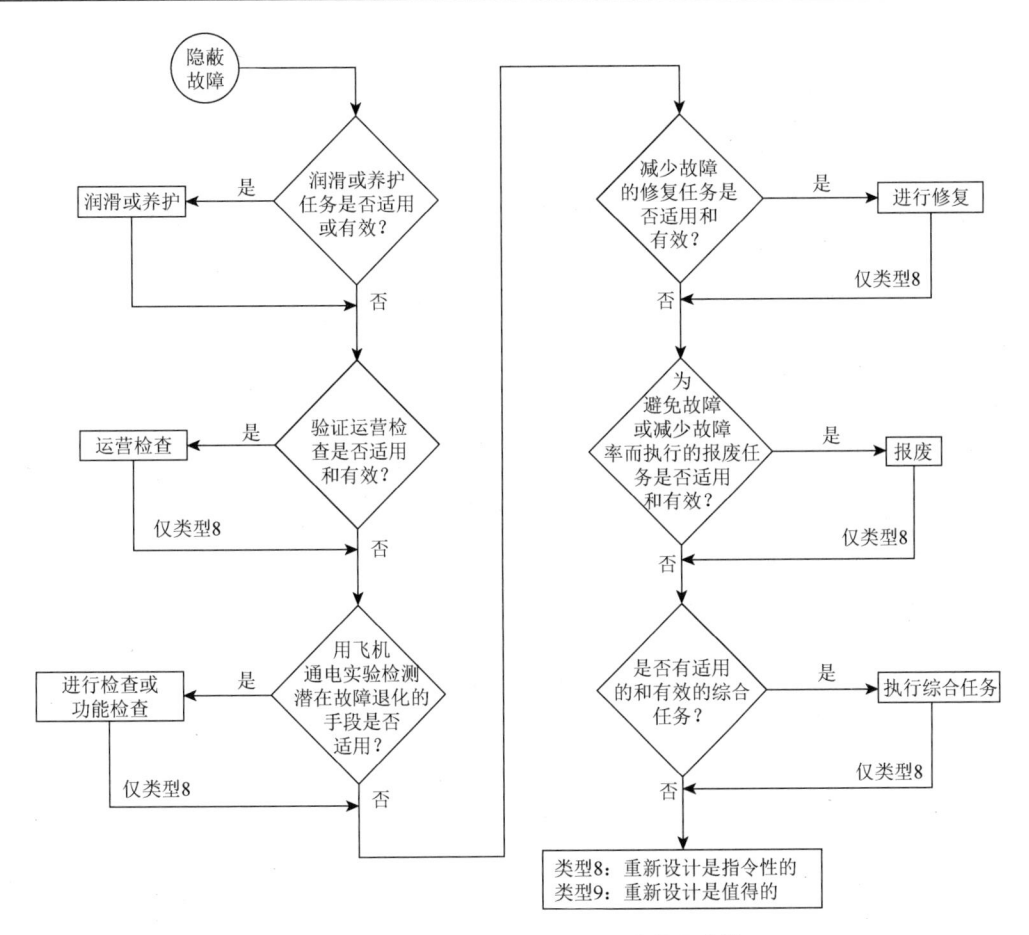

图 5.4 MSG-3 第三级分析——隐蔽故障[5]

那些明显的故障进一步分为与安全有关和与运营有关，后者又分为经济意义上的和非经济意义上的故障，这种类型的故障编号是 5、6 和 7。确定为对机组隐蔽的故障又可分为与安全有关的和与安全无关的项目，归类为类型 8 和类型 9。

虽然提到的这些问题都是类似的，但是讨论明显故障和隐蔽故障所用的方法略有不同。应当指出，图 5.3 和图 5.4 中有一些只能划归为类型 5 或类型 8。

在每一个流程图中，对于第一个润滑和养护的问题，必须针对所有功能故障提问（类型 5 和类型 9）。不管对这个问题的回答如何（"是"还是"否"），分析者必须提问下一个问题。对于图 5.3 中的类型 6 和类型 7 及图 5.4 中的类型 9，各个问题按顺序提问，直到获得肯定回答"是"，到该点，分析停止。然而，对于类型 5 和类型 8（与安全有关的），不管对任何问题的回答是"是"还是"否"，所有问题都必须给予回答。

MSG-3 维修指导思想的应用如图 5.5 所示。飞机制造商应用 MSG-3 维修指导思想编写建议维修计划大纲，适航管理部门组织飞机评审小组维修评审委员会审查建议维修计划大纲，批准后成为维修大纲。为便于航空公司制定个性化的维修方案，飞机制造厂家还会根据维修大纲制定维修计划大纲，航空公司编写的维修方案得到所属地适航管理部门的批准后，便可根据维修方案中维修间隔、维修类别、维修任务等内容编写各类工卡，以开展相关维修工作。

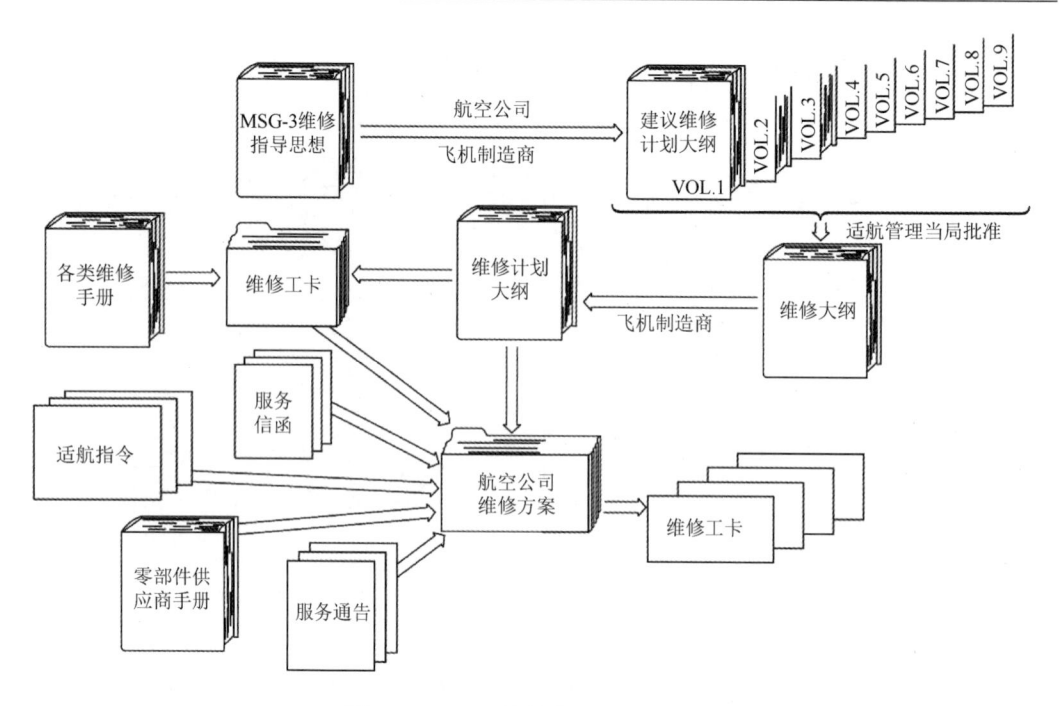

图 5.5 MSG-3 维修指导思想的应用

5.3.4 航空器典型故障模式

所有系统和部件既不是按相同速率发生故障，又不表现出相同的磨损或失效形式，而且正如所预料的，在这些部件和系统上进行的维修，本质上都与那些故障率和故障模式有关。

常见的故障率模式如表 5.1 所示。

表 5.1 故障率模式[5]

模式符号	模式曲线	模式含义
A		早期故障率，不变或略有上升的故障率，确定的耗损周期（4%）
B		非早期故障率，略有上升的故障率，确定的耗损周期（2%）
C		非早期故障率，略有上升的故障率，无确定的耗损周期（5%）
D		在开始时故障率增加，之后为不变的或略有上升的故障率，无确定的耗损周期（7%）
E		非早期故障率，在整个使用寿命周期内故障率不变，无确定的耗损周期（14%）
F		早期故障率，在整个使用寿命期内故障率不变，无确定的耗损周期（68%）

曲线 A 为通常所说的"浴缸"曲线，因为曲线形状像浴缸。在部件寿命期的初期，这种故障率类型显示出高故障率，所以称之为"早期故障率"，这是令工程部门头痛的事情之一。有些部件出现早期故障有几个原因：差的设计、劣质零部件、不正确的使用等。一旦故障得到排除并且设备处于稳定状态，故障率则为水平曲线，或者随着时间的推移略微有所上升。也就是说，一直持续到部件寿命期的后期。在接近其寿命终点，曲线 A 表现为快速上升，说明部件的材料已到了实际寿命限制。曲线 B 表示非早期故障率，在部件使用寿命期内，故障率为水平状态，或者略有上升，直到确定的耗损周期结束。曲线 C 描绘的是故障率略有上升的部件，它没有早期故障率，也没有可辨认的耗损周期，但是在某些故障点上，它就不能使用了。曲线 D 表示部件/系统很新的时候（或刚刚出厂时）故障率很低，然后上升到某种稳定水平，并保持贯穿于大部分的部件寿命期。曲线 E 是一个理想的部件，没有早期故障率，也没有耗损周期，在其整个寿命期内，故障率是稳定的（或者略微上升）。曲线 F 描绘的部件是，先有早期故障率，接着故障率为水平曲线，或者故障率略有上升，并且没有耗损周期。

5.3.5　航空器可靠性保障

可靠性是系统在给定的工作条件下、指定的时间（或任务时间）内，保持所需功能的能力。飞机固有的可靠性水平受环境和使用状况的影响，产生的故障因之而异，因此建立一个监督使用可靠性的有效方法是非常必要的。可靠性方案提供了一种认识维修中的缺陷，并施加控制以纠正这些缺陷的方法。它是一个闭环控制系统，即收集数据，对数据进行统计分析，调查并分析可能的缺陷或问题，确定并实施适当的纠正措施，通过重新回到第一步重复这个循环来监控纠正措施的有效性，具体实施过程如图 5.6 所示。

步骤 1：采集数据。

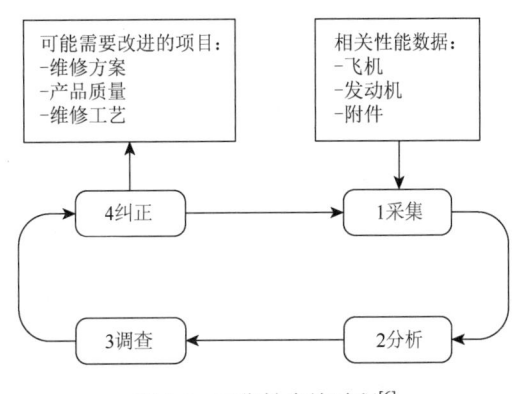

图 5.6　可靠性实施过程[6]

步骤 2：分析数据，确定不可接受的性能状况。

步骤 3：对不可接受的性能状况进行调查，确定其产生的根本原因。

步骤 4：制定纠正措施，改进不可接受的性能状况。

步骤 5：回到步骤 1，对纠正措施的执行情况和效果进行监控。

如果可靠性性能参数满足可靠性方案制定的标准，则不需做任何工作；如果可靠性性能参数未能满足可靠性方案制定的标准，则应执行警告调查程序，以查明原因并制定合理的纠正措施；实施纠正措施后，继续对可靠性性能参数进行监控，以确定纠正措施的效果。监控和调整的过程是可靠性方案的核心。

可靠性方案是持续适航维修方案的一个主要部分，它监控飞机的可靠性。方案不会使飞机的使用可靠性高于原设计水平的固有可靠性，然而不恰当的维修将会降低使用可靠性。但如果做了恰当的分析，则可对每个部件、系统、结构、整机提出合适的维修类型、数量和频度目标，以使其保持在一个可接受的可靠性水平上。

可靠性管理体系是根据可靠性管理的原理和航空公司现状建立及运行的先进管理体系，通过不断地收集数据（表 5.2），分析机群运行的性能数据，并将之与制定的性能标准进行比较，发现性能的不良趋势；通过制定和实施纠正措施，保证机群的可靠性性能指标在可以接受的范围内。

表 5.2 数据收集的类别和来源

序号	数据类别	数据来源
1	飞机运行使用数据	飞行记录本、机载数据采集系统、各类统计报表
2	飞机技术和客舱记录本数据	飞行记录本、客舱记录本
3	发动机拆换数据	飞行记录本、换发技术指令
4	定检故障、缺陷	定检维修非例行工卡
5	飞机结构检查数据	飞机结构检查修理报告单 单机结构腐蚀汇总清单
6	附件拆换数据	附件拆换挂签、非例行工卡
7	附件修理数据	附件修理厂家报告
8	航班不正常信息	航班不正常事件/使用困难报告
9	发动机数据	ACARS 数据、孔探检查和磁堵检查数据、发动机滑油添加数据等

5.4 高原运行维修与保障

高原机场运行是指航空公司以高原机场为目的地机场或起飞地机场的运行。目前，局方主要针对高高原机场运行对维修提出了严格要求，包括飞机维护的维修人员、放行人员、维修控制人员、发动机监控人员、质量管理人员和相关工程技术人员要掌握高高原机场运行的基本要求、维护标准和控制要求，了解岗位的职责及工作范围须达到的要求，能独立完成相关工作。

5.4.1 高原航空器系统要求

（1）飞机的飞行手册中规定的起降性能包线应覆盖所运行机场的要求。
（2）飞机的供氧能力应当符合所运行高原机场及航路的应急下降和急救用的补充氧

气要求，并且满足机组人员在着陆后至下一次起飞前的必要供氧要求；这对执行高高原机场运行的飞机氧气系统提出了更高要求。

（3）实施高高原机场运行的飞机，其座舱增压系统应当经过型号审定或者其他方式批准，适应高高原机场起飞和着陆运行。

（4）对于实施高高原机场运行的飞机，其任何一台发动机的排气温度（EGT）裕度平均值应当高于公司设定的标准。

执行高高原航线的飞机氧气系统，以波音 737-700 飞机为例，除了具备与常规飞机一样的氧气系统外，还需在后货舱额外增加了 12 个高压氧气瓶，每个氧气瓶可以容纳 115 标准立方英尺（3256.5L）的氧气。高压氧气瓶存放在后货舱内，如图 5.7 所示。

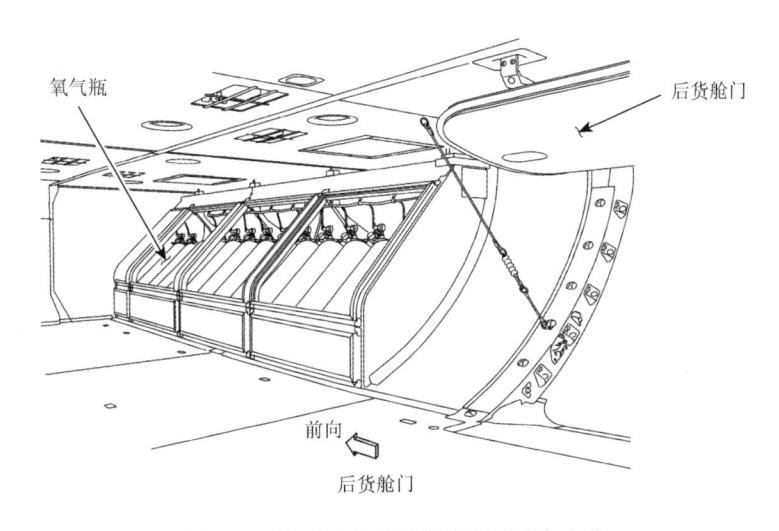

图 5.7 执行高高原航线的飞机乘客氧气瓶

5.4.2 高原运行航空器维修保障要求

1. 关键系统要求

航空公司应当参照各机型高高原机场运行关键系统清单，制定适合自身的高高原机场运行机型的关键系统清单，该清单应不低于咨询通告《高原机场运行》（AC-121-FS-2015-21R1）关键系统清单的要求，同时应对维修方案、可靠性方案和最低设备清单等适航性文件进行相应的调整和修订[7]。

高原机场运行飞机的维护检查要求包括以下几个方面。

（1）航空器在执行高原飞行前，须按相应航线工作单/附加工作单完成高原机场运行前的维护检查。

（2）在更换高原机场运行飞机/发动机部件时，应查阅相关机型 AIPC，并在证实该部件为高原运行构型部件后方可装机使用。

（3）高高原机场运行的飞机关键系统不得安装替换件。

（4）航线维修工作中，对高原机场运行飞机的任何换件（除客舱装饰件）都应在飞机技术记录本中予以记录。

（5）航线维修中的关键系统双重维修项目应确保由不同的维修人员执行，如必须由同一组或一名维修人员对关键系统双重维修项目进行维修，应加派一名资历更高的人员对其工作实施进行直接监督。

（6）实施高高原机场运行的飞机，其任何一台发动机的排气温度裕度平均值高于公司要求或者等效限制。对于双发飞机，其动力系统的可靠性应当达到120分钟ETOPS的标准。

（7）高高原机场所使用飞机的发动机和辅助动力装置（APU）应该具备在所运行机场的自主启动能力，目的地为高高原机场的起飞机场不允许APU有故障保留。

（8）对于新交付或者换发的高高原飞机，需要在执行100飞行小时非高高原航线运行后，方可开始执行高高原航线的运行；对飞机实施C检（含）以上的高级别定检及重要修理和改装后，首班不能执行高高原航线的运行；当涉及高高原运行关键系统的重大故障、疑难故障和重复性故障时，在确定故障已经排除后，方可开始执行高高原航线的运行。

2. 高原机场运行滑油消耗数据采集与维修控制

发动机的健康状态可通过滑油消耗量、EGT、发动机燃油流量进行监测，当飞机落地后及时检查发动机滑油量可有效评估发动机状态。为此，航空公司对滑油量的检查有着极其严格的要求。

（1）飞机滑入停机位后，航线维修人员在发动机关车的规定时间内，必须检查发动机的滑油量，如实在飞行记录纸上记录滑油检查值和滑油添加量。

（2）检查APU滑油量，当低于最低值时，按要求添加APU滑油并如实记录添加量。

（3）在执行高高原机场航班前，航线维修单位整机放行人员应计算出该机前一个航段发动机每小时滑油消耗量，在相应工作单上记录滑油消耗量。

（4）如果计算出的发动机滑油消耗量达到或超过相应滑油消耗量警戒值，整机放行人员应及时向公司报告，由技术支援和运行控制人员制定排故方案并组织实施，维修控制中心向发动机/APU工程管理人员反映该高高原型飞机的发动机滑油消耗率超警戒值问题。在采取纠正措施之前，不能执行高高原机场运行航班。

（5）航线维修人员添加APU滑油后，应立即将滑油添加量和APU使用小时上报，维修控制中心在下一航班前计算和确定APU滑油消耗率是否达到警戒值/极限值，并通知航线维修单位维修人员。

（6）在执行高高原机场运行航班前，航线维修人员应确定未收到APU滑油消耗率报警。

（7）如果APU滑油消耗率达到或超过警戒值，维修单位应向飞机航线维修人员发出APU滑油消耗率报警，制定排故方案并组织实施，维修控制中心向发动机/APU工程管理人员反映该高高原型飞机的发动机滑油消耗率超警戒值问题。在相关纠正措施完成之前,该 APU 禁止用于高高原机场飞行。

3. 高原/高高原机场运行飞机的放行

维修人员在对飞机完成工单所要求的维修任务后,应满足以下要求方可签署维修放行。
(1) 维修工作是按照航空公司的要求进行的。
(2) 所有的工作项目都是由合格的维修人员完成,并按照《民用航空器维修单位合格审定规则》颁发维修放行证明。
(3) 没有任何已知的飞机不适航的状况。
(4) 至目前所完成的维修工作为止,飞机处于安全运行的状态。
(5) 航空公司每次完成维修工作和对任何缺陷、故障进行处理后,在符合要求后由航空公司授权的维修放行人员在飞机飞行记录本上签字,完成维修放行。
(6) 在规定的使用限制条件下,航空公司可以在符合局方批准的最低设备清单和外形缺损清单时放行带有某些不工作的设备或者带有缺陷的飞机。

作为高高原机场运行的飞机,除了上述基本放行要求外,还需要满足:①经维修单位授权高高原机场运行的航线维修人员,按照航线工作单和/或附加工作单,完成高原/高高原机场运行航班的航线维修工作,以及氧气维护和滑油消耗率确认等工作;②经运营人授权,高高原机场运行的整机放行人员按规定的放行标准和限制性条件放行高高原机场运行飞机,当氧气瓶压力低于相关规定值时,不得放行执行高高原机场运行航班;当相关滑油消耗率达到或超过相应滑油消耗率警戒值时,在该缺陷未得到排除或技术批准前不得放行执行高高原机场运行航班。

4. 维修方案要求

航空公司可以通过参照飞机制造厂家推荐的维修方案,或在现行有效、经局方批准的维修方案的基础上增补维修要求,来制定适用于高高原机场运行的维修方案[8]。

航空公司的维修方案应按照制定出的关键系统清单,对相应的关键系统进行控制,包括但不限于维修条目中涉及双重维修限制的要求、故障保留控制工作和器材的使用等。同时应当制定并按照由局方批准的运行规范中维修方案的要求,对用于高高原机场运行的机体发动机组合实施维修,主要包括以下内容。

1) 高高原机场运行前维修检查
(1) 航空公司应当制定针对实施高高原机场运行飞机的特定要求的维修检查单。
(2) 维修检查单及高高原机场运行相关工作文件,必须由获得高高原机场运行维修授权的人员,在确认所有涉及高高原机场运行的飞机关键系统的状态满足规定的要求后,方可完成签署。

2) 双重维修项目的限制

航空公司应当避免在同一次停场维修时,同时对相同的或本质上相同的运行关键系统实施例行维修或非例行维修工作,以防止因不适当的维修而导致高高原机场运行关键系统失效。如果双重维修不可避免,航空公司可按照下列规定进行维修。

（1）同一个高高原机场运行关键系统的维修工作由不同的技术人员执行。

（2）如果由同一名技术人员对同一高高原机场运行关键系统进行维修，应另加派一名资历更高的人员对其工作实施直接的监督。

3）特殊维修项目的控制

航空公司应当在维修方案中给出下列（不限于）维修项目完成后的高高原机场运行的控制原则，此原则必须基于航空公司的工程能力和维修单位的维修保障能力进行控制。航空公司应当结合安全风险管理来实施高高原机场运行飞机的维修管理。

针对实施高高原机场运行飞机的定检、修理和改装工作，航空公司应当组织实施相应的安全评估，基于自身的工程技术能力、相关维修单位的维修保障能力和水平、飞机的适航性状态和性能水平等，对其中可能存在的安全隐患和风险进行排查，并在必要的时候采取有效的针对性措施。

除上述要求外，针对下述 5 类重要维修工作：①高级别定检；②重要修理和改装；③换发；④新发动机装机；⑤涉及高高原关键系统的重大故障、疑难故障和重复性故障。航空公司还应当采取必要的措施，包括但不限于：地面试车、试飞，或在维修工作完成后将飞机先期投入到非高高原机场运行等，并在确认涉及高高原机场运行的飞机关键系统满足规定的要求后，方可将飞机投入到高高原机场的运行。

5.4.3　高高原机场运行可靠性方案

随着航空器的设计改进和维修控制手段的提高，航空器的维修已不再局限于依靠给定航空器部件的寿命和分解检查而保证安全裕度的传统维修方法，在一定程度上允许某些航空器部件或系统出现故障，而不需要事先进行预防性维修。这样不仅同样能保证航空器的飞行安全，还大大地降低了航空运营人的运行和维修成本。但针对高原/高高原航线运行的特点，航空公司应当制定一个高高原机场运行的可靠性方案，该方案应当是在航空公司现有可靠性方案的基础上增补高高原机场运行的内容，方案中应增加对关键系统的可靠性监控、分析、评估和时限等要求，以确保高原/高高原机场运行安全。

1. 发动机状况监控方案

发动机作为飞行动力来源，其性能和可靠性直接影响飞行安全，同时发动机造价、维修成本高昂，因此需要对发动机健康状况进行监控，一方面保证飞行安全，另一方面防止性能恶化后造成翻修成本增加。航空公司在运营过程中需要制定针对发动机的健康方案，一般要求如下。

（1）航空公司应当制定一个高高原机场运行的发动机状况监控方案，以便在早期检测到发动机的性能恶化，并在安全运行受到影响之前采取纠正措施。

（2）方案应当描述待监控参数、数据收集方法、数据分析方法和采取纠正措施的流程。

（3）方案应当确保发动机能够维持极限值裕度，以便在批准的动力水平和预期的环境条件下，不会超出批准的发动机极限值。

（4）在新发动机装机、换发或发动机翻修后，航空公司需评估新装机发动机是否满足高高原机场运行有关发动机要求的可靠性。

（5）对于新交付、换发或者翻修的高原型飞机，须在飞行 100 小时非高高原航线运行监控正常后，方可开始执行高高原航线的运行。

（6）发动机状态监控工程师负责对巡航和起飞发动机性能数据进行监控，进而处理并分析发动机性能变化趋势，采取必要措施防止性能恶化。

（7）航空公司应当制定一个高高原机场运行发动机滑油消耗监视方案，以确保飞机具有足够的滑油以完成高高原机场运行。航空公司发动机的滑油消耗率和油耗极限值不得超过制造厂家的推荐值。

高高原机场运行可靠性管理流程如图 5.8 所示。

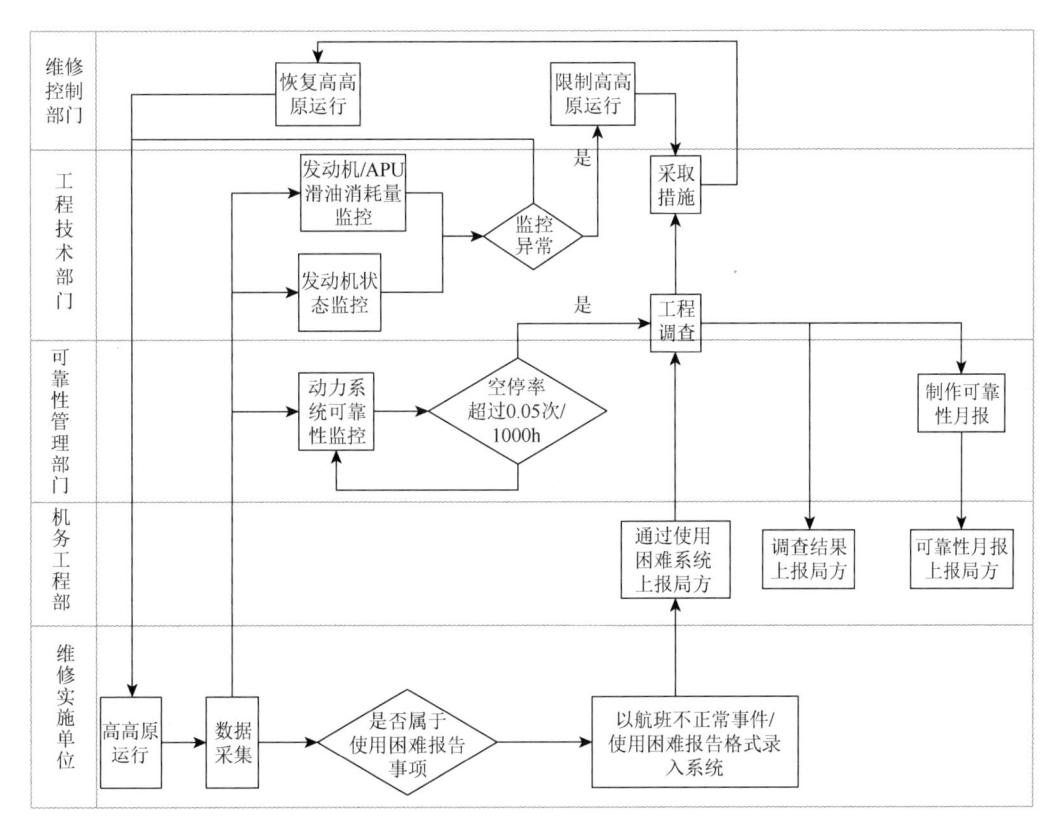

图 5.8 高高原机场运行可靠性管理流程

2. 最低设备清单执行与监控

1）最低设备清单的执行

航空公司在高高原机场运行中必须严格执行最低设备清单的放行要求，对于涉及高高原机场运行的所有故障保留，应该由具有高高原机场运行放行授权的放行人员填写申请，并由质量部门签署批准。

2）最低设备清单的持续监控

对涉及高高原机场运行的最低设备清单条目，应该持续监控其执行情况，并至少每年评估一次其适用性。

5.4.4 实施高高原机场运行飞机维修单位的管理要求

维修单位应严格按照航空公司有关高高原机场运行的维修管理要求，编制针对高高原机场运行飞机的维修实施方案，包括相应的工作项目、操作程序和技术标准。相关规定可直接纳入到维修单位的"维修管理手册"或相应的"工作程序手册"中，也可单独成册[9]。

维修单位编制的高高原机场运行的维修管理规定应载明具体的工作项目、操作程序和技术标准，并至少包含以下内容。

（1）涉及高高原机场运行飞机维护的维修单位各部门的职责；
（2）实施高高原机场运行飞机维护的维修人员的资格、授权和培训/复训要求；
（3）高高原机场运行飞机维护的通用管理规定和保障措施；
（4）对执行高高原机场运行的各机型的具体维护要求、放行标准和限制条件等；
（5）使用的工作表格样件。

当航空公司有关高高原机场运行的维修管理要求发生变化，或发生了可能影响维修单位工作的情况（如航空公司用于实施高高原机场运行的飞机机型发生变化，或飞机的构型发生重大变化等）时，维修单位应根据航空公司的要求，立即对相应的维修实施管理规定进行评估，并在经评估确认适用的情况下及时对相关内容和规定予以修订。

思 考 题

1. 维修人员获取"维修人员执照"的基本环节和申请资料有哪些？
2. 双重维修的含义是什么？
3. 高高原机场运行飞机氧气系统的特点是什么？
4. 高高原机场运行时可靠性数据的获取方式是什么？
5. 维修放行的基本条件包括哪些？
6. 哪些维修工作结束后不能立即投入高高原机场运行？
7. MSG-2 维修指导思想与 MSG-3 的区别是什么？
8. 简述定时维修、视情维修、状态监控的区别及适用对象。
9. MSG-3 维修任务有哪些？
10. 简述可靠性管理基本流程。

参 考 文 献

[1] 中国民用航空局. 民用航空器维修单位合格审定规则（CCAR-145 R4）[Z]. 2022.
[2] 中国民用航空局. 大型飞机公共航空运输承运人运行合格审定规则（CCAR-121-R7）[Z]. 2021.
[3] 中国民用航空局. 民用航空器维修人员执照管理规则（CCAR-66 R3）[Z]. 2020.
[4] Harry A. Kinnison. 航空维修管理[M]. 李建瑁，李真，译. 北京：航空工业出版社，2007.
[5] 徐超群，闫国华. 航空维修管理[M]. 北京：中国民航出版社，2012.
[6] 李清英，熊重远. 民用航空维修理论及应用[M]. 北京：航空工业出版社，2019.
[7] 中国民用航空局飞行标准司. 高原机场运行（AC-121-FS-2015-21R1）[Z]. 2015.
[8] 中国民用航空局飞行标准司. 可靠性方案（AC-121-54R1）[Z]. 2017.
[9] 中国民用航空局飞行标准司. 民用航空器维修方案（AC-121/135-53R1）[Z]. 2017.

第6章 高原飞行

飞行技术指驾驶飞机的综合性技术，是伴随着航空科学而发展的。1903年，莱特兄弟进行了首次有动力、能留空的可控飞行。1910~1914年，出现了夜间飞行、水上飞行、炮兵观察校射、实弹轰炸以及特技飞行等。在第一次世界大战前，飞行技术成果开始应用于军事。第二次世界大战以来，飞行技术广泛用于战争，超音速飞机、直升机以及垂直起落飞机的驾驶技术日趋完善，飞行技术有了很大发展。随着高超音速飞机及其他新型飞机的出现，飞行员将在驾驶飞机的方式上发生很大变化。同时，服务于国民经济的民用航空技术也得到了巨大应用，飞行技术随着执行任务的需要，不断地提高和发展。

在国际民航界，对于处于高海拔地区的机场有着严格的定义，与咨询通告《高原机场运行》中的定义相同。把位于海拔1524m以上、2438m以下的机场称为高原机场；把位于海拔2438m以上的机场称为高高原机场。相应地，涉及高原机场和高高原机场的航线又被称为高原航线和高高原航线。高原机场和高高原机场，由于所在地具有海拔高、空气稀薄、天气多变和地形复杂等特点，飞行中面临的困难远超普通低海拔机场。同时，这些条件的限制对飞行员的飞行技术也提出了更高的要求。

素有"世界屋脊"之称的青藏高原，气候和地理条件极其复杂，曾被国际民航界视为空中禁区。在第二次世界大战中，为了抵抗日本的入侵，急需打开一条新的物资运输航线，从云南经青藏高原直飞印度，这条航线就是有名的"驼峰航线"。航线上有海拔4500~5000m的高山，空气稀薄，气候恶劣，又有强烈的紫外线照射，使得飞机在高原执行任务时十分困难，主要表现为飞机发动机的推力减小且容易出现超温、超转现象，飞机起飞、着陆和机动性能受到很大影响等。由于高原环境的复杂性和飞机性能的因素，整个"驼峰航线"在第二次世界大战中约执行了16万次任务，完成物资运输量60多万吨，约有560架飞机坠毁，牺牲机组人员1500多人。

今天，由于飞机性能的提升，特别是大推力发动机技术的进步，飞机的高原飞行性能显著改善，但仍受到高原环境的限制。为了保障高原飞行的安全，对执行高原飞行任务的人员和飞机都有更高的要求。目前，具备高高原机场飞行能力的飞机有空客A319、空客A330、空客A340、波音B737-700、波音B757-200和中国商飞ARJ-21等，这些机型在制造时，就选择了适合高原以及高高原运行的发动机、飞机轮胎等。

人员的要求主要是身体和飞行技术方面的，需要更好的素质、更丰富的经验和针对高原飞行的针对性训练。飞行技术学习不仅包括系统地掌握空气动力学、飞行力学、飞行性能与操纵原理等方面的基础知识，还需要接受识别和运用各种航图、通信及空中领航的基本训练，具备民航航线飞行方面的基本能力。在掌握基本飞行技术的基础上，高原飞行对飞行员的处置能力和决断能力提出了更高的要求。

本章主要介绍飞行基本规则、航空发动机及其高原性能、航空器及其高原性能和高原环境对飞行的影响等方面的内容，为民航从业人员从事高原航空相关工作和进一步深造打下基础。

6.1 飞行基本规则

《中华人民共和国飞行基本规则》是组织与实施民用航空飞行的基本依据，凡拥有航空器、从事民用航空飞行活动的部门及其所属人员都应该遵照执行，也是制定有关民用航空飞行一切规章的依据。本节根据《中华人民共和国飞行基本规则》《民用航空空中交通管理规则》《一般运行和飞行规则》和《国际民用航空公约》附件2"飞行规则"等有关内容[1-3]，围绕高原飞行技术，重点介绍目视飞行规则和仪表飞行规则两个部分。按照驾驶术和领航术划分，可以把飞行分为两大类：目视飞行和仪表飞行。对应于这两种不同的飞行种类，分别有相应的飞行规则：目视飞行规则和仪表飞行规则。

一般来说，对执行高原机场航线机组成员的年龄、飞行经历和身体状况等方面有较高限制条件。实施高高原机场运行的飞行机组应至少配备三名驾驶员，除机长外还应包含一名至少具有121部第451条规定的资深副驾驶资格的驾驶员。实施高高原机场运行的机长年龄不得超过60周岁，具备在一般高原机场300小时或以上的飞行经历时间，或者总计200小时或以上的机长飞行经历时间，方可进入一般高原机场运行担任机长；具备在本机型500小时或以上的机长飞行经历时间，并在以高高原机场为起飞或目的地机场运行8个航段或以上，其中在高高原机场不少于3个落地（不含模拟机），方可进入高高原机场运行担任机长；实施高高原机场运行的副驾驶应具备总计500小时或以上的飞行经历时间，其中包括本机型100小时或以上的飞行经历时间。飞机机组必须经过针对高原机场运行的理论培训（不少于6小时）和模拟机训练（不少于4小时），方可进入相应类别的高原机场实施运行。对于高高原机场，飞行员还需使用带有某一高高原类别机场视景和有效地形数据库的D类模拟机进行训练，重点为高高原机场飞行特点、起飞后一发失效应急程序等。执行高原机场航班的飞行人员必须接受地面相关理论培训。

6.1.1 目视飞行规则

1. 目视飞行及其适用的范围

1) 目视飞行的定义

目视飞行是在可见天地线和地标的条件下，能够判明航空器飞行状态和目视判定方位的飞行。

2) 实施目视飞行的条件

一般情况下，只有在昼间，飞行高度在6000m以下，巡航表速在250km/h以下的航空器,云下飞行,低云量不超过 3/8,并且符合规定的目视气象条件(visual meteorological conditions,VMC)时,方可按照目视飞行的最低安全间隔和高度的规定飞行。

3) 目视飞行适用的范围

(1) 起落航线飞行(速度不限);
(2) 昼间,飞行高度 6000m 以下;
(3) 巡航表速不大于 250km/h 的飞行;
(4) 通用航空在作业区的飞行;
(5) 执行通用航空任务调机到临时机场的飞行;
(6) 在特定目视航线上的飞行(速度不限)。

2. 目视气象条件的规定

航空器按目视飞行规则飞行应当符合以下气象条件:航空器与云的水平距离不得小于 1500m,垂直距离不得小于 300m;高度 3000m(含)以上,能见度不得小于 8km,高度 3000m 以下,能见度不得小于 5km。

3. 目视飞行的最低安全高度

飞行的最低安全高度是保证航空器不与地面障碍物相撞的最低飞行高度。

1) 机场区域内目视飞行最低安全高度

(1) 巡航表速 250km/h(不含)以上的航空器,按照机场区域内仪表飞行最低安全高度的规定执行;
(2) 巡航表速 250km/h(含)以下的航空器,距离最高障碍物的真实高度不得小于 100m。

2) 航线目视飞行最低安全高度

(1) 巡航表速 250km/h(不含)以上的航空器,按照航线仪表飞行最低安全高度的规定执行;
(2) 巡航表速 250km/h(含)以下的航空器,通常按照航线仪表飞行最低安全高度的规定执行;如果低于最低高度层飞行,距航线两侧各 5km 地带内最高点的真实高度,平原和丘陵地区不得低于 100m,山区不得低于 300m。

4. 目视飞行安全间隔的规定

1) 在同一航线、同一高度飞行时

(1) 巡航表速 250km/h(不含)以下的航空器,航空器之间的距离不得小于 2000m;
(2) 巡航表速 250km/h(含)以上的航空器,航空器之间的距离不得小于 5000m;
(3) 超越前面的航空器时,应当从其右侧,保持 500m 以上的间隔超越。

2) 不同高度飞行的航空器,航空器之间的垂直距离不得小于 300m

按目视飞行规则飞行时,机长应当进行严密的空中观察。机长对保持航空器之间的间隔、距离和航空器距地面障碍物的安全高度是否正确负责。

5. 按目视飞行规则飞行时，应遵守的规定

（1）在机场区域内的上升、下降，在严格保持目视飞行安全间隔、距离的情况下，可以穿越其他航空器占用的高度层。

（2）在航线上，按照指定的高度层飞行。

（3）严格禁止飞入云中或者做间断云中飞行。

（4）驾驶员应当进行严密的空中观察。

（5）飞行前应当取得空中交通管制单位的放行许可。

（6）飞行中严格按照批准的飞行计划飞行，并持续守听有关空中交通管制单位的频率，必要时与其建立双向通信联络。

（7）按要求向有关空中交通管制单位报告飞越每一个位置报告点的时刻和高度层。

（8）航空器按目视飞行规则飞行，包括按目视飞行规则在飞行高度 6000m 以上和做跨音速或者超音速飞行，以及飞行高度 3000m 以下、指示空速大于 450km/h 飞行时，应当经飞行管制部门批准。

（9）为便于提供飞行情报、告警服务以及同军事单位之间的协调，按目视飞行规则飞行的航空器，处于或者进入有关空中交通管制单位指定的区域和航路飞行时，航空器驾驶员应当持续守听向其提供飞行情报服务的空中交通管制单位的有关频率，并按要求向该单位报告飞行情况及位置。

（10）当天气低于规定的目视气象条件时，应当立即向空中交通管制员报告。仪表飞行的航空器和机长，应立即向有关空中交通管制部门报告所需更改的飞行计划，经空中交通管制部门同意后，按照仪表飞行规则飞行；只能做目视飞行的航空器或者机长，应当返航或者在就近机场着陆。

云下目视进入机场区域的航空器，机长在得到塔台管制员允许后，可直接着陆。下滑着陆时，未对准跑道或目测不好时，不得勉强着陆。

6. 目视飞行规则飞行计划申请内容

目视飞行规则飞行计划申请内容包括飞行种类、航空器呼号、航班号、航空器型别和特殊设备、真空速或马赫数、起飞机场、预计起飞时间、巡航高度层、飞行航线、目的地机场、预计飞行时间、航空器登记号码、航空器油量、备降机场、航空器乘载人数及其他。提交飞行计划申请时，机长或其代理人必须签字。

7. 目视飞行的航空器相遇时，应当按照下列规定避让并调整间隔[4]

（1）两架航空器在几乎同一高度上对头相遇时，应当各自向右避让，相互间保持 500m 以上间隔。

（2）两架航空器在几乎同一高度上交叉相遇时，航空器驾驶员从座舱左侧看到另一架航空器时，应当下降高度；从座舱右侧看到另一架航空器时，应当上升高度。

（3）航空器在几乎同一高度上（小于对称面夹角 70°）超越前面航空器时，应当在前面航空器右侧保持 500m 以上的间隔进行，避免小于规定间隔从对方上下穿越，从其前方切过超越的航空器对保持两架航空器之间的间隔负责。

（4）单机飞行的航空器，应当避让编队飞行的航空器。

（5）有动力装置重于空气的航空器应当避让飞艇、滑翔机或气球。

（6）飞艇应当避让滑翔机及气球。

（7）滑翔机应当避让气球。

（8）有动力装置的航空器，应当避让拖曳物体的航空器。

（9）飞行中的或在地面上、水面上运行的航空器，应当避让正在着陆或正在进近着陆的航空器。

（10）正常飞行的航空器，应当避让已知需被迫着陆的航空器。

（11）重于空气的航空器为了着陆而在同一机场同时进近时，高度较高的航空器，应当避让高度较低的航空器；但是，后者不得利用此规定切入另一架正在进入着陆最后阶段的航空器前方或超越该航空器。

（12）滑行的航空器，应当避让正在起飞或即将起飞的航空器。

6.1.2 仪表飞行规则

1. 按仪表飞行规则飞行的条件及其适用范围

仪表飞行是完全或者部分地按照航行驾驶仪表，判定航空器飞行状态及其位置的飞行。

（1）在下列条件下，必须按照仪表飞行规则的规定飞行：①在仪表气象条件（instrument meteorological conditions，IMC）（低于目视气象条件）下飞行时；②在云层、云上目视气象条件下飞行时；③夜间飞行时；④高度在 6000m 以上的飞行。

（2）做仪表飞行的航空器，必须具有姿态指引、高度指示、位置判断和时钟等设备。其机长必须具有仪表飞行等级的有效驾驶执照。

2. 仪表飞行的最低安全高度

1）机场区域内仪表飞行最低安全高度的规定

（1）在机场区域内，以机场导航台为中心，半径 46km 扇区范围内，距离障碍物的最高点，平原不得小于 300m，丘陵、山区不得小于 600m。

（2）航空器利用仪表进近程序图进入着陆过程中，不得低于进近程序规定的超障高度飞行。

2）航线仪表飞行最低安全高度

航路、航线飞行或者转场飞行的安全高度，在高原和山区应当高出航路中心线、航线两侧各 25km 以内最高标高 600m；在其他地区应当高出航路中心线、航线两侧各 25km 以内最高标高 400m。受性能限制的航空器，其航路、航线飞行或者转场飞行的安全高度，由有关航空管理部门另行规定。

根据最低安全高度来确定最低飞行高度层时，航空器应在指定的飞行高度层上飞行，其使用的气压参照面为标准气压面（query normal elevation，QNE）。航线（航段）上确定的最低安全高度是航空器在航线（航段）飞行过程中必须保持的最低飞行高度，其气压参照面也是标准气压面。而在航线周围地带的障碍物的高度均为标高，其气压参照面为修正海平面气压（query normal height，QNH）。因此，在计算最低安全高度时，应将障碍物的标高换算到以标准气压面为基准面的数值（当量值）上来，然后，根据其所在的自然地理环境（平原、丘陵、山区或高原），相应地加上最小超障余度（minimum obstacle clearance，MOC）。

3. 备降场确定

仪表飞行规则飞行计划申请的内容，除目视飞行规则飞行计划申请的内容外，还应申请备降机场。备降场包括起飞备降场、航路备降场和着陆备降场。下面介绍有关选择起飞备降场和着陆备降场的规定。

1）起飞备降场的确定原则

如果起飞机场的气象条件低于该机场规定的着陆最低标准，应选择起飞备降机场；对于双发航空器，备降机场与起飞机场的距离不大于航空器使用一发失效的巡航速度在静风条件下飞行 1 小时的距离；对于三发或三发以上航空器，备降机场与起飞的距离不大于航空器使用一发失效的巡航速度在静风条件下飞行 2 小时的距离。起飞备降场的计划最低天气标准为该机场公布的着陆最低标准。

2）着陆备降场的确定原则

对每个目的地机场都应指定一个备降机场，当目的地机场或第一备降场的天气条件预报处于边缘状态时，应当再指定一个备降场。但是，如果天气实况报告、预报或两者的组合表明，在航空器预计到达目的地机场时刻前后至少 1 小时的时间段内，该机场云底高度和能见度符合下列规定，并且在每架航空器与签派室之间建立了独立可靠的通信系统进行全程监控，则可以不选择目的地备降机场。

（1）机场云底高度至少在公布的仪表进近最低标准中的最低下降高（或决断高）之上 450m，或在机场标高之上 600m，取其中较高值；

（2）机场能见度至少为 4800m，或高于目的地机场所用仪表进近程序最低的适用能见度（最低标准 3200m），取其中较大者。

4. 仪表飞行时应当遵守的规定

航空器在飞行空域内和仪表进近过程中，必须保持规定的高度，按照仪表进近程序图规定的路线飞行；进离机场区域的航空器，必须按照进、离场图的规定，在指定的高度上飞行；在航线上飞行的航空器，必须保持在规定的航线、高度层和速度飞行。在航线飞行中，空勤组应当利用机上和地面导航设备准确保持航迹，并随时检查航空器的位置，不论飞行条件如何，机长（飞行员）都必须确知航空器所在位置，并按规定向空中交通管制部门报告航空器位置、飞行情况和天气情况。空中交通管制员应严格控制航空器上升、下降的时机,并对航空器之间的间隔、距离和高度层配备是否正确负责。

5. 仪表进近着陆的规定

仪表进近前,机长应当再次检查航空器上的领航设备和仪表指示是否可靠,接通无线电高度表,根据风向、风速计算进入着陆诸元;仪表进近过程中,机组成员应当按照分工,主动配合,密切协作。机长必须严格按照规定的仪表进近程序进近,在仪表进近过程中,航空器不得低于各进近航段的最低高度,在最后进近航段,如果航空器已飞过远台或远指点标时,收到的天气报告表明天气条件低于最低标准,则仍可继续进近,直至最低下降高度或决断高度。只有在航空器到达最低下降高度(或决断高度)或以前,能看到跑道或进近灯并且航空器已处在正常目视着陆的位置时,才能下降至最低下降高度(或决断高度)以下进行目视着陆;在仪表进近过程中,机长应当首先按照最后进近的航迹对正着陆航迹,在未对正航迹以前不得转入下降;机长必须按照《中国民用航空空中交通管理工作规则》的规定向塔台管制员报告情况;机长按仪表进近程序下降至最低下降高度(或决断高度)时,如果发现云高或者水平能见度低于自己的最低天气标准,则必须按照规定的复飞程序上升到安全高度,同时向塔台管制员报告,并且按照其指令行动;精密进近雷达管制员在航空器进入着陆航迹后,应及时对仪表进近的航空器进行雷达监视,当航空器偏离着陆航迹或者下滑航迹时,必须立即将航空器偏离情况通知机长;只准直接管制航空器着陆的空中交通管制员与机长通话。在机长报告进入五边后,机场区域内无线电频率相同的其他话台和航空器一般应停止联络,防止干扰。

仪表进入机场区域的航空器,不能立即进入着陆时,应当在导航台上空的等待空域内飞行,但每架航空器在等待空域内飞行和进入着陆的时间,通常不应当超过30分钟。在等待空域内飞行的航空器,必须严格保持规定的高度层,按照规定的等待航线飞行。如果因故急需着陆时,机长应当立即报告塔台管制员,经过允许后,按照该机场的优先着陆程序下降和进入着陆。优先着陆的飞行方法与等待空域的飞行方法是一致的,如航空器在等待空域用直角航线飞行时,则优先着陆也采用直角航线飞行方法。

6.2 航空发动机及其高原性能

飞行性能是描述飞机质心运动规律的参数,包括飞机的速度、高度、航程、航时、起飞、着陆和机动飞行(如筋斗、盘旋、战斗转弯等)等性能。飞机起飞着陆的性能优劣主要是看飞机在起飞和着陆时滑跑距离的长短,距离越短则性能越好。飞机做定常(加速度为0)飞行时的性能称为基本飞行性能,包括最大水平飞行速度、最小水平飞行速度、爬升率、升限和上升时间等。

6.2.1 航空发动机简介及性能分析

航空发动机是为航空器提供飞行所需动力的一种高度复杂、精密的热力机械,常被形象地称为飞机的心脏,被誉为"工业之花"。航空发动机直接影响飞机的飞行性能、可靠性及经济性,是一个国家科技、工业和国防实力的重要体现[5]。

航空发动机分类如图 6.1 所示,主要分为活塞式发动机和喷气式发动机两类,其中喷气式发动机又可分为涡轮式发动机和冲压式发动机。

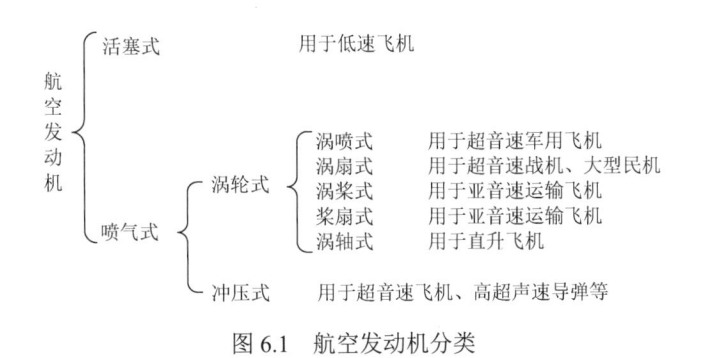

```
             ┌─ 活塞式              用于低速飞机
航空发动机 ┤
             │            ┌─ 涡喷式   用于超音速军用飞机
             │            │  涡扇式   用于超音速战机、大型民机
             └─ 喷气式 ┤  涡轮式 ┤  涡桨式   用于亚音速运输飞机
                          │            │  桨扇式   用于亚音速运输飞机
                          │            └─ 涡轴式   用于直升飞机
                          └─ 冲压式              用于超音速飞机、高超声速导弹等
```

图 6.1 航空发动机分类

1. 活塞式发动机

活塞式发动机和车用发动机类似,都是依靠活塞往复式做功来产生动力的,只不过活塞式发动机是装在飞机上而已,如图 6.2 所示[6]。活塞式发动机从气缸排列上来说有直列式和星形排列两种,产生的动力用来直接驱动螺旋桨。

图 6.2 星形活塞式航空发动机

2. 燃气涡轮发动机

燃气涡轮发动机包括涡轮喷气发动机、涡轮风扇发动机、涡轮轴发动机和涡轮螺旋桨发动机等。燃气涡轮喷气发动机是燃气涡轮发动机的代表，1937 年，世界上第一台涡轮喷气（或涡喷）发动机开始运行。整体上看，燃气涡轮发动机由进气道、压气机、燃烧室、涡轮机和喷口组成（图 6.3）[7]。其工作原理为空气从进气道进入发动机后，首先被高速运转的压气机压缩，产生高压致密空气以提供大量氧气，燃烧室喷油燃烧，向后冲击涡轮机，而涡轮机又带动前面的压气机，燃气流从喷口喷出产生推力。

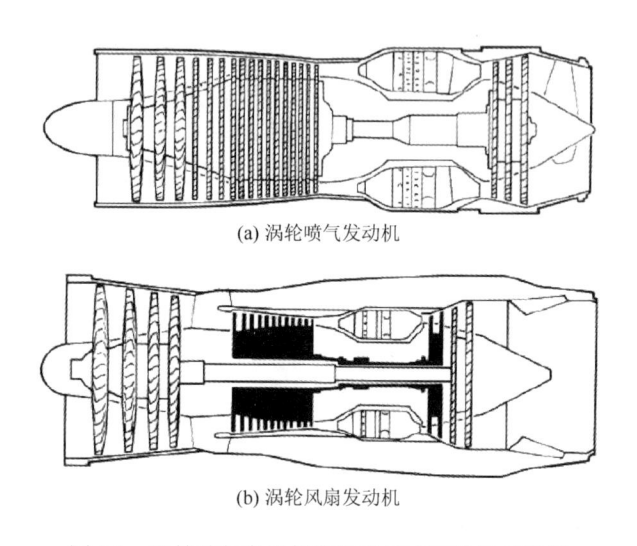

(a) 涡轮喷气发动机

(b) 涡轮风扇发动机

图 6.3 涡轮喷气发动机和涡轮风扇发动机示意图

涡轮喷气发动机使用范围很广，从低空低速到高空超音速飞机都有广泛应用。米格-25 高空超音速战机采用涡轮喷气发动机，曾经创下 3.3M 的飞行纪录，也创下了 37250m 的升限纪录。使用涡轮喷气发动机的战斗机很适合在高空进行超音速飞行。

对比很容易就能发现涡轮风扇发动机和涡轮喷气发动机两者的区别。涡轮喷气发动机只有一个空气通道，专业上称"涵道"，而涡轮风扇发动机有两个空气通道。也就是说，涡轮喷气发动机是单涵道发动机，而涡轮风扇发动机是双涵道发动机。涵道比，指的是发动机在运转时，外涵道与内涵道空气流量的比值，涡轮风扇发动机及内外涵道示意图如图 6.4 所示[7]。高涵道比的发动机在亚音速时有非常好的能效，涵道比越大低速飞行时越省油，经济性越好。高涵道比的发动机主要推力不是向后喷出的高温燃气，而是外涵道高速向后喷出的空气。由于其具有推力大、经济性好的特点，被广泛地运用于客机、运输机等。

涡轮螺旋桨（或涡桨）发动机的本质类似于涡轮喷气发动机接上一个减速器，并带动外部的螺旋桨，如图 6.5 所示[6]。目前，中国自行设计研制的蛟龙-600 是世界上最大的水陆两用飞机，于 2016 年 7 月 23 日总装下线，采用国产 WJ-6 涡桨发动机。

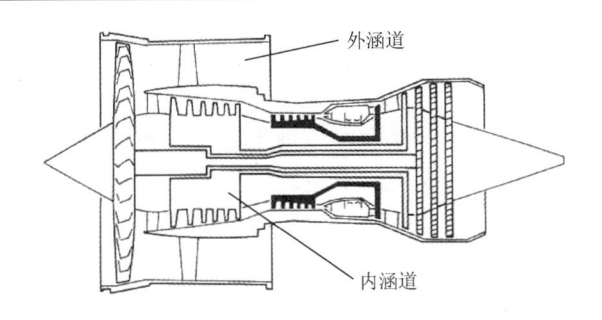

图 6.4 涡轮风扇发动机及内外涵道示意图

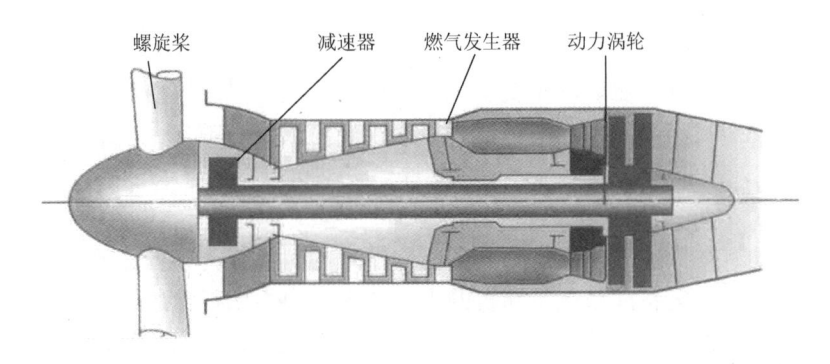

图 6.5 涡桨发动机

涡桨发动机的燃油效率通常高于涡轮风扇发动机，但它也不是尽善尽美，原因有二：一是涡桨发动机多了一个变速齿轮，增加了发动机重量；二是变速齿轮的存在多少会带来一些功率上的损耗。为此，一种不需要变速齿轮的发动机出现了，它就是桨扇发动机。由于风扇和涡轮之间没有减速器，桨扇的扇叶转速非常高，带来的优点是燃料效率进一步提高，而缺点是噪声大，难以运用于追求舒适性的客机上。

涡轮轴发动机简称涡轴发动机，顾名思义，它是通过"轴"来传输动力的。直升机、坦克、船舶上都有使用，涡轴发动机示意图如图 6.6 所示[6]。

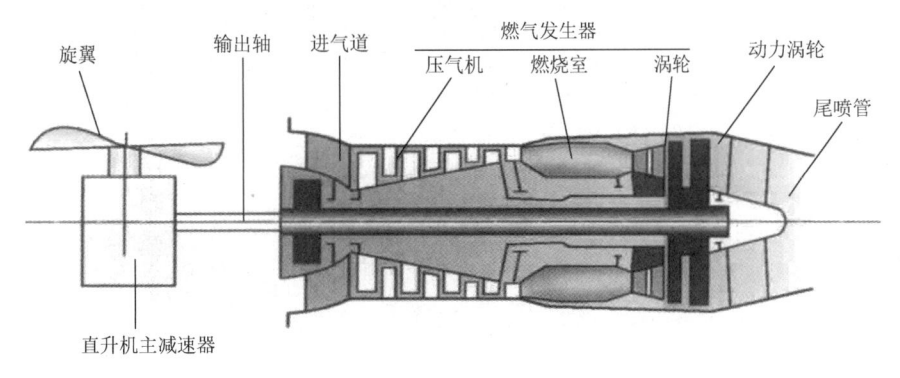

图 6.6 涡轴发动机示意图

3. 冲压式发动机

随着航空技术的发展，人们开始研发适用于超音速和高超音声速飞行器的航空发动机。音速是空气中小扰动的传播速度，与空气的状态相关，空气密度越大声速越高。在平均海平面一个标准大气压下，音速约为 340m/s。

目前广泛使用的是喷气式发动机，包括涡轮喷气发动机、涡轮风扇发动机和涡桨发动机，不同类型的发动机配备不同飞行速度的飞机。涡桨发动机适用于低速飞行，大涵道比涡轮风扇发动适用于亚音速及以下速度飞行，小涵道比涡轮风扇发动适用于 M 为 2 左右超音速及以下速度飞行，涡轮喷气发动机适用 M 为 3 左右的超音速及以下速度飞行。飞行速度更高时，只能使用冲压式发动机。

冲压式发动机又分为亚燃冲压发动机和超燃冲压发动机，区别在于前者是亚音速气流在燃烧室燃烧后喷出，后者是超音速气流在燃烧室燃烧后喷出。一般亚燃冲压发动机可以胜任 M 为 3~5 的超音速飞行，而超燃冲压发动机可以胜任 M 为 5~10 的高超音速飞行。

冲压式发动机在低速条件下是不具备工作能力的，而任何飞行器的飞行都是从低速开始的，从而使得只配备冲压式发动机的飞行器无法自主由低速起飞，一般采用两种方式来解决这个问题：一是由其他飞行器辅助其完成低速飞行，当飞行速度达到启动条件后再启动冲压式发动，这种情况多为飞机挂载小型专用飞行器，如导弹；二是把冲压式发动机与其发动机进行组合，构成具备多种工作状态的组合发动机，低速和高速用不同的状态工作，适用于所有飞行器。如涡喷/亚燃冲压组合发动（也称变循环发动机），低速时以涡喷状态工作，当速度达到冲压式发动机启动条件时，通过发动机的控制活门使发动机转换为冲压式发动机状态，从而实现飞行器的高速飞行。图 6.7 为涡喷/亚燃冲压组合发动机示意图[6]。

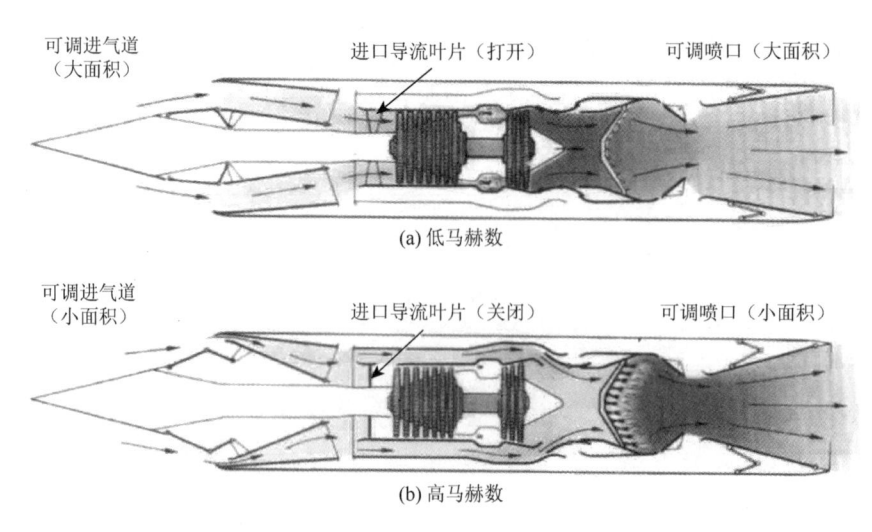

图 6.7 涡喷/亚燃冲压组合发动机示意图

6.2.2 高原环境对航空发动机起动性能的影响

我国幅员辽阔，地势西高东低，夏季大部分区域普遍高温，冬季南、北温差较大，这些自然条件为飞机发动机的工作带来了不利影响。为适应飞机远距离转场的需要，航空发动机应具有在高、低温及高原环境下起动并加速到中间状态的能力。地面大气温度条件变化对发动机起动性能的影响主要体现在以下几个方面[8-14]。

1. 空气密度的变化

随纬度、高度和太阳日照情况的不同，大气温度发生改变，气温的变化将会引起空气密度的改变，从而使进入发动机的空气质量流量变化。此时，若供油量不变，则余气系数将发生改变，进而影响发动机的点火性能和起动性能。这些影响包括改变燃烧室出口温度、压气机工作特性、涡轮工作特性和发动机的起动时间，影响严重时将导致起动失败。

2. 燃油密度的变化

在发动机调节规律不变的条件下，供给发动机的燃油体积流量特性将保持不变。当气温变化时，飞机油箱内燃油的密度将发生变化，从而使供给发动机的燃油质量流量特性发生改变。若供油质量流量增加，燃烧室出口温度增加，严重时发动机起动超温导致起动失败；若供油质量流量减少，则涡轮功减少，起动时间加长，严重时形成发动机热悬挂，导致起动失败。此外，燃油温度的变化还将引起燃油性的变化，改变燃油的雾化效果，进而影响发动机的起动性能。

3. 滑油温度的变化

大气温度的变化还将引起发动机滑油箱内的滑油温度变化，滑油温度的变化将改变滑油的性能。大气温度升高，滑油降低，影响润滑的效果；大气温度降低，滑油增加，起动过程中发动机转子的阻力矩增加，起动困难。

4. 其他影响

大气温度条件变化还将对发动机起动带来其他影响，如用电机起动的发动机，低温使得电池内阻增加，引起起动机的输入电压降低而功率减小，导致发动机起动缓慢、起动时间不正常，甚至起动失败。同时，O形密封圈在低温条件下弹性变差，可能引起严重的泄漏。齿轮箱比其内部的齿轮收缩得更快，引起严重的节线干涉，造成齿轮磨损甚至损坏。在低温极端条件下的初始起动，将引起滑油压力"突升"，滑油压力的迅速增加有时使油滤壳体爆裂，并使滑油管产生裂纹。

此外，在地面高原大气条件下，海拔越高，空气密度越低，使得进入发动机的空气质量流量减少，余气系数降低，燃烧室出口温度升高。余气系数降低，富油造成点火困难,严重时导致点火失败;燃烧室出口温度升高,造成发动机过热,压气机靠近热边界和喘振边界,严重时导致起动失败。

6.2.3 高原环境对航空发动机推力性能的影响

外界环境对航空发动机的工作状态影响明显,尤其是在高原地区,复杂极端天气频发,对发动机的影响不仅仅体现在推力和油耗等性能方面。在实际飞行中,常见影响发动机工作状况的主要因素包括大气温度、大气压力、大气湿度等。高原环境会直接导致发动机稳定工作余度降低,而在余度降低后想要维持正常运转,就对航空发动机提出了更加严格的要求[13]。

1. 高原大气温度对航空发动机推力的影响

大气温度除了对航空发动机的起动产生较大影响外,也对发动机的推力有显著影响。当大气温度降低时,发动机推力增加,主要有两方面原因:一方面,空气密度增加,同时空气更加易于压缩导致发动机增压比变大,促使空气质量流量显著增加;另一方面,当涡轮前温度一定时,发动机加热后有更多的热能转换成气体动能,气体速度增量增加。同时,大气温度降低,由于发动机增压比增加,总效率增加,燃油消耗率降低。

在发动机参数保持不变的情况下,根据实验结论,大气温度对发动机推力的影响可由式(6-1)表示:

$$\frac{R}{R_0} = \left(\frac{T_0}{T}\right)^2 \tag{6-1}$$

式中,T_0 为海平面标准大气温度;R_0 为海平面标准大气下的推力;T 为非标准大气温度;R 为非标准大气温度时的推力。

2. 高原大气压力对航空发动机性能的影响

在同样的大气温度下,大气压力增加时,空气密度增加,空气质量流量增加。同时,由于大气压力增加,发动机各截面气体压力成比例增加,喷管中气体的膨胀能力(膨胀比)不变。所以,发动机推力随着大气压力的增加成正比增加。大气压力对发动机推力的影响可由式(6-2)表示:

$$\frac{R}{R_0} = \frac{P}{P_0} \tag{6-2}$$

式中,P_0 为海平面标准大气压力;R_0 为海平面标准大气下的推力;P 为非标准大气压力;R 为非标准大气温度时的推力。

6.3 航空器及其高原性能

飞机一般指固定翼飞机,其是常见的航空器,但航空器并不只有飞机。航空器包括人造的各种能在空气中飞翔的物体。目前人们认识到的航空器除了飞机之外,还有飞艇、直升机和滑翔机等。本节主要对飞机的飞行原理和高原飞行性能进行简要介绍。

6.3.1 飞行原理

1. 升力和阻力的特性

在实际的工程应用中，飞机的升力和阻力常按以下的公式计算：

$$L = \frac{1}{2}\rho v^2 S C_L \tag{6-3}$$

$$D = \frac{1}{2}\rho v^2 S C_D \tag{6-4}$$

式中，L 为升力；D 为阻力；ρ 为当地空气密度；v 为飞机相对空气的速度，也称为真空速；S 为飞机的计算参考面积；C_L 为升力系数；C_D 为阻力系数。

飞机升力系数曲线如图 6.8 所示，飞机阻力系数曲线如图 6.9 所示。可见，升力系数随迎角的增加呈先增加再减小的趋势，升力系数的最大值对应的迎角为临界迎角，超出此迎角时升力系数不增反降，而且是快速下降，称为失速。失速是一类重要而危险的飞行现象，在正常的飞行中应避免。

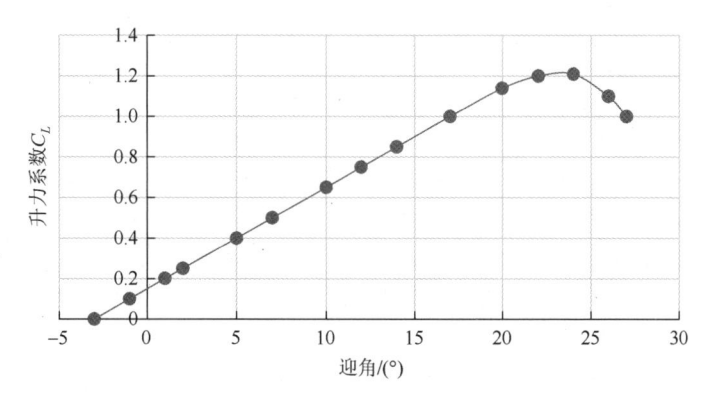

图 6.8 飞机升力系数曲线

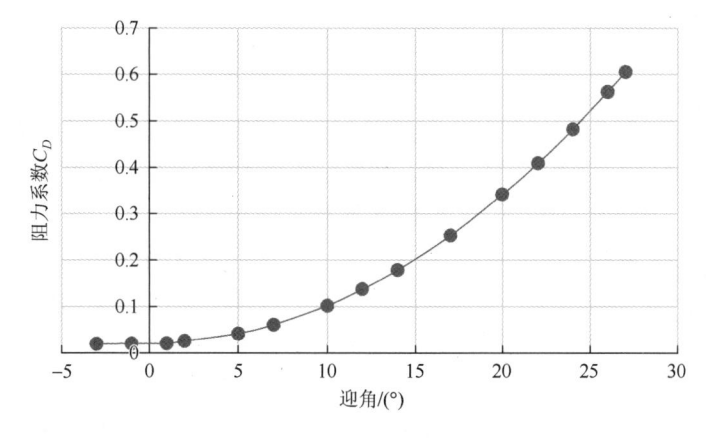

图 6.9 飞机阻力系数曲线

有了升力系数曲线和阻力系数曲线，就可以计算飞机的升力和阻力。

为了反映飞机的升力特性和阻力特性的相关性，常采用极曲线描述飞机的气动力特性，如图 6.10 所示。图 6.10 中，纵轴是飞机的升力系数，横轴是飞机的阻力系数，极曲线上标出的数字是飞机的迎角。极曲线上任一点与坐标原点连线的斜率是该迎角下的升阻比。

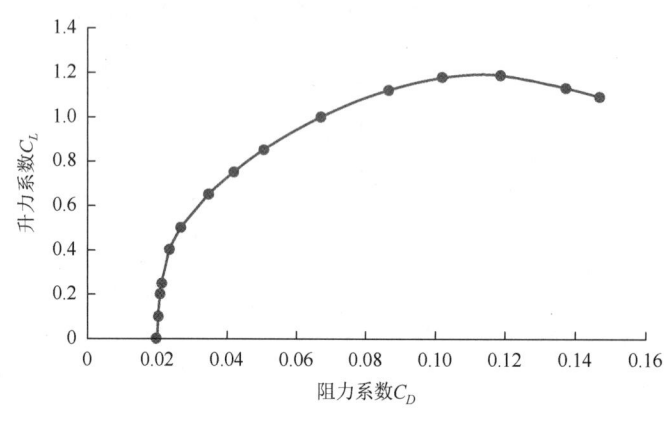

图 6.10 飞机的极曲线

2. 定常飞行的受力分析

要确定飞机的性能，最直接的方法是对飞机进行试飞验证。对所有的飞行条件都进行实验，这种方法代价太大，周期太长，可操作性差。然而，飞机性能是必须要完成研究和分析的，为了解决这个问题，人们采用对飞机的性能进行动力学建模的方式进行研究。首先，建立起完善的飞机动力学仿真模型。其次，通过试飞验证模型的有效性。最后，以模型为基础进行飞机的动力学仿真分析，获得所有的飞机性能数据。

但民航运营是从使用角度来研究飞机性能的，不是作为设计者来研究飞机的性能。从民航运营的角度研究飞机的性能，通常情况下并不需要飞机详细的动力学模型，只需从飞机使用的角度考虑影响飞机性能的主要因素，建立起简化的分析模型，就能满足民航运营对飞机性能数据的要求。

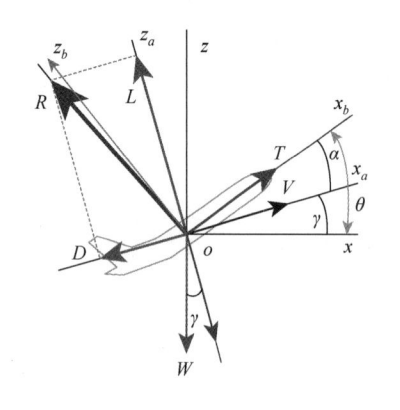

对于飞机动力学建模来说，首先要完成其受力分析。一般情况下，飞机的运动在导航坐标系下进行描述，而空气动力学模型在速度坐标系下进行描述，控制模型则适宜于在机体坐标系下进行描述。这样就涉及三个坐标系，为了简化，不考虑飞机的横向运动，只考虑垂直面内的运动，也就只需考虑垂直面内的受力和动力学建模。在图 6.11 中[15]，xoz 为导航坐标系的铅垂平面，飞行方向为 x，$x_b o z_b$ 为机体坐标系的纵向对称平面，机头指向为 x_b，$x_a o z_a$ 为速度坐标系的铅垂平面，速度方向为 x_a。飞机所受的重力 W 在铅垂直面内，飞机产生的升力 L 垂直

图 6.11 飞机用到的坐标系和受到的力

速度方向向上,飞机产生的阻力 D 平行于飞机速度,方向相反,发动机的推力 T 与机体纵轴平行指向机头方向。x_b 与 x_a 之间的夹角为迎角 α,x_b 与 x 之间的夹角为机体姿态角 θ,x_a 与 x 之间的夹角为航迹倾角 γ。

当飞机处于定常飞行状态(匀速直线运动)时,飞机的飞行速度大小和方向都不变,此时飞机所受的合外力为 0,故有

$$\begin{cases} T\cos\alpha - D - W\sin\gamma = 0 \\ T\sin\alpha + L - W\cos\gamma = 0 \end{cases} \tag{6-5}$$

考虑飞机飞行的迎角 α 都很小,可采用小角度近似,不考虑其影响,得

$$\begin{cases} T - D - W\sin\gamma = 0 \\ L - W\cos\gamma = 0 \end{cases} \tag{6-6}$$

其情形如图 6.12 所示[15]。

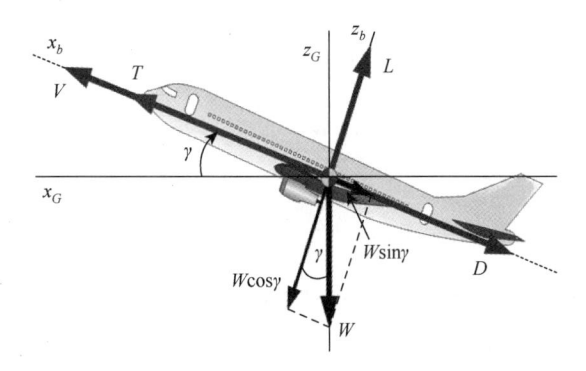

图 6.12 迎角为小角度条件下的飞机受力分析

如果飞机为平飞状态,则飞机的航迹倾角为 0,此时有

$$\begin{cases} T - D = 0 \\ L - W = 0 \end{cases} \tag{6-7}$$

此式说明,飞机要保持水平定常飞行,则所产生的升力需要与飞机自身的重力相平衡,所需要的推力恰好等于阻力。

3. 飞行高度对飞机性能的影响

按照标准大气模型,大气参数随高度增加呈一定的变化趋势,其中空气密度随高度增加呈减小的趋势。飞机在空中飞行时必须满足产生的升力与自身所受的重力相平衡的条件。按照飞机升力的计算公式,升力的大小与空气密度成正比,与飞行速度的平方成正比,与升力系数成正比。当飞机飞行高度较高时,由于空气密度下降,为了保持足够的升力,只能采取提高飞行速度或增加升力系数的方法。但是由于飞机的升力系数随迎角的增大受到临界迎角的限制,如果飞机重量足够大,最终只能选择提高速度来获得足够的升力。

在高原或高高原飞行时,典型的影响就是高度引起的空气密度的降低,为了保持相同的升力,必须增加飞机的迎角或提高飞机的速度。另外,高度的增加还会引起发动机推力的降低,这些都是对飞机飞行性能产生的不利影响。

图 6.13 是飞机的需用推力曲线和可用推力曲线[15]，横坐标为飞机的空速。需用推力是指飞机在当前载重和当前飞机气动构形下实现平飞所需要的发动机推力；可用推力是指在当前高度条件下飞机发动机所具有的推力。图 6.13 中的虚线为飞机发动机在高度 H_2 ($H_2>H_1$) 时的可用推力曲线，该曲线与需用推力曲线相交的两点间的范围随着其向下移动而逐渐缩小。说明随着飞机飞行高度的增加，飞机的飞行速度范围在缩小。

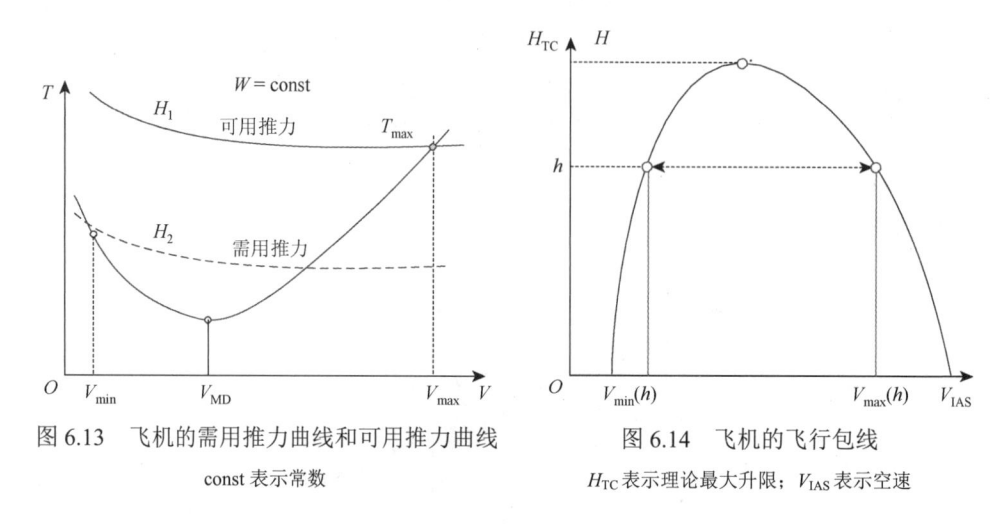

图 6.13　飞机的需用推力曲线和可用推力曲线

const 表示常数

图 6.14　飞机的飞行包线

H_{TC} 表示理论最大升限；V_{IAS} 表示空速

如果把飞机不同飞行高度的飞行速度范围画出来，就形成飞机的飞行包线，如图 6.14 所示[15]。它是描述飞机在不同高度飞行时，飞机所能飞行的最大速度和最小速度的曲线，也给出了飞机所能达到的最大飞行高度。

6.3.2　高原环境对飞机性能的影响

本节针对高原环境对飞机性能的影响，对比民用飞机和军用飞机的特点，分析高原频发的恶劣天气对飞机飞行安全的影响。无论是民用飞机还是军用飞机，恶劣天气对飞机安全飞行的影响主要体现在三个方面。

（1）雨量过大导致发动机吸入水量大增，是否会引起发动机熄火；

（2）风速过快和强烈的风切变是否会对飞机操作造成严重影响，甚至超过允许过载而导致飞机结构损坏；

（3）穿过雷雨云是否会受到雷击以至于电子设备和机体结构受损。

对于雨量过大的影响，民航机的发动机可靠性比军机更高，即便熄火，再点火的成功率也更高。而在实践中，如果雨量过大，操作手册会要求飞行员将点火开关放在持续点火位，而军机发动机燃烧室温度更高，对水量的容忍度更高，所以这方面不存在明显差异。对于风速过快的影响，风速再快终归是要能吹动飞机才能起作用，故民航机庞大的体积和重量决定了其抗侧风和变速风的能力要强于战斗机，但强多少则与民航机大小直接相关；而对于风切变，民航机的可用过载通常不超过 4，这个过载对战斗机来说是微不足道的，实践中民航机碰上风切变而导致飞机舵面受损的情况多有发生，战斗机则要罕见得多。对于雷击的影响，不管是民航机还是军机，看到雷雨云都要绕路，但是在起降过程中还是不可避免地要穿过云层而被雷击，而军机在设计上由于电磁防护和结构强度余量较大，抗雷击能力是要超过民航机的。综上所述，民航机对恶劣天气容忍度高主要体现在降落时遇到强侧风环境，由于重量大，可接受的侧风风速会比军机更高；但是对军机飞行员来说，大侧风降落也是必修科目，不是不能降落，而是不鼓励在此环境下执行。

飞机的静稳定性指的是飞机平稳飞行时，受到轻微扰动后，是否有恢复到原有飞行状态的趋势。对于静稳定设计的飞机，飞行过程中受到侧风或其他因素干扰，导致偏航或姿态变化，在外力消除后会自动恢复原状，飞行员无须时时关注，从而降低操纵负担。民航客机之所以飞得稳，原因是民航飞机是静稳定设计，而现代战斗机追求的是高机动性，故而采用静不稳定设计。静稳定设计的飞机失去动力后，理论上就是一架可控的滑翔机。因此，民航客机本身就比现代的战斗机飞行更稳定，再加上其基本在对流层顶飞行，环境条件较为平稳，所以，相对来说民航客机乘坐起来会显得更平稳。飞机的静稳定设计对其抗突风或风切变的能力有帮助，但对稳定的侧风环境下的操控性能没有显著影响。

实际上，民航客机没有高原和普通之分，但高原地区空气稀薄、密度小，会导致发动机推力不足。很多高原机场受净空、气象、机场设备等条件影响，对飞机的性能提出更高的要求。为了飞行安全，需要对飞机发动机进行改装，以适应高原飞行的更高要求。

6.4 高原环境对飞行的影响

在高原飞行中，高原特殊的地理环境和气象条件是影响飞机运行安全的主要因素。高原飞行与一般飞行的区别除了对机组飞行技术的要求更高外，还要特别考虑高原环境对飞行的影响。

航空公司一般会从机长教员等技术等级较高的飞行员中选拔参与高高原航线运行的机长和副驾驶。所有执飞高高原机场的飞行员都要具备风切变、客舱释压、单发飘降、襟缝翼卡阻等各种高高原特情处置的能力。对于副驾驶而言，必须要有 500 小时以上飞行经历，而且要在类似昆明等高原机场有过飞行经历的飞行员，才能获得参加高高原航线副驾驶的培训资格。而对机长飞行经历的要求，是 800 小时以上，才能获得参加高高原航线培训的资格。培训内容既有理论知识，包括高高原机场的特性、机场条件、机型特点、突发情况应急处理等，又有模拟真实飞行的模拟机训练。另外，为了确保航线安全，民航局规定高高原航线运行需配备双机长。平原航线一般只需要一个机长和一个副驾驶，而高高原航线需要两名机长和一名副驾驶，这样做是为了进一步加大高高原航线的安全系数。

6.4.1 高原环境影响飞行的主要因素

1. 高原环境对飞机性能的影响

现代飞机的飞行性能得到了很大的提高，飞机可以很容易地飞越高山，但仍然无法避免在高原机场起降的问题。人们所说的高原机场飞行问题，其实主要指在高原机场终端区的飞行，即起飞、进近、降落和快速过站等问题。

高高原机场的一大特点是海拔高、空气稀薄、密度小。因此，普通民航客机在高高原机场上起飞时，发动机会因为没有吸入足够的空气而导致性能急剧衰减，再加上相同速度时高高原条件下机翼的升力更小，这就导致飞机如果使用和普通机场相同的起飞推力，起飞滑跑距离会大大加长。所以，执飞高高原航线的飞机，发动机都要改装，换装推力更大的发动机。

例如，用于执行高高原航线的空客 A319，用的是和空客 A320 同款的 CFM-56 发动机，推力达到 2.7 万磅，而普通的空客 A319 飞机推力只有 2.4 万磅。

飞机在起飞时，随着高度的增加，空气密度降低，为了达到起飞要求，起飞速度必须相应地提高。表 6.1 显示了在相同飞机重量条件下空气密度和起飞速度随高度的变化情况[16]。

表 6.1　空气密度和起飞速度随高度的变化情况

高度/ft	高度/m	$\rho/(kg/m^3)$	ρ/ρ_0	V_{TOF}/V_{TOF0}	$V_{TOF}/(m/s)$
0	0	1.2250	1.0000	1.0000	90
4000	1220	1.0879	0.8881	1.0611	96
5000	1524	1.0556	0.8617	1.0773	97
6000	1829	1.0240	0.8359	1.0938	98
7000	2134	0.9930	0.8106	1.1107	100
8000	2439	0.9629	0.7860	1.1279	102
10000	3049	0.9047	0.7385	1.1637	105
12000	3659	0.8492	0.6932	1.2011	108
14000	4268	0.7963	0.6500	1.2403	112
16000	4878	0.7460	0.6090	1.2814	115

注：ft 为英尺，1ft=0.3048m；ρ 为空气密度；ρ_0 为平均海平面的空气密度；ρ/ρ_0 为给定高度的空气密度相对平均海平面空气密度的比值；V_{TOF} 为飞机的起飞速度；V_{TOF0} 为平均海平面的飞机起飞速度；V_{TOF}/V_{TOF0} 为给定高度的飞机起飞速度相对平均海平面飞机起飞速度的比值。

这里并没有考虑发动机推力的减少。实际上，随着空气密度的降低，发动机的推力也存在下降的趋势。因此，随着空气密度的减小，发动机推力在减小，相同的速度产生的升力也减小，使得飞机起降性能下降。同样，由于空气密度降低，飞机在高原机场飞行时阻尼特性降低，造成飞机的动稳定性下降，为飞行员操控飞机带来困难和特殊的训练要求。

2. 高原缺氧对飞行的影响

高高原机型与普通客机的不同还在于它的氧气系统。普通航线如果在巡航高度发生客舱失压，位于每个座椅上方的氧气面罩会释放下来，机载制氧系统会通过化学制氧的方法为每个氧气面罩提供氧气，机载制氧系统提供的氧气可供全机人员呼吸 15~20 分钟，在这段时间内飞行员会尽快把飞机的飞行高度降低到海拔 3000m 以下，否则乘客就有缺氧窒息的危险。但高高原航线就不一样了，如果在巡航高度发生客舱失压，由于地形限制，飞行员是无法在短时间内将飞机飞行高度降低到海拔 3000m 以下的。因此，高高原机型的机载制氧装置必须能提供较长时间的氧气供全机人员使用。

同样，由于高原机场缺氧，飞行员自身的感知和能力也会受到不利影响。飞行员的视觉清晰度由于缺氧而恶化，飞行员对外界情况的敏感性变得更差，判断和决策的能力变慢，这些都将影响飞行员处理紧急情况。高原机场对飞行员感知能力的影响因素非常复杂，有时具有不确定性。海拔越高，空气密度越低，缺氧越严重，影响越严重，短时间缺氧和长时间缺氧对人体的影响也是不同的。经验表明，不同的过渡过程对人们进入高海拔地区反应的影响是不一样的。

3. 高原其他环境对飞行的影响

通常情况下，高原机场地形复杂，净空环境差，而飞机起飞爬升轨迹和进场降落轨迹都对地形有一定的要求，这些要求又与飞机的气动特性、发动机特性和飞行控制规律等相关，就为飞行员操控飞机增加了难度。

正如前文所述，高原具有与平原不同的地理环境，主要是地形复杂、起伏剧烈，地表海拔高。高原气象条件除高海拔引起的气温、气压和空气密度变化等外，受复杂地形和高海拔的影响，太阳辐射会造成垂直气流，地形会造成大气乱流的产生。这些导致高原机场和高高原机场比普通机场具有更强的湍流、阵风和风切变，还有一些普通机场很少遇到的特殊气流，如气旋、强上洗、强下洗和侧洗气流等，为飞行安全带来了很大的挑战。

由于高原气候的多变，高原机场的能见度可以在短时间内迅速变化，这不仅造成飞机的飞行控制困难，还给飞行管理带来了困难。同时，高原机场的温度变化也很大。温度的变化会影响空气密度，从而影响飞机的起降性能。如果飞行员在起飞和降落时忽略了这个因素，可能会导致严重的问题。

另外，由于高高原航线使用的飞机经过特殊改装，其维护保障成本高于一般飞机。加上高原地区空气稀薄，使飞机的有效商载降低，载客量减少，而且根据民航局规定必须配备双机长以应对复杂的情况，造成高原航线和高高原航线运营成本偏高。

6.4.2　起飞离场

飞机的起飞阶段是飞机飞行中的重要阶段，飞机的起飞性能也是飞机性能描述的一个重要组成部分，对确保安全飞行和民航运输的经济性都具有重要意义。按照中国民用航空局 CCAR-25.111 的规定，民航运输机的起飞航迹从静止点起一直到下列两点中较高者止[15]。

（1）飞机起飞过程中高于起飞表面 450m（1500ft）；
（2）飞机完成从起飞到航路形态的转变，并达到规定的速度和爬升梯度的一点。

飞机的起飞阶段包括起飞场道阶段和起飞航道阶段。起飞场道阶段是指从地面松刹车开始，滑跑，离地，一直到飞机离开地面 10.5m（35ft）时止。起飞场道阶段包括地面加速段、抬前轮离地段和空中加速段。起飞航道阶段是从飞机离地面 35ft，速度达到 V_2 起，一直爬升到 450m（1500ft）时止，包括第一爬升段、第二爬升段、平飞加速段和最后爬升段，如图 6.15 所示[15]。

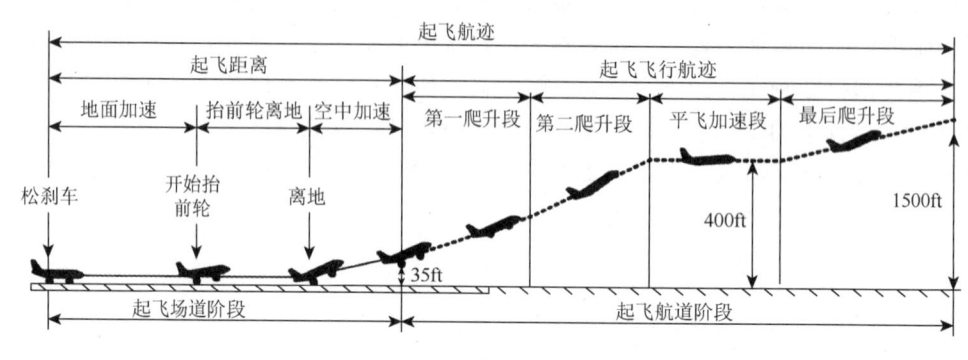

图 6.15 起飞航迹和阶段划分

为了确保飞行安全，《中华人民共和国民用航空法》规定，飞机在起飞阶段要确保以下所有选项的安全：

（1）实现飞机全发起飞；
（2）飞机在临界发动机失效后继续起飞；
（3）飞机在临界发动机失效后的终止起飞。

临界发动机（关键发动机）失效是指在当前飞机形态和气象等运行条件下，失效时对飞机的操纵带来最大影响的发动机。例如，双发飞机一般在横风上风处的发动机是关键发动机，此时由于横风的影响，飞机的尾翼将使飞机产生向横风方向的偏转力矩，正常飞行时需用方向舵进行平衡。如果此上风处的发动机失效，导致另一台发动机也产生向上风方向偏转的力矩，于是对方向舵平衡力矩的要求提高了，也就是影响最大[15]。

为了实现以上三种可能选项的安全运营，飞机的决断速度 V_1 就显得尤为重要。决断速度可以通俗地理解为飞机中止起飞的最后决定速度，在此速度（含决断速度）之前，飞机可以终止起飞，在此速度之后，飞机将只能选择继续起飞。此决断速度的大小决定了飞机中断起飞所需要的加速停止距离，也决定了飞机继续起飞所需要的起飞滑跑距离。在高原或高高原条件下，由于飞机发动机推力的下降和空气密度的下降，飞机的决断速度将不同程度增加，从而对飞机跑道的长度提出了更高的要求，主要是飞机需要更长的距离才能在跑道的终点停下来，或在跑道的终点达到起飞条件。同时，由于空气密度的降低，飞机在同等形态、同等速度的条件下所能产生的升力将下降，从而导致飞机在高原或高高原机场起飞时的最大起飞重量下降。

1. 高原条件对起飞速度的影响

飞机之所以能够在空中飞行，是因为飞机产生的升力平衡了飞机自身所受的重力。

从升力的计算公式可以看出，为了获得同样的升力，要么提高飞机的升力系数，要么提高飞机的速度，要么增加空气的密度。在升力系数、空气密度一定的条件下，要获得同样的升力，必然要求更高的飞行速度。从前面高原环境影响飞行的主要因素分析中可知，在 2438m 高度处的飞机产生同等升力时，与平均海平面所需速度相比，速度需提高到原来的 1.13 倍。如果平均海平面飞机的起飞速度为 90m/s，不考虑飞机推力的损失，则飞机起飞离地速度随机场海拔的变化如图 6.16 所示[16]。

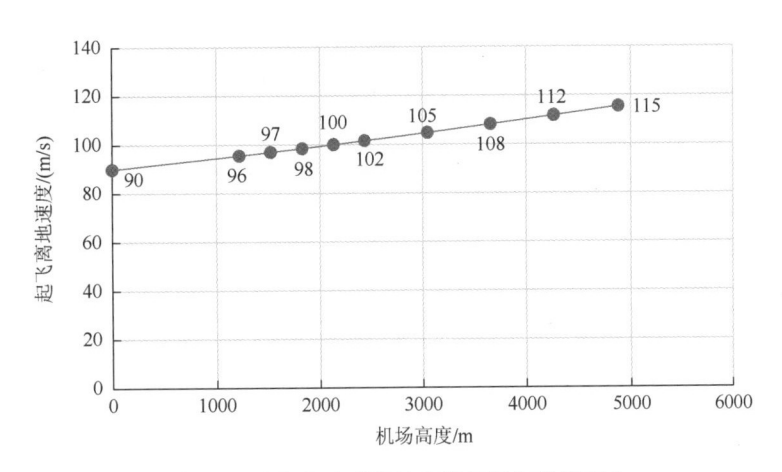

图 6.16　飞机起飞离地速度随机场海拔的变化

同时，由于飞机停止是由飞机的刹车能力限制的，飞机的地面滑跑速度是由飞机的轮胎滚动速度决定的，所以限定飞机起飞速度的还有刹车能量的限制和轮胎最大速度的限制。前者限定了决断速度 V_1，后者限定了飞机的离地速度 V_{LOF}。

2. 高原环境对最大起飞重量的影响

限制飞机最大起飞重量的因素有很多，但在高原和高高原环境下，有特殊影响的因素有以下几个方面。

1) 刹车能量限制的最大起飞重量

飞机在起飞时，为了保障中断起飞时的安全，防止刹车系统烧毁，受刹车系统吸收能量的限制，飞机的最大滑跑速度受刹车能量限制，其最大刹车能量限定的速度为 V_{MBE}。在高原和高高原条件下，机场气压高度高，如果飞机的最大起飞重量较大，将导致决断速度 V_1 大于 V_{MBE} 的情况发生，这时需要减轻飞机的起飞重量，使 $V_1 \leqslant V_{MBE}$ 成立。

2) 轮胎速度限制的最大起飞重量

飞机在起飞时，相对地面的速度是由轮胎在地面的滚动速度决定的，为了防止轮胎在地面上高速旋转发生破坏，对飞机的地面滑跑速度规定了最大限制值 V_{TIRE}。如果飞机在离地瞬间的地面滑跑速度达到了最大轮胎限制速度，则此时飞机的起飞重量就是轮胎最大限制速度决定的最大起飞重量。

3) 爬升梯度限制的最大起飞重量

在同等条件下，飞机的起飞重量越大，飞机的爬升梯度越小。在高原和高高原条件下，由于地理条件的复杂性，为了保障安全飞行，经常需要飞机在起飞离地后，以较大的爬升梯度爬升到安全高度，从而对飞机的最大载重量做出限制。

4) 最低安全高度限制的最大起飞重量

在高原或高高原条件下，飞机的航线最低安全高度也会限制最大起飞重量。这是因为在巡航中，如果发动机一发停车，飞机的改平飞高度要降低，而单发失效后的改平飞高度是随飞机重量的增加而降低的，如表6.2所示[15]。

表6.2 某型飞机的改平飞高度

重量 /1000kg	改平飞高度/ft		
	ISA+10℃或更低	ISA+15℃	ISA+20℃
120	20400	19300	18000
110	22800	21900	20900
100	25400	24600	23600
90	28000	27300	26500
80	31000	30200	29500
70	34200	33500	32800

若该飞机在巡航阶段，重量为100000kg时一发停车，大气温度为ISA+10℃，则此时飞机的改平飞高度为25400ft。若恰好飞机在飞行的航线上有高度为25400ft的高山地区，则起飞时必须考虑该限制，降低飞机的最大起飞重量。

3. 高原条件对需用跑道长度的影响

通过前面可以了解到，飞机的决断速度 V_1 是判断继续起飞或中断起飞的重要条件。在满足规章的条件下，V_1 选取较小时，全发加速距离较短，飞机中止起飞时，需用的加速停止距离较小，但是飞机需要继续起飞时的加速距离较长。在高原或高高原条件下，空气密度的降低必然导致飞机起飞速度增加，从而对继续起飞距离提出了更高的要求。但无论是加速停止距离还是继续起飞距离的长度，都受机场跑道长度的限制。

6.4.3 进近着陆

飞机在飞行过程中一般经历起飞、爬升、巡航、下降、进近和着陆几个阶段。进近与着陆是非常重要的飞行阶段，有统计数据表明，超过一半的飞行事故发生在进近着陆阶段，所以该阶段是所有民航运营人员都应重点关注的阶段。按1995~2005年的统计数据，飞行各阶段航空事故在总事故中的占比情况如图6.17所示[15]。

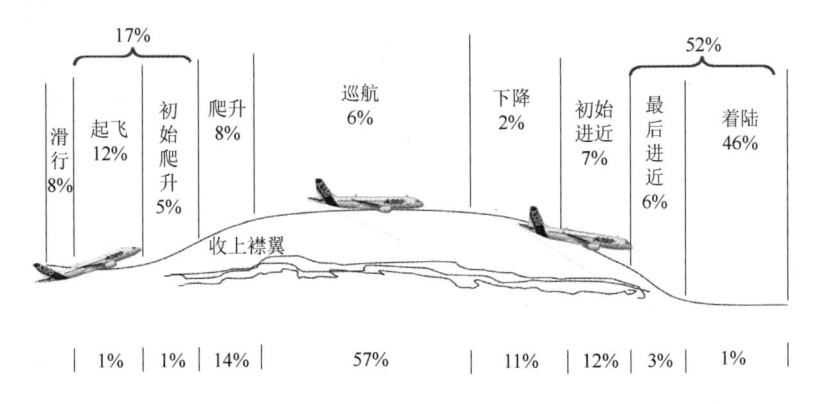

图 6.17 飞行各阶段航空事故在总事故中的占比情况

从飞行程序的角度上讲，飞机从巡航飞行高度到降落在机场，需要经历进场和进近两个阶段。进场的起点是航线上的航路点，终点是机场上的起始进近点或等待程序。进近阶段的起点是起始进近点，终点是机场跑道，如果经历复飞，则终点是指定的起始进近点。

从飞行性能的角度来考虑，飞机从起始进近点到静止在机场跑道上，可以分为进近阶段和着陆阶段。按照这种划分，进近的起点是起始进近定位点，终点是飞机距离跑道地面以上 10.5m（35ft）的位置。着陆的起点是飞机距离跑道基准高度以上 10.5m（35ft）的位置，终点是飞机在机场跑道上完全停下来的地点，如图 6.18 所示[15]。

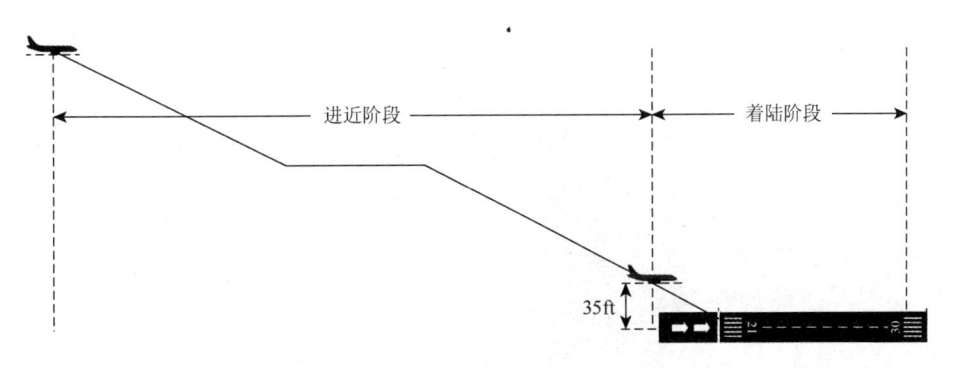

图 6.18 进近与着陆剖面图

为了确保飞机着陆安全，必须建立稳定的进近。对运输类飞机来说，稳定进近是飞机安全进近和着陆的一个重要条件，稳定进近的特征是保持恒定的下降航迹角和下降率的进近剖面，直至开始着陆动作。

在给定飞机着陆重量、飞机气动性能、飞机刹车性能和机场跑道长度的条件下，飞机要保持稳定进近，必须达到相应的速度。而速度的大小直接决定了飞机在跑道上滑行的长度。对于高原机场或高高原机场来说，机场所在地的空气密度偏低，在产生相同升力的要求下，必然导致飞机下降速度和着陆速度偏高，从而使得飞机在跑道上的滑行距离偏长，飞机刹车系统需要吸收的能量偏大。在其他条件不变的前提下，飞机的着陆重量越大，需要飞机产生的升力相应增大，其对应的进近速度和着陆速度也越大。为了满足飞机在给定跑道上停止的要求和飞机刹车系统安全运行的要求，必然要限制飞机的最大着陆重量。

6.4.4 快速过站

过站时间是指前段航班到达本站计划开舱门至本段航班计划关舱门之间的时间。过站时间的长短决定了飞机的运营效率。航空公司为了经济效益，提高飞机的运行效率，必然要求缩短飞机的过站时间。限制飞机过站时间的因素有很多，如机务维修、乘客登机、食品准备、飞机加油和刹车冷却等。其中，刹车冷却时间是与上次航班降落时刹车使用的强度相关的。在其他条件不变的情况下，飞机的载重量与飞机的飞行速度的平方成正比。相同载重量的条件下，在高原机场和高高原机场，由于空气密度的降低，飞机的落地速度偏快，使得飞机有更多的动能转化为刹车的内能。而刹车吸收热能的容量是有限的，为了保证下次刹车使用时的安全性，必须要将飞机的刹车温度降低到指定的水平，从而限制了飞机过站的时间。

飞机着陆期间在跑道上减速滑跑或中断起飞时，其刹车系统（图6.19）起着极为重要的作用。刹车过程本质上是刹车系统吸收飞机动能的过程，冷却是刹车能量耗散的过程，而刹车系统本身的散热过程往往是缓慢的，刹车温度变化的一个显著特点是升温快而冷却慢。飞机刹车过程中由于巨大的动能转化为热能，来不及散出，容易引起刹车系统高温，甚至引起保险塞熔化，如图6.19（b）所示。在高原机场和高高原机场运行时，这种现象更加明显。

(a)　　　　　　　　　　　　(b)

图6.19　A319的分段式多圆盘刹车系统（a）及刹车系统受热（b）图

图6.20为空客飞机在3次起降循环中刹车系统温度的变化规律[17]。可以看出，

飞机在着陆瞬间产生较高的温度，在停放期间温度缓慢下降，在下一次滑行时温度又有小幅上升，说明刹车在使用中产生了新的热量。在经过多次循环起降后，飞机在停放期间的温度和飞机新一次降落前（刹车启用前）的温度都呈现逐渐增大的趋势。如果飞机反复起降，必然导致飞机刹车系统温度的持续升高。为了确保飞机刹车系统的温度不超过指定的温度，在飞机停靠期间应进行自然散热，必要时应进行强制散热。

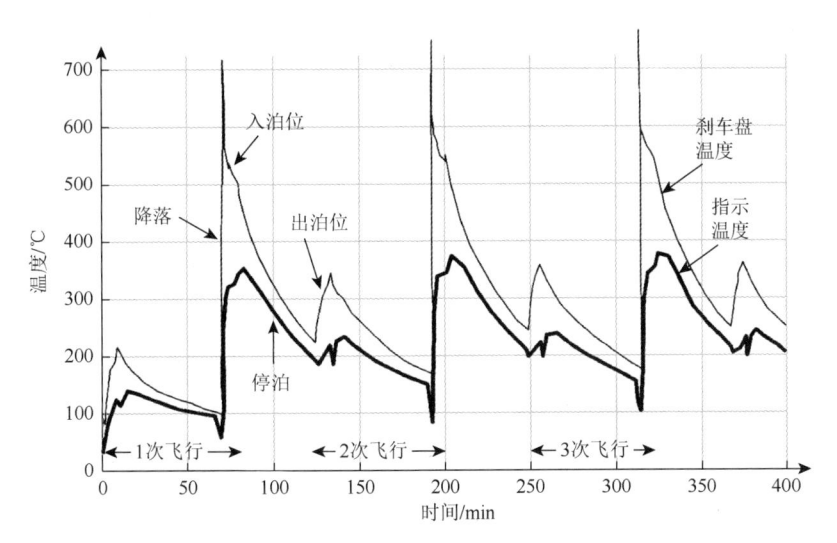

图 6.20 空客飞机 3 次起降循环中刹车系统温度的变化规律

每次飞机起降后，都要执行刹车能量检查，以能量大小决定飞机的冷却程序。如某飞机的冷却程序包括[15]：①无特殊程序要求的冷却；②在起飞前实施既定程序的冷却；③刹车保险塞可能熔断，此时应终止起飞并于 30 分钟后检查，起飞之后，至少应延伸传动装置 7 分钟；④保险丝熔断：在这一区域没有反向推力或者可用的制动装置，应立即清空跑道不能设置停车制动，在规定的冷却时间之前不要接近传动装置，不要尝试滑行，不要即刻起飞，注意火警装置。

思 考 题

1. 目视飞行规则与仪表飞行规则的区别在哪里？
2. 在执行飞行任务时，平原机场和高原机场对飞行的要求有哪些不同？
3. 喷气式航空发动机在高原运行需要考虑哪些因素？
4. 高原对飞行的影响有哪些方面？
5. 在高原机场起飞离场时，需要考虑哪些方面的因素？
6. 在高原机场降落时，需要考虑哪些方面的因素？
7. 如何提高在高原机场的快速过站能力？如果飞机频繁在高原机场起降，会存在什么问题？

参 考 文 献

[1] 中华人民共和国国务院，中华人民共和国中央军事委员会. 中华人民共和国飞行基本规则[Z]. 2000.
[2] 中国民用航空局. 民用航空空中交通管理规则（CCAR-93TM-R5）[Z]. 2017.
[3] 中国民用航空局. 一般运行和飞行规则（CCAR-91-R3）[Z]. 2018.
[4] 潘卫军. 空中交通管理基础[M]. 2版. 成都：西南交通大学出版社，2013.
[5] 赵廷渝. 航空燃气涡轮动力装置[M]. 成都：西南交通大学出版社，2004.
[6] 刘大响，陈光. 航空发动机：飞机的心脏[M]. 2版. 北京：航空工业出版社，2015.
[7] Rolls-Royce plc. The Jet Engine[Z]. Fifth edition Rolls-Royce，1996.
[8] 苗禾状，王朝蓬，朱哲，等. 航空发动机"三高"启动试验研究[J]. 工程与试验，2015，55（1）：38-42.
[9] 国防科学技术工业委员会. 航空涡轮喷气和涡轮风扇发动机通用规范（GJB241-87）[S]. 中华人民共和国国家军用标准，1987.
[10] 王兆铭，黄毅，李诗军，等. 某型航空发动机高原起动供油规律研究[J]. 航空发动机，2014，40（4）：30-33.
[11] 李一帆，唐庆如，杨晓强. 高温高原机场发动机起飞增推力装置分析[J]. 中国民航飞行学院学报，2010，21（6）：43-46.
[12] 郭昕，杨志军. 航空发动机高、低温起动及高原起动试验技术探讨[J]. 航空动力学报，2003，18（3）：327-330.
[13] 李凡玉，李军，江勇，等. 改善发动机高原地面起动性能的实验研究[J]. 空军工程大学学报（自然科学版），2012，13（5）：25-29.
[14] 刘志友，侯敏杰，马前容. 高度对航空发动机地面试验性能的影响[J]. 航空动力学报，2006，21（2）：381-385.
[15] 丁松滨. 飞行性能与飞行计划[M]. 北京：科学出版社，2013.
[16] Ziyan Z. Flying control and safety on plateau airports[J]. Procedia Engineering，2011，17：97-103.
[17] Olson E. How do aircraft brakes work？[EB/OL]. https://insights.globalspec.com/article/12903/how-do-aircraft-brakes-work.

第 7 章 高原航空应急救援

应急救援一般是指针对突然发生、具有破坏力的突发事件，采取预防、预备、响应和恢复的活动与计划。应急救援的工作目标是控制突发事件的发展与扩大，开展有效救援、减少损失和迅速组织恢复正常状态。高原地区特殊的地理环境和气象条件，对航空应急救援的工作提出了更高的要求。本章主要对高原航空应急救援的基础知识、高原机场航空应急救援和高原航线飞行突发事件应急救援进行概述和探讨[1]。

7.1 概 述

高原航空应急救援作为高原地区一种高效、迅速的救援手段，在各类突发事件中开展应急救援行动，具有独特的优势和特点。为了后续阐述方便，本节将从基本概念开始，逐一阐述高原航空应急救援的相关知识。

7.1.1 高原航空应急救援的概念

我国海拔 1500m 以上的高原约占全国陆地总面积的 1/3，高原地区高寒缺氧，地形起伏多变，为航空应急救援行动带来较大的困难。以地震为例，青藏高原地震区是我国最大的地震区，也是地震活动强烈、地震频发的地区。要发挥航空应急救援的优势，提高震区应急救援效率，需要结合高原震区的地理环境特点，制定专门的应急救援方案。可见，高原航空应急救援需结合具体情况开展。所以，研究高原航空应急救援问题，需结合高原地区的特点。

高原航空应急救援是应急救援的一种方式，特指在高原地区，采用航空技术手段和技术装备实施的一种应急救援，其在救援的目的和对象上同其他应急救援方式相比没有本质区别，但其独特之处在于所使用的技术条件和组织管理。航空应急救援使用了科技含量非常高的装备，需要通过特定的救援主体实施救援，并需要贯彻专业化的救援原则。航空应急救援充分体现了应急救援快速反应的原则，其在应急救援发展史具有重要地位。

根据应急救援的定义，狭义的高原航空应急救援是指政府在高原地区自然灾害、事故灾难、公共卫生事件和社会安全事件发生后，运用航空技术手段和技术装备进行的一系列以抢救幸存者为主要目的的救援行动。广义的高原航空应急救援是指由政府、军队、非营利组织等组成救援主体，运用航空技术手段和技术装备，面对各类突发事件相互协调配合，共同实施的救援行动，其目的在于最大限度地拯救人民生命、减少财产损失。

7.1.2 高原航空应急救援的主体

高原航空应急救援的主体与非高原地区的航空救援主体一样，主要包括政府部门、军队、非政府公益组织、商业化救援机构和公众五个方面[2]。

1. 政府部门

由于政府部门建立了较为完善的应急管理体系，通常能够在突发事件发生后的第一时间内接到报警信息，并在随后的应急救援过程中发挥领导作用。政府部门通过协调各方面的力量，调配各种资源，组织实施救援，往往处于应急救援工作的核心地位。因此，政府工作效率的高低，反应速度的快慢，采取的措施是否得当，将直接影响高原航空应急救援工作的效率和质量。为此，各国政府都在大力加强应急救援体系的建设，不断制定并完善各类应急响应与应急救援预案，力图加快反应速度，以更有效地应对各类突发事件。

2. 军队

军队等各类武装力量具有强大的组织性、战斗力和严密的纪律性，同时也拥有完善的后勤保障能力，尤其是强大的运输能力、卫生防疫能力等。在世界各国危险性较大、救援任务较为艰巨的救援活动中，军队无一例外，都扮演了非常重要的角色。

3. 非政府公益组织

国际社会中有众多的非政府组织，他们在各国政府、民间团体和各类公益性企业的慈善资助下，可以为突发事件提供紧急救援和各类支持，如著名的国际红十字会、红新月会等。这些组织具有丰富的、专业的应急救援经验，能提供各类专业物资、器材和人员，并能够随时应对突发事件。同时，这些组织还能够提供专业化的救援指导和培训，这往往对提高应急救援的效率和恢复受灾受困人员的信心，能起到意想不到的作用。

4. 商业化救援机构

近年来，国内外出现了一些专业性很强的商业救援机构。这些机构通常与保险公司、医院以及车辆维修企业等密切合作，向参保的人员或特定人群提供应急救援服务。例如，国际上多家人寿保险公司与航空医疗救援公司合作，开展旅游意外伤害的救助服务。当投保人在某地探险、旅游突发健康意外时，由保险公司负责与遍布全球的签约航空医疗救援公司联络，通过包机运输的方式，将发生意外的人员运送到该保险公司签约的医院进行救助。目前这种方式在国外已开展多年，拥有大量的投保人群，经济效益和社会效益都非常明显。我国在民政部门的组织下，组建了中援应急投资有限公司，逐步开展陆地、海上等各类应急救援服务。平时，该公司作为商业化力量独立运行，遇到重大自然灾害发生时，该公司即作为一支专业的救援力量投入到应急抢险工作中。

5. 公众

公众，一方面包括突发事件的直接受害者；另一方面，包括突发事件的最先发现者，他们拥有突发事件最直观、最准确的大量有效信息。在汶川大地震发生后，大量受灾群众或自发或在当地政府组织下，积极参与救援活动，为赢得救援时间、降低死亡人数做出了巨大贡献。公众实施的自救和互救，能够在一定程度上填补专业救援队伍赶到前救援力量的真空。

7.1.3 高原航空应急救援类型及特征

1. 高原航空应急救援的类型

高原航空应急救援的类型很多，但基本上可以分为以下四大类：自然灾害救援、事故灾难救援、公共卫生事件救援、公共安全事件救援。

1) 自然灾害

自然灾害主要包括水旱灾害、气象灾害、地震灾害、地质灾害、生物灾害和森林草原火灾等。由于高原地区属于自然灾害频发的区域，此类航空应急救援比例较高，作业类型繁多，是我国航空应急救援作业的主要应用领域。

2) 事故灾难

事故灾难主要包括企业的各类安全、交通运输、公共设施和设备等事故，以及人为环境污染及生态破坏事件等。近年来，随着我国经济的快速发展，各类工业事故一直处于高发态势，因此，航空应急救援在我国各类工业事故、重大交通事故救援中具有极大的需求空间。

3) 公共卫生事件

公共卫生事件主要包括群体性不明原因疾病、各类传染病、食品安全和职业危害、动物疫情，以及其他严重影响公众生命安全和健康的事件。通常，公共卫生事件中所需要的航空应急救援服务是指各类专用器材、药品的高精度定点快速运输和投送，重大传染疾病的专用药剂的空中喷洒、特定救援医护人员、伤病员的输送等活动。

4) 公共安全事件

公共安全事件主要包括经济安全事件、涉外突发事件和战争等。在和平年代，公共安全事件发生时，常常离不开以直升机为主体的航空应急救援作业。例如，2008年北京奥运会期间，北京市公安局成立了警用航空队，为奥运会的成功举办提供了强有力的安全保障。可以预测，未来我国警用航空在处置公共安全事件的同时，将执行更多涉及民生的事故救援活动。

2. 高原航空应急救援的特征

1) 救援范围广

从理论上讲，只要航空技术手段和技术装备跟得上，高原航空应急救援就可以在高原地区任意地点实施，这是航空应急救援的主要特色之一，也是其他交通方式难以实现的。当然,需要指出的是,高原航空应急救援除了需要投送和到达能力强外,救援的应用范围也非常广泛。例如,航空应急救援可应用于各种类型的自然灾害和突发事件中。

2)响应速度快

由于平时应急救援的值班水平较高,担负高原航空应急救援任务的无论是交通运输部门,还是消防部门、民航部门、应急管理部门,都建立了完善的值班响应制度,能够在得到准确的救援需求信息的情况下迅速起飞,执行相关应急救援任务。例如,某部门的救援直升机能够在 15 分钟内做好备航准备,并采取直线飞行方式,飞行速度高达 200km/h 以上。航空运输较快的速度优势,在高原山区更为明显。

3)科技含量高

高原航空应急救援一般使用技术含量高的航空器材以及高新技术,如通信、导航、医疗、气象、卫星技术等,并拥有高素质的救援团队和高效率的组织指挥,能够很好地完成应急救援任务。在高原航空应急救援的高科技应用方面,目前已经开始使用无人机进行灾害的现场勘查,或出动无人机与直升机配合,对遇险人员的预定区域进行搜索、航空摄影。通过这些手段,可极大地提高搜索和救援的效率,降低搜索成本,缩短搜索时间。

未来,救援直升机、无人机、卫星等将与各类传统的救援飞机一起,在地面保障设施和人员的配合下,更加安全、有效地实施突发灾害的高原航空应急救援工作。

4)救援效果较好

高原航空应急救援由于作业范围广、速度快、综合保障能力强等优势,在各类救援行动中展现出较好的救援效果。2007 年 6 月 26 日夜,某部门飞行队在鲁中地区的华能辛店电厂成功救起被困在 180m 高的烟囱顶上的两名遇险施工人员,体现了直升机在城市实施快速航空应急救援的特点。

高原航空应急救援由于其作业类型的特殊性,以及实施主体的多样性,在具备上述特征之外,还在具体实施过程面临各种各样的难点,有些难点是所有应急救援方式都面临的,而有些难点是高原航空应急救援方式特有的,主要有时间紧迫、任务复杂、环节众多、协调难度大。

7.1.4 高原航空应急救援的原则

随着经济社会的不断发展和资源环境条件的不断变化,高原航空应急救援的范围也在不断扩大。因此,开展高原航空应急救援活动,需要遵照快速反应、协调一致、注重安全、科学操作四个原则,实现最大限度地抢救人员生命和减少财产损失的目的。

1. 快速反应原则

灾难事故一般具有突发性,而且情况变化迅速,容易产生次生灾害。因此,在最短的时间内有效处理突发事件是应急救援的需要,也正是航空应急救援的优势。正因为如此,各类应急救援的主体必须设法用最快的速度,在最短的时间内到达现场,并采取一系列应急处理措施,及时提供各种救助,才能防止事态进一步蔓延、恶化,最大限度避免次生灾害。

2. 协调一致原则

在高原航空应急救援行动中,通常会涉及多个救援主体,即使在一次救援行动中也会涉及多个部门,如应急、公安、消防、卫生、机场、空管、通信、气象、民政、交通、铁路等。要确保高原航空应急救援工作的高效和迅速,各相关机构和部门必须在应急救援指挥中心(或相关应急处置指挥机构)的统一调配下,密切配合,最大限度发挥各部门的作用。

3. 注重安全原则

在高原航空应急救援的实施过程中,注意高原的地理环境和气象特点,施救方必须秉持"安全第一"的处置原则。这里的安全,不仅包括航空器自身的安全,同时还要设法确保被救人员的安全,体现以人为本的理念,确保整个高原航空应急救援行动安全、有序。

4. 科学操作原则

高原航空应急救援事业在我国尚处于发展建设阶段,再加上其本身的职业性较强,一般企事业单位和普通民众,对其不太熟悉和了解,缺乏关于这个领域的具体操作经验。相对而言,美国、加拿大、西欧、北欧、日本等国家和地区的航空应急救援较为成熟,它们都非常重视航空应急救援操作的科学性。在各类航空应急救援行动中,需要针对不同的灾害和事故,专门组织专家进行研究和论证,利用专家的专业知识和技术力量,提升救援操作的科学性和有效性。

总之,航空应急救援的各项工作必须遵循相应的原则才能最大限度地发挥出应有的作用,如果违背了相应的原则,有可能产生负面影响。因此,在高原航空应急救援过程中,切实遵守各项原则,将救援过程的方方面面处理好,才能发挥航空技术的优势,减少负面影响。

7.2 高原机场应急救援

高原机场应急救援属于高原航空应急救援范畴,是民航安全保障工作的重要组成部分。众所周知,从哲学的观点来看,安全是相对的,危险是绝对的。绝对的安全是难以达到或者根本无法实现的。当事故或灾害不可避免时,有效的应急救援行动是抵御事故或灾害蔓延并减缓危害后果的有力措施[3]。

7.2.1 高原机场应急救援概述

高原机场应急救援的首要目的是抢救生命和保障人民群众的财产安全,把紧急事件的恶劣影响降至最小。当应对发生在高原机场或其紧邻区域(指机场围界以内及距机场基准位置点 8km 范围内的区域）的飞机事故或事件时，机场的作用是至关重要的，因为这个区域里有挽救生命的最大机会。

当前，高原机场紧急事件的应急救援工作与其他机场一样，主要是由机场组织实施。

1. 高原机场应急救援与应急救援体系

高原机场应急救援属于航空运输灾害危机管理范畴，应急救援的根本目的是在航空运输灾害及其他影响机场运行的紧急事件临近或已发生时，在有效救援时间内采取救援行动，高效施救，尽最大可能减少生命和财产的损失。高原有其自身特殊的地理特点与生态环境，由此产生了特殊的应急救援需求。因此，平时需要加强高原机场应急机制的研究，建立应急救援体系，制定应急救援计划，及时有效地实施应急救援行动。一旦紧急事件出现，可以通过有计划的步骤行动、有效的应急救援体系来降低紧急事件造成的损失。

体系由若干相互联系、相互制约、相互依赖、相互作用的事物和过程组成，具有整体功能和综合行为的统一性。因此，应急救援体系是通过预先设计和应急措施，调用一切可以利用的力量，在紧急事件即将发生或发生后迅速消灭事件诱因或控制其发展，第一时间保障生命财产安全。

1）应急救援体系

应急救援体系，既涉及救援的组织机构，又涉及救援的各类保障，它包含救援系统的各个要素，同时需要响应程序来实现其功能，其主要包括几个方面的内容：紧急事件预测和信息接收、预案管理、应急救援行动的开展、应急救援培训和演练、恢复工作等事务。该体系是一个以控制和消除紧急事件，使紧急事件造成的损失程度降低到最小的、由若干相互联系和作用的应急要素组成的有机体。

2）机场应急救援体系

机场应急救援在航空安全管理中占有重要地位，按照民航规章要求，各个机场在相关管理程序和咨询通告的指导下，应建立以公众教育、应急准备、快速响应和事故恢复为主的应急救援体系。

中国民用运输机场紧急事件分为航空器紧急事件和非航空器紧急事件两类[4]。在民用机场及其邻近区域内发生的航空器紧急事件，机场管理部门负责实施救援工作。机场应根据具体的运行环境，制定针对航空器紧急事件、自然灾害和各种社会灾害等非航空器紧急事件的应急预案。

《民用运输机场突发事件应急求援管理规则》规定，机场管理机构应当设立机场应急救援指挥管理机构，该规则对应急演练计划提出了更加详细的要求。机场管理部门负责应急救援的指挥，提供有关救援设备和人员，同各个救援单位一起，快速实施救援，最大限度地降低人员伤亡和财产损失。

2. 机场应急救援预案管理

民用航空是高科技、高风险的服务性行业，在当代社会中已成为国民经济发展的重要驱动力量。然而，不确定的航空灾害以及机场各类应急事件所造成的人身财产损失和无形的危害，给人们带来了无形的压力。航空安全不仅关系乘客的生命财产安全，还关系国计民生。目前，我国民航业的快速发展对安全管理也提出了更高的要求。各个机场根据具体实际和自然、社会条件，制定针对各种风险的应急计划，民航管理部门提供相应指导，靠近水域的民用机场还应当制定水上救援程序。

由于机场应急事件的灾害特点，仅靠实时的、一般的管理方法难以应对各种应急情况。应急救援预案（计划）是应急管理的文本体现，是应急管理的指导性文件。在得到应急事件初始信息后，将紧急情况与预案启动条件相匹配，及时迅速启动相应预案，将有助于突发事件的应急管理准确、有效。平时有针对性地进行预案演练与人员培训，也有助于有效开展在应急处置中的行动。因此，采用预案管理的方法应对各种应急救援事件是一种有效途径。

机场管理机构的应急救援预案（计划），一般包括紧急事件的类型和应急救援的等级、各类紧急事件的通知程序和通知事项、各类紧急事件中所涉及的单位及其职责等内容。同世界上很多国家的民用机场管理部门一样，中国各个机场的应急救援工作需要取得当地人民政府救灾机构、消防部门、医疗部门、公安机关、运输部门、当地驻军等单位的大力支持，同这些单位签署互助协议。

非航空器紧急事件与航空器紧急事件一样，可以造成大量财产损失和人员伤亡，机场管理机构应同样重视非航空器紧急事件的应急救援工作，制定周密的预案，同时组织相应的演练和培训。

3. 应急救援的响应

1）响应程序

响应又称反应，是在即将发生紧急事件、紧急事件期间及紧急事件后，对应急情景进行科学分析，为防止事态进一步扩大，立即采取的应急救援行动。一般情况下，机场应急救援系统根据紧急事件的性质、严重程度、事态发展趋势实行分级响应机制，针对不同的响应级别确定相应的紧急事件通报范围、应急机构启动程度、应急力量的出动和设备及物资的调集规模、疏散范围及应急总指挥的职位。

应急事件一旦发生，应立即启动应急救援系统的应急响应程序。响应程序按过程可分为应急信息接收与确认、响应级别确定、应急启动、救援行动、应急恢复、应急结束等几个过程（图7.1）。

（1）应急信息接收与确认。接到应急事件信息后，按照工作程序首先对信息做出核实与判断。如果事件不足以启动应急救援预案，则不予应急响应。

（2）响应级别确定。信息确认后，对于应予响应的应急事件，要确定响应类别与等级。

（3）应急启动。应急响应类别确定后，按照应急预案及响应分类启动应急程序，如通知应急有关人员到位、开通信息与通信设施、通知调配救援所需的应急资源、成立现场指挥部等。

（4）救援行动。有关人员进入现场，迅速开展有效的救援行动，包括消防、伤员急救、疏散、警戒等有关应急救援工作。一些对于救援工作的支持性活动，如专家提供建议和技术支持、家属安抚、媒体报道等工作也就相应展开。

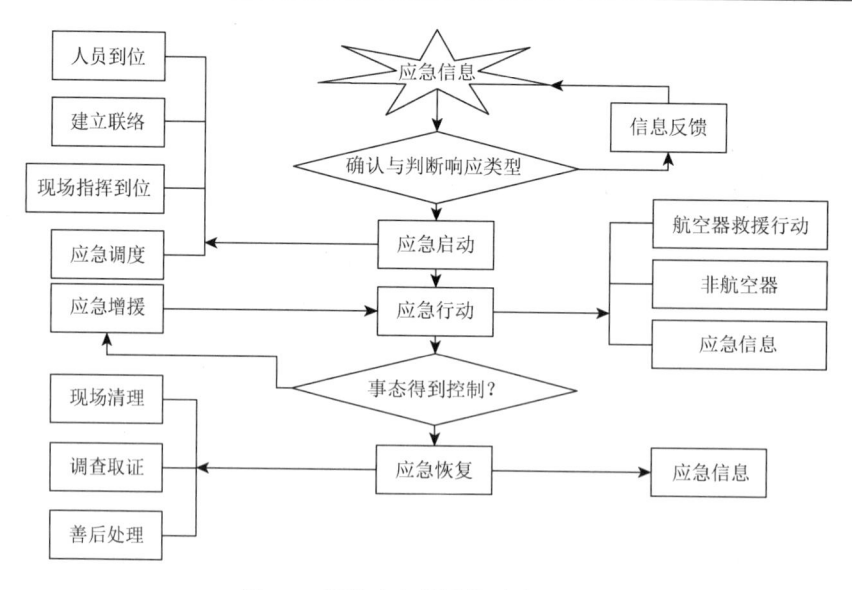

图 7.1 机场应急救援体系响应程序

（5）应急恢复。应急行动结束后，进入临时恢复阶段，包括恢复现场、人员清点、撤离、警戒解除、善后处理和事故调查等。另外，残损航空器的搬移及恢复机场正常运行的程序也是机场应急计划的重要内容之一。对于在机场及其邻近区域内发生的紧急事件，在完成现场救援后，各级民航管理部门监管航空器，进行必要的调查后批准航空器的搬移许可。

（6）应急结束。按应急预案，执行应急关闭程序，应急救援工作宣告结束。

2）应急救援管理的内容

应急救援管理的内容依据机场应急响应的不同，对应不同的工作内容。

高原机场应急救援的类型主要包括航空器应急和非航空器应急两类。航空器应急包括航空器失事、航空器空中故障、航空器相撞、航空器受非法干扰等；非航空器应急包括危险品应急、建筑物起火、自然灾害应急、机场工作秩序受非法干扰、医学紧急事件等。

不同的应急类型需要不同的应急行动与指挥程序。在机场应急过程中，主要的应急行动包括应急指挥与控制、消防救援、应急救护、航空器搬移、现场管理、媒体管理、自然灾难应急、水上及困难条件下的应急救援行动等。围绕这些管理工作，应通过预案管理、组织机构与职责、指挥与通信、现场控制与安排、救援现场管理、新闻媒介与信息管理、应急设备设施管理、应急培训与演练来进行保障。

7.2.2 高原机场应急救援计划

应急救援预案又称应急救援计划，是针对可能发生的重大事故（件）或灾害，为保证迅速、有序、有效地开展应急救援行动、降低事故损失，而预先制订的有关计划或方案。它是在辨识和评估潜在的重大危险、事故类型发生的可能性及发生过程、事故后果及影响严重程度的基础上，对应急机构职责、人员、技术、装备、设施、物资、救援行动及其指挥与协调等方面预先做出的具体安排。

在应急救援系统中，突发事件应急救援计划起着关键的作用。它是针对可能发生的重大事故及其影响和后果的严重程度，为应急准备和应急响应的各个方面所预先做出的详细安排，是开展及时、有序和有效的事故应急救援工作的行动指南。为了对机场内部和周边地区发生的各种紧急事件做出迅速有效的反应，以最大限度地降低人员伤亡和财产损失，民用运输机场必须制定一个与本机场运行相符合的机场应急计划。

1. 应急救援计划的作用

国际民航业的大量运行经验表明，在发生紧急事件后，机场管理部门能否组织快速、有效的应急救援，直接关系到事故救援的效果和恢复正常秩序的效率。应急救援计划是否科学有效以及能否快速执行，直接关系到救援行动的成效。有效的应急救援计划应明确在应急事件发生之前、发生过程中以及结束后各个应急阶段中的指挥调度、响应程序、后续行动等工作。

（1）应急救援计划明确了应急救援的范围和体系，使应急准备和应急管理不再无据可依、无章可循。

（2）制定应急救援计划有利于做出及时的应急响应，降低事故的危害程度。应急行动对时间要求十分严格，不允许有任何拖延。应急救援预案预先明确应急各方的职责和响应程序，在应急力量和应急资源等方面做了大量准备，可以指导应急救援迅速、高效、有序地开展，将事故的人员伤亡、财产损失和环境破坏降到最低限度，也便于重大事故应急结束后的恢复。

（3）应急救援计划是处置各类应急事件的基础。通过编制应急预案，对不确定的、突发的应急事件或事故起到指导作用。

（4）当发生超出应急能力的重大事故时，应急救援计划便于与上级应急部门的协调以及社会应急力量的协同。

（5）应急救援计划有利于提高风险防范意识。应急预案的编制，实际上是辨识某领域内重大风险和防御决策的过程，强调各方的共同参与。因此，预案的编制、评审以及发布和宣传，有利于应急参与单位了解可能面临的重大风险及其相应的应急措施，有利于提高风险防范意识和能力。

（6）培训和演练是应急救援预案的组成部分。培训可以让应急响应人员熟悉自己的责任，具备完成指定任务所需的相应技能；演练可以检验预案和行动程序，并评估应急人员的技能和整体协调能力。

2. 民用机场应急救援预案的法规要求

为建立健全民用航空器飞行事故应急机制，提高政府应对突发危机事件的能力，保证民用航空器飞行事故应急工作协调、有序和高效进行，尽可能减少人员伤亡，保护国家和公众财产安全，保障航空安全，国务院颁布了《国家处置民用航空器飞行事故应急预案》，中国民用航空局也出台了相应的规章，对应急救援工作进行了规范。机场应急救援预案的制定应符合《中华人民共和国民用航空法》、国际民航组织相关文件、《国家处置民用航空器飞行事故应急预案》、民航相关规章的要求；在应急救援中的搜寻援救应符合《中华人民共和国搜寻援救民用航空器规定》的要求；应急救援中的家属援助要符合《民用航空器飞行事故应急反应和家属援助规定》的要求。

我国民航行业主管部门对应急救援工作也做了相关的要求，出台了规章，对民用运输机场的应急计划提出了具体要求。机场应急计划是民用机场取得民用运输机场使用许可证的必要条件之一，民用机场需要具备处理特殊情况的应急计划以及相应的设施和人员。我国各民用运输机场在制定应急计划时，应当按照中国民用运输机场应急救援规则的要求，同时参考《国际民用航空公约》附件14"机场"相关内容，结合本机场的实际情况，认真分析存在的风险，制定机场的应急计划。

《国家处置民用航空器飞行事故应急预案》是《国家突发公共事件总体应急预案》的重要组成部分，要求建立以下重大航空器事故应急预案。

（1）民用航空器特别重大飞行事故。
（2）民用航空器执行专机任务发生飞行事故。
（3）民用航空器飞行事故死亡人员中有国际、国内重要乘客。
（4）军用航空器与民用航空器发生空中相撞。
（5）外国民用航空器在中华人民共和国境内发生飞行事故，并造成人员死亡。
（6）由中国运营人使用的民用航空器在中华人民共和国境外发生飞行事故，并造成人员死亡。
（7）民用航空器发生爆炸、空中解体、坠机等，造成重要地面设施巨大损失，并对设施使用、环境保护、公众安全、社会稳定等造成巨大影响。

目前，民航系统已初步形成了以《国家突发公共事件总体应急预案》为总纲，以民航处置飞行事故、处置劫机事件及国家其他相关专项预案为主体，以各地区管理局及监管办应急预案，民航机场、航空公司、空管等应急预案为支撑的民用航空安全应急预案体系。

3. 机场应急救援计划的内容

高原民用运输机场应急计划的内容应当包括航空器紧急事件、危险品事件、非航空器紧急事件、建筑物火灾以及各种自然灾害等事件的应急处置。应急计划应当至少包括各种紧急事件的类型、各个救援部门的职责、实施救援过程中的信息沟通方式以及机场邻近区域的方格网图等。

根据相关要求，机场管理机构应当制定本机场的应急救援计划，同时按相应的审批程序报经民航管理部门批准。应急救援计划应当包括以下几个方面。

（1）紧急事件的类型和应急救援的等级。
（2）各类紧急事件的通知程序和通知事项。
（3）各类紧急事件中所涉及的单位及其职责。

（4）残损航空器的搬移及恢复机场正常运行的程序。

（5）机场所在城市、社区应急救援的潜在人力和物力资源明细表及联系方式。

（6）机场及其邻近地区的应急救援方格网图。

制定应急救援计划应当考虑高原地区的自然环境和气象特点，如高海拔、低气压、低能见度等，避免因极端天气和特殊地形而影响救援工作的正常进行。

民用运输机场应急救援计划适用于民用运输机场及其邻近区域内发生的各种紧急事件。紧急事件是指航空器或机场固有设施发生、可能发生严重损坏及导致有关人员伤亡的情况。在此区域外发生的紧急事件，按照《中华人民共和国搜寻援救民用航空器规定》执行。同时，应急预案通常以手册形式制成文件。它应该规定参与处理紧急情况的各机构和人员的职责、任务及行动。应急救援计划应该考虑以下事项。

1）适用的政策

应急救援预案应该为应急响应提供指导，如应考虑适用的法律和规章、与地方部门的协议以及政策和优先事项等。

2）组织工作

应急救援预案应明确应急响应组织工作的下列事项：指定应急响应小组的人员和负责人；确定应急响应小组人员的任务和职责；明确向上级报告的流程；提供设立危机管理中心的细则；制定接收大量信息咨询的程序，特别是在重大事故发生后的前几天；确定可调度的资源，包括采取紧急措施的财务资金；协助事件调查；确定关键人员等。

3）通知程序

应急救援预案应规定遇紧急情况下的通知程序，包括组织中的什么人、谁应向外发布通知以及采用何种方式。一般要通知以下部门或个人：

（1）政府部门（搜寻和救援部门、管理部门、事故调查委员会等）。

（2）当地应急响应协同服务部门（机场管理部门、消防部门、警方、急救服务部门、医疗机构等）。

（3）遇难者的亲属。

（4）媒体。

（5）保险部门。

4）初始响应

根据情况的不同，初始响应小组可能在很短时间内被派往事故现场，并开展救援相关工作。构建初始响应小组时需考虑以下因素：初始响应小组人员构成；事故现场发言；在特殊设备、服装、文件、运输工具、食宿方面的准备；家属安抚。

5）应急指挥中心

应急救援预案应满足下列要求：人员安排（在初始响应时期可能每周7天，每天24小时都要有值班人员）；通信设施；记录应急活动日志；收集与紧急情况相关的记录；参考文件（如应急响应检查单和程序、机场应急预案等）。

6）记录

除了需要记录有关事件和活动的日志外，还必须向事故调查小组提供信息：与航空器、飞行机组和运行以及与危机事件相关的所有记录；所有照片和其他证据。

7) 事故现场

在救援现场管理中应考虑：幸存乘客的安置；对遇难者亲属的需求做出反应；死者尸体和个人财产的处理；证据的保存；需要时，为调查部门提供帮助；转移及清理残骸。

8) 新闻媒体

新闻媒体管理应考虑：可以公布的信息；发言人；公司首次声明的时间和内容；适时向媒体提供信息。

9) 家属援助

应急救援预案还应包括对事故遇难者（机组人员和乘客）家属的帮助。

4. 应急救援预案编制中的注意事项

做好民用机场的应急救援工作，需要建立有效的机场应急救援反应机制，这对于果断处置各种紧急事件，特别是涉及航空器的紧急事件，避免或者减少人员伤亡和财产损失，减少对机场正常运行的影响具有重要意义。部分机场现有的应急救援计划存在内容粗略、可操作性不强、系统规划协调不够等问题，应当在应急预案编制过程中予以解决。

尽管编制应急救援预案在应急救援中起着十分关键的作用，但有了应急救援预案，并不等于事故的应急救援工作就有了保障。即使一个非常完善的应急救援预案，倘若发布之后便束之高阁，没有进行有效的落实和贯彻，也仅仅是一个"文本文件"而已。应急救援预案能否在应急救援中发挥积极有效的作用，不仅取决于预案本身的完善程度，还取决于应急预案的实施情况，包括预案的宣传，落实预案中所需的机构、人员及各种资源，开展预案培训，进行定期演练，向公众进行应急救援知识宣传教育等。

7.2.3 高原机场应急救援的组织结构与运行机制

危机事件具有突发性，不可预测，且千变万化。因此，即使是专门从事应急服务的组织，他们所受到的训练与所具备的知识，以及所拥有的应急资源相对于应急救援的需求来说，也是很少的一部分，任何组织、社区或单位都不应认为他们已经有足够的准备来应对各种危机。因此，在应急处置的组织过程中，指挥人员需要根据突发情况的变化采取对应的组织措施，发挥组织协调作用，以满足应急处置过程对人力资源、技术资源等方面的需求。

1. 高原机场应急救援组织

高原机场紧急事件的救援工作主要由机场承担。机场应急的目的是抢救生命和将航空器运行方面的影响减至最小。在应对发生在机场或其紧邻地区的飞机事故或事件中，理想的组织模式应该由三层结构组成：多个机构组成的应急救援领导小组（决策层）、应急救援指挥机构（管理层）和各种救援专业力量（操作层）（图 7.2）。

```
应急救援领导小组 ----- 决策层
        ↓
应急救援指挥机构 ----- 管理层
        ↓
各种救援专业力量 ----- 操作层
```

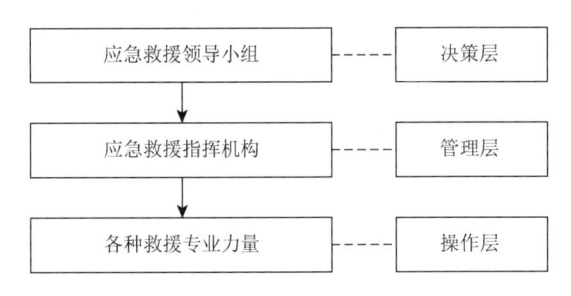

图 7.2　机场应急救援组织结构图

在这三层结构中，机场应急救援领导小组是机场应急救援工作的最高决策机构，由当地人民政府、民航地区管理机构或其派出机构、机场管理机构、空中交通管理部门、有关航空器运营人、协同单位、海上救援组织共同组成，协调各相关方的利益与需要，适时决策，负责机场应急救援工作的总体指导和统一协调指挥。机场应急救援工作往往需要社会多个有关部门的协同，特别是那些不是运行中出现的应急事件，往往需要更高层的决策与更专业的应急力量参与，因此，机场应急救援体系纳入当地城市应急救援体系将更有利于应急工作的协同。

机场应急救援指挥机构，负责日常应急救援工作的组织、指挥和协调，根据机场应急救援领导小组的授权，负责组织实施机场应急救援工作，全面负责指挥机构的指挥工作。

各种救援专业力量分别完成相关的救援任务，主要有空中交通管制部门、人民警察、消防部队、航空公司、社区医院、医疗卫生部门、联检单位、军队、新闻媒体、保险公司、海上救援组织、志愿者以及其他协同部门等。各个应急救援力量的组成与协调是一个复杂的过程，机场应急事件涉及航空器应急及其他非航空器应急等类型，这些决定了参与应急处置的部门与人员众多，是一个联合反应、综合协同的过程。

2. 高原机场应急处置的运行机制

灾难性事故与事件应急处置的运行机制包括协调机制、指挥机制和应急救援预案的启动机制三个方面，这三个方面实际上都属于应急管理的组成部分。参与机场应急处置工作的机构和人员一般比较多，如此多的机构、组织和人员参与，需要进行有效的组织、指挥与协调，而这些都需要在应急处置的预案中得到体现。

1) 协调机制

（1）协调的必要性。协调不同于协作，协作是指参与应急处置的部门、单位与个人互相配合来完成任务，本质是合作；而协调是指使参与应急处置的各部门和单位产生协作行为的组织管理工作，协作配合是否高效，取决于协调功能发挥得如何。关于协作的重要性，美国危机管理专家 Henry Ford 曾说过："大家走到一起仅是开始，能够在一起待下去是一种进步，而真正能够在一起工作才会成功。"人与人之间如此，单位与单位之间、部门与部门之间也是如此。

（2）协调机构的职责。经验证明，应急机构的重要工作是协调而不是控制。协调的责任是使应急工作系统的运转更加有效，特别是战略层次，或较高层次上的应急管理。

因此，协调机构应履行以下职责：①明确应急体系框架、组织机构及其各自职责，保证应急效果。②合理调度应急资源。利用资源的使用观点来解释应急调度，其主要关注点之一就是各种资源在系统中的合理选择与调度。③信息沟通。在灾难性事故与事件的应急处置过程中，信息的获得与沟通起着关键性的作用。无论是应急资源的配置，还是做出重要的决策，都离不开信息的收集、分析与沟通。对于常设性的协调管理机构来讲，不仅要获取、沟通事件发生后的信息，还需要及时获取事件发生之前的监测、预警性的信息。

（3）协调的职权。为有效处置灾难性事故与事件，履行好职责，协调机构应当拥有多方面的权力。这些权力包括及时获取信息的权力和请求协助的权力。

（4）协同机制的系统方法。保证应急方案及协同的有效性，一个基本的思路是保证应急救援计划的有效性。通过实践或演练检验所有的应急救援计划是不现实的，需要用系统的方法，如基于数学模型、基于知识、基于计算机仿真等方法协助决策。通过在计算机上建立与研究对象在属性、结构和行为以及运行环境上严格相似的模型，运行、分析辅助决策。对突发事件应对方案的分析与设计，可以利用计算机仿真对每个方案进行分析、预测与评价。

2) 指挥机制

现代指挥理论认为，指挥是指社会组织和有组织的群体为了协调一致地达到某个目标，由领导者所实施的一种发令调度的活动，属于一种特殊的领导管理活动。指挥与协调的功能是紧密联系在一起的，同属于应急管理的组成部分。

在多数情况下，参与应急反应的机构、单位与人员组成一个复杂的工作系统，各自功能的发挥与相互关系的协调需要指挥活动来完成。因此，构成指挥机制的另一个重要方面是明确各种指挥关系，主要的指挥关系包括三种。

（1）隶属关系。隶属关系是指按照参与应急处置的部门与单位的业务关系所构成的上下级之间的关系，具体表现为纵向的指挥关系，如上下级公安机关之间的隶属关系。

（2）配属关系。配属关系是指在应急处置过程中，由于协调工作的需要，将某一部门的应急资源临时调归另一部门指挥、使用而产生的指挥关系。

（3）支援关系。支援关系指在应急处置过程中，根据实际情况指定一个部门的应急人员支援另一部门，以增强该部门的应急能力，保证该部门完成任务而产生的指挥关系。

在应急处置现场十分复杂的情况下，上述几种指挥关系会在不同的处置阶段平行存在或交替使用。

需要指出的是，指挥、协调与控制是在应急处置过程中不断交替使用的管理措施，相互之间的联系十分紧密，有时很难区分它们的界限，指挥过程存在着协调，而协调过程也存在着指挥。例如，英国内政部在灾害事故的应急处置计划中，就将指挥、协调与控制的管理措施作为一个整体来考虑，无论是机构设置，还是具体处置过程，都没有进行严格的区分。

为保证应急处置目标的实现，每个机场都应成立应急救援领导小组，作为应急救援的最高决策机构。民航主管单位主要负责对机场应急救援工作的检查和指导，审核机场应急救援计划的完整性和有效性，监督机场应急救援工作的开展情况等。在机场应急处置过程中，现场的指挥机构与人员全面负责机场应急救援的现场指挥。现场总指挥到现场前，现场指挥官是紧急救援的最高指挥官。在机场应急救援中往往伴随灭火消防，因此往往赋予消防指挥官较大的指挥权。

3）高原机场应急救援预案启动机制

开展高原机场应急救援，其中一个很重要的问题是预案启动机制的建立。按照预案管理的属地原则，各机场应急救援指挥机构应根据不同的应急情况，按照预案的启动条件，调动需要的资源，启动相应的预案。

协调机制、指挥机制与预案启动机制是应急处置过程中重要的工作，同时也是机场应急救援工作中必须建立的运行机制，其中核心的问题是处理应急反应过程中各个组织机构之间的关系。尽管各种应急救援事件的应急预案一般会对各组织机构的责任、任务、角色、相互关系确定得明白无误，但实际运作时的沟通、协调仍然是保障救援行动有效开展的关键因素。

不同的应急处置阶段，指挥与协调的功能应有所侧重。正确的预案启动程序会使应急处置行动更加科学、合理、规范。

7.2.4 高原机场医学紧急事件

民用航空突发公共卫生事件应急控制，是高原机场救援的重要内容，也是为了严格落实国家有关医学紧急情况管理的相关规定，加强对来自国际疫区的航空器或国内运输中可疑高致病性病毒、污染货物航空器的检疫，防止疫情通过机场口岸传播，维护机场的生产运行秩序，保证广大乘客的身体健康和生命安全。

高原机场医学紧急事件的管控范围，适用于在机场范围内（含航空器内）发生强制控制传染病、国家卫生部门确定并公布的按照强制控制传染病处理的其他严重传染病，以及疑似情况的现场处置工作。高原机场突发公共卫生事件发生后，按照高原机场应急救援预案启动机制，启动应急救援程序。按照应急救援预案，明确领导机构、参与救援力量和各种保障设施，各参与救援部门各司其职，协同行动。各救援部门的职责如下。

1. 空中交通管理部门

（1）航空器上的公共卫生事件信息的通报。
（2）将地面处置信息传递给染疫航空器机组。

2. 机场管理部门

1）机场急救中心
（1）医疗物资储备和体温检测设备的管理使用。
（2）国内乘客、航空器、行李货物的防控排查。
（3）国内染疫乘客的隔离、转运工作。
（4）可疑污染物品的处置，染疫航空器、车辆及场所的消毒。
（5）将相关信息通报上级医疗管理部门。

2）机场检验检疫局

（1）国际乘客、航空器、行李货物的防控排查。
（2）国际染疫乘客的隔离、转运。
（3）可疑污染物品的处置，染疫航空器、车辆及场所的消毒。
（4）将相关信息通报上级管理部门。

3）机场公安局

（1）医学紧急情况下隔离区的现场安全警戒。
（2）保障公共卫生紧急情况下转运道路的通畅。

3. 航空公司及代理机构

（1）将公共卫生事件信息通报应急指挥中心及联检单位。
（2）乘客处置及后续安排工作。
（3）配合疫情处置，提供相关设备及保障。
（4）向检疫/卫生部门提供航空器承载的客货资料。

4. 应急指挥中心

（1）染疫及来自疫区航空器的机位安排。
（2）染疫信息的及时收集、传递及上报。
（3）医疗物资航空运输的组织与协调。
（4）发布本预案启动、终止指令。
（5）组织本预案的修订及持续改进。

5. 航站楼管理部门

（1）将航站楼内公共卫生紧急情况通知机场应急指挥中心。
（2）配合卫生、检疫部门做好航站楼内疑似乘客的隔离处置工作。
（3）在卫生、检疫部门指导下设置航站楼隔离区域。
（4）配合卫生、检疫部门做好染疫区域的卫生处置及运行恢复工作。

6. 飞行区管理部门

（1）配合卫生、检疫部门做好航空器内疑似乘客的隔离处置工作。
（2）在卫生、防疫部门的指导下设置机坪隔离区域。
（3）配合卫生、检疫部门做好染疫区域的卫生处置及运行恢复工作。
（4）执行公共卫生事件任务的外部车辆的场内引导。

7. 航空安全保卫部门

（1）协助卫生部门、检疫部门、公安机关做好公共卫生紧急情况的现场秩序维护及隔离工作。
（2）做好乘客集结区、货物堆积区的安全保卫工作。

(3) 将查获的可疑物品报告指挥中心。

8. 媒体发布管理部门

负责新闻发布及对外宣传工作。

7.3 高原航线飞行突发事件应急救援

高原航线飞行突发事件应急救援是民航安全保障工作的重要组成部分。当航线飞行突发事件不可避免时，有效的应急救援行动是抵御事故并减缓危害后果的有力措施。高原航线飞行突发事件应急救援的目的包括：首先，消除事故诱因，创造条件，保障飞行安全。其次，在事故不可避免的情况下，尽最大力量抢救生命，保护财产安全。

7.3.1 高原航线飞行突发事件应急救援概述

1. 高原航线飞行突发事件应急救援

高原航线飞行突发事件应急救援与高原机场应急救援一样，属于航空运输灾害危机管理范畴，其根本目的是在高原地区航线飞行突发紧急事件临近或已发生时，在有效时间内采取救援行动，有效施救，尽量减少生命财产损失，适用于灾害临近或已发生时的应急救援。

事实证明，平时要重视高原航线飞行突发事件应急机制的研究，建立应急救援体系，制定应急救援计划，及时有效地实施应急救援行动。一旦紧急情况出现，可以通过有计划的行动、有效的应急救援体系降低高原航线飞行突发事件造成的损失。

2. 高原航线飞行突发事件应急救援体系

航线飞行突发事件应急救援体系是在正常飞行运行过程中，各个机场按照管理部门的规章要求，在相关管理程序和咨询通告的指导下，建立以常备不懈、快速响应和处置实施为主的应急救援体系。

航线飞行突发事件分为高原地区航线和机场邻近区域航线发生的航空器紧急事件，机场管理部门负责实施救援工作；在航线飞行过程中的突发事件，应根据突发事件的具体情况，在就近机场着陆或者迫降，根据该机场具体运行环境，制定针对航空器紧急事件的应急预案。

机场管理部门负责航线飞行突发事件的应急救援指挥，提供有关救援设备和人员，同各个救援单位一起，快速实施救援，最大限度地降低人员伤亡和财产损失。

在实施救援过程中，空中交通管制部门利用各种通信设施与发生紧急事件的航空器保持沟通，及时了解和掌握航空器紧急状态，并将了解到的信息传递给机场应急指挥中心。指挥中心指挥人员根据航空器紧急状态，启动应急救援程序，整个应急救援体系运作起来，实施航空应急救援行动。

7.3.2 高原航线飞行突发事件应急救援的响应

在高原航线飞行过程中，发生突发事件后，机场管理部门负责实施救援工作，所属航空公司第一时间向机场管理部门提供实施救援的相应资料，配合机场管理部门完成航线飞行突发事件的飞行器安全返场、就近备降，或者是实施就近救援。

一般情况下，在高原航线飞行过程中，突发事件应急救援系统人员根据突发事件的性质、严重程度、事态发展趋势实行分级响应机制，针对不同的响应级别确定相应的紧急事件通报范围、应急机构启动程序、应急力量的出动和设备及物资的调集规模、疏散范围和应急总指挥的职位。

快速、有序、高效地处理紧急事件需要应急救援系统中各个组织机构的协同努力。应急事件一旦发生，应立即启动应急救援系统的应急响应程序。响应程序与高原机场应急响应程序相同，可分为应急信息接收与确认、响应级别确定、应急启动、救援行动、应急恢复、应急结束等几个过程。需要注意的问题是：首先，接到航线发生应急事件信息后，航线区域管制部门和航空公司运控中心，要对情况做出核实与判断。如果事件不足以启动应急救援预案，则不予应急响应。但应予响应的应急事件，要确认响应类别与等级，第一时间按照应急预案及响应分类启动应急程序，如通知应急有关人员到位、开通相关通信设施、通知调配救援所需的应急资源、成立现场指挥部等。其次，开展相应的救援行动。最后，应急行动结束后，要进入航线运行恢复阶段。按应急预案，执行应急关闭程序，高原航线突发事件应急救援工作宣告结束。

7.3.3 高原航线飞行航空器失事应急救援案例

某日，某航空公司航班在航线飞行进近阶段，突然发动机双发停车，机组和地面沟通后，决定执行迫降程序。在飞机迫降过程中，机组操作失误导致航空器冲出跑道，在草地上停下来。对于该类事件，应如何进行处置？在处理该紧急事件的时候，应该全面考虑该事件可能造成怎样的后果，各救援队伍的职责是什么，安排何种救援人员进行救援，如何进行现场救援等。下面就应急信息的传递、救援处置（应急响应）、事故现场恢复三个阶段，对该事件的处置过程做简要介绍。

1. 应急信息的传递

1）空中交通管制部门

空中交通管制部门应及时将信息向机场应急指挥中心通报；机场应急指挥中心接到通报后，应立即启动救援程序，向机场消防、急救、公安等应急保障部门下达"紧急出动"指令，并立即向应急救援领导小组报告。

2）其他应急救援保障单位

各应急救援保障单位接到指令后，应立即赶赴应急事件现场；机场消防、急救、公安等部门应根据实际情况，及时向协议单位请求支援。

2. 救援处置

1）空中交通管制部门

关闭受影响的跑道、滑行道；及时发布航行通告；根据航空器失事地点，及时调整、指挥其他航空器进行避让。

2）应急指挥中心

迅速赶赴事故现场并建立现场指挥部；指定未受伤人员停留区，疏散失事航空器上的乘客；转移可能受到失事航空器威胁的其他航空器，并疏散乘客，暂停上客服务；根据事态发展，适时下达新的指令。

3）机场消防部门

接到指令后，应在规定时间内到达现场，并开展救援行动；如果航空器迫降过程中发生火灾，要及时扑灭航空器失事现场的大火，控制火源；实施拯救人员行动，必要时对航空器进行破拆。

4）机场急救部门

对伤员鉴别分类，进行初步处理，给伤者佩戴救护标签，实施转移；派人在未受伤人员停留区进行医疗服务。

5）机场公安部门

组织、实施航空器失事现场的保护、警戒，以及交通疏导等工作；保护飞行数据记录仪和座舱语音记录器；参与航空器事故的调查取证；协助航空公司收集、保管乘客财物。

6）航空公司

应及时向应急指挥中心提供有关失事航空器的资料、数据等；运送未受伤乘客和机组人员到停留区；协助医护人员照顾受伤乘客和机组人员；设立接待机构，负责接待、查询及善后工作。

3. 事故现场恢复

（1）空中交通管理部门需要在事故现场清理完毕后，恢复该区域的可用状态。

（2）应急指挥中心组织各保障部门对事故现场进行清理，组织搬移残损航空器。

（3）机场管理部门组成事故调查小组进行事故调查；组织力量对现场溢漏燃油、液压油进行处理；恢复道面、灯光等助航设备、设施；参与残损航空器的搬移工作。

（4）机场消防部门负责残损航空器搬移过程中的消防警戒。

（5）航空公司协助事故调查小组的调查工作；协同机场管理部门对事故现场进行清理；负责残损航空器的搬移工作。

4. 航线飞行紧急事件救援过程注意事项

（1）充分了解机组意图，根据不同的故障种类以及可能产生的后果，决定启动应急救援的等级。

（2）空管部门应及时调整地面航空器运行秩序。

（3）确定故障航空器着陆后的停放位置。

（4）航空器故障较严重时，各救援保障单位应在指定集结点待命，如需消防车辆尾随时，应与空管部门协调，并安排消防车辆在指定位置等候。

（5）航空器空中故障原因不明确，有可能导致在降落过程中失事。出现这种情况时，应立即转变为"航空器失事"处置程序实施救援。

7.3.4 高原航线飞行过程中非法干扰行为的应急救援

对高原地区航线飞行非法干扰行为的应急处置是高原航空应急救援工作的重要内容。特别是美国发生"9·11"事件之后，世界安全形势发生了较大的变化。一些国家在调整安全战略的同时，也在原有的基础上不断完善与调整针对各种危机事件的应急机制。

1. 非法干扰行为的类型及处置原则

1）非法干扰行为的类型

非法干扰行为指危及民用航空和航空运输安全的实际或预谋的行为，其类型包括：非法劫持飞行中的航空器；非法劫持地面上的航空器；在航空器或机场内扣留人质；强行闯入航空器、机场或航空设施场所；企图犯罪而将武器、危险装置、器材带入航空器或机场；传递危及飞行中或地面上的航空器、机场，或民航设施场所中的乘客、机组、地面人员，或公众安全的虚假信息。

2）处置依据及原则

航空非法干扰行为的处置依据包括《中华人民共和国民用航空法》、《民用运输机场应急救援规则》、《国际民用航空公约》附件14"机场"、《国际民用航空公约》附件17"防止对国际民用航空进行非法干扰行为的安全保卫"、《国家处置劫机事件总体预案》、《处置非法干扰民用航空安全行为程序》、地方政府的紧急预案等有关规定和要求。

基本处置原则包括以下几个方面。

（1）处置决策以最大限度地保证国家安全、人机安全为最高原则，当生命、财产受到严重威胁时应当采取有效措施，将损失和伤害降至最小。

（2）尽量保证遭受非法干扰行为的航空器滞留于地面。

（3）乘客和机组人员的安全获释是首要目标，应当优先于其他一切考虑。

（4）谈判始终优先于武力，直至决策人认为没有继续谈判的可能性。

（5）保证通信渠道的畅通、程序的执行和设备的使用。

此外，当航空器遭遇非法干扰时，各参与应急处置单位接到行动指令后，须按指定的位置集结。集结车辆必须与航空器至少保持100m距离。在应急处置行动中，各单位车辆按机场公安部门的指挥集结或展开。在机场范围内应设立爆炸物处理区，分别处理处置飞行控制区内及飞行控制区外发现的爆炸物。

2. 应急救援的组织机构

非法干扰处置领导小组是机场处置非法干扰事件的最高决策机构，非法干扰处置组织机构图如图7.3所示。

第 7 章 高原航空应急救援

```
          ┌─────────────┐
          │ 非法干扰处置 │
          │   领导小组   │
          └──────┬──────┘
                 │
          ┌──────┴──────┐
          │机场应急处置总指挥│
          └──────┬──────┘
                 │
          ┌──────┴──────┐
          │机场应急处置中心│
          └──────┬──────┘
   ┌──────┬─────┼─────┬──────┐
 ┌─┴─┐ ┌─┴─┐ ┌─┴─┐ ┌─┴─┐ ┌─┴──┐
 │空管│ │消防│ │急救│ │机场│ │其他│
 │部门│ │部门│ │部门│ │公安│ │保障│
 │    │ │    │ │    │ │部门│ │单位│
 └───┘ └───┘ └───┘ └───┘ └────┘
```

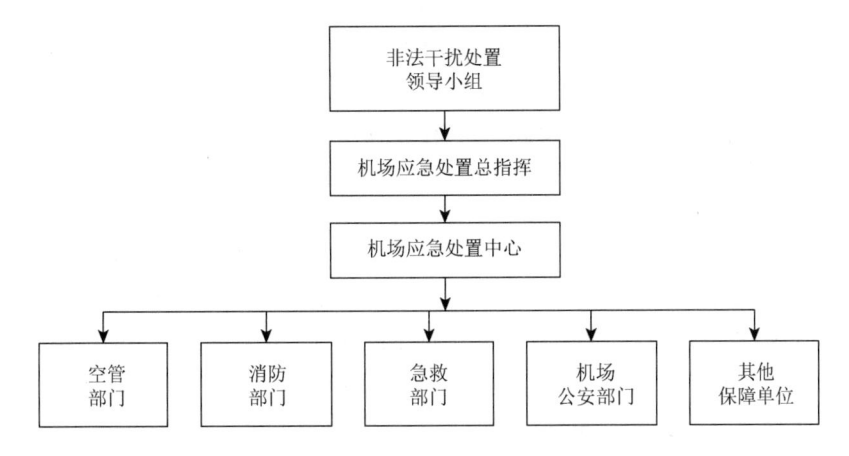

图 7.3 非法干扰处置组织机构图

非法干扰处置领导小组的职责如下。
（1）负责组织、指挥在机场发生的非法干扰行为的应急处置行动。
（2）负责向上级领导汇报应急处置行动情况。
（3）根据应急处置行动实施情况，发布紧急情况解除指令。
（4）负责组织、指挥应急处置演练。
（5）负责组织修改、审定对非法干扰行为的处置方案。

3. 应急救援相关部门职责

在突发事件发生后，决定实施反非法干扰的措施之前，机场有关职能部门与专业技术人员必须对事件/事故进行必要的检查和安全评估，检查人员应由现场总指挥、应急处置中心、机场公安部门及机场值班领导以及专业技术人员组成。事关重大时，总指挥或其授权人应参加。由应急处置中心综合意见后形成方案，供总指挥或其授权人决策。

1）机场应急处置总指挥

总指挥由领导小组组长或其授权人担任，全面负责处置非法干扰行为的指挥工作。现场总指挥职责如下。
（1）接到应急处置中心报告后，立即赶赴应急处置中心或紧急事件现场，全面负责应急处置行动的组织、指挥工作。
（2）对应急处置过程中遇到的重大问题，经领导小组集体研究决策后实施处置。
（3）向上级领导汇报应急处置行动的情况。
（4）非法干扰事件处置结束后，下达行动结束的指令。

2）机场应急指挥中心

紧急事件发生时，启动应急处置程序，协助领导小组/总指挥组织、指挥应急处置行动，其具体职责如下。
（1）在应急处置行动的准备和实施阶段，负责对各单位应答、施救的全面协调、指挥。
（2）负责向有关单位通报信息，发出行动指令。

（3）与航空器所属航空公司建立并保持联系，索取相关资料，向领导小组/总指挥和现场总指挥报告。

（4）负责保持现场与应急处置中心之间的通信联系。

（5）负责组织、协调物资保障组及相关单位，为处置行动提供必要支援。

3）应急处置现场总指挥

发生非法干扰事件时，现场总指挥一般由机场公安部门值班领导担任。总指挥到达现场后，现场总指挥移交指挥权并协助总指挥工作，其职责如下。

（1）接到应急处置指挥中心报告后，立即赶赴现场，全面负责现场的组织、指挥工作。

（2）对处置过程中遇到的重大问题，经领导小组同意后负责现场实施处置。

（3）当上级领导到达紧急事件现场后，向上级领导汇报工作情况。

4）机场公安部门

（1）负责制定非法干扰事件的紧急处置预案，全面负责实施非法干扰处置行动。

（2）负责采取初步的事件控制措施，搜集事件资料信息，综合评估威胁程度，参与确定应急处置方案。

（3）封锁、保护现场，维护现场秩序，开展现场取证工作。

（4）协助提供人质谈判和排除爆炸装置等方面的专家和技术设备。

（5）对发生在机场的重大事件做出快速武装反应。

（6）负责进行非法干扰事件演练的组织与实施。

5）空中交通管理部门

（1）负责航空器与应急处置中心之间的信息传递。

（2）合理调整、指挥其他进出港航空器的起降、滑行。

（3）当紧急事件影响机场运行时，按照程序及时发布相关信息。

6）消防部门

（1）负责组织消防执勤工作，保证消防人员、设施设备能随时投入各种紧急行动。

（2）接到紧急情况通报后，立即按应急处置中心的指令组织消防力量投入紧急行动。

（3）负责与公安消防部门保持密切联系，根据紧急事件态势，请求支援。

7）医疗急救部门

（1）发生紧急事件时，组织医护人员以最快速度赶赴现场，参加应急救护工作。

（2）负责紧急事件救护现场的组织、协调工作。

（3）根据实际情况，向市急救医疗指挥中心通报并请求支援，并派员协调协议单位的行动。

（4）及时救治在疏散过程中受伤的乘客和机组人员。

8）机场安全职能部门

（1）负责向各级政府安全管理部门报告紧急事件。

（2）负责或参与在本场发生紧急事件的调查处理。

9）地面保障部门

（1）当航空器遭非法干扰时，负责提供该航空器的技术资料。

（2）负责或参与航空器乘客疏散的运送工作，为疏散乘客提供必要服务。

10）机场安检部门

（1）根据应急处置中心的指令，封闭相关飞行区的通道和隔离区。

（2）当航站楼发生非法干扰事件时，打开指定安检通道，协助疏散航站楼内的乘客。

（3）协助机场公安部门、驻场武警部队维护紧急事件现场秩序。

（4）必要时重新进行安检，配合有关部门进行清舱。

（5）协助机场公安部门排查危险物品。

11）机场航站楼管理部门

（1）当航站楼发生非法干扰事件时，协助航站楼内进驻单位、部门的疏散、撤离。

（2）协助应急处置中心组织、指挥应急行动。

12）航空油料部门

（1）根据应急处置中心命令协调所属单位的行动，提供所需物资、设备及人员等。

（2）当被劫持航空器要求加油时，根据领导小组/现场总指挥的指示，按预定的程序为被劫持航空器加油。

13）飞机维修部门

当航空器遭非法干扰时，负责提供该航空器的技术资料以及相关设施、设备等。

14）航空器运营单位及其代理人

（1）航空器发生紧急事件时，航空器运营人应迅速赶赴应急处置中心，参加紧急事件的处置工作。

（2）配合应急处置中心做好紧急事件现场的处置行动，并提供相关设备。

（3）向应急处置中心通报信息，提供事件航空器的承载资料。

15）驻场武警部队

（1）协助机场公安部门在紧急事件现场实施外围警戒，负责检查出入现场人员及车辆的证件。

（2）必要时协助特警部队承担特别任务（如防爆、反劫持航空器等任务）。

16）海关、边防等联检单位

在航空器运营人及其代理人的协助下，依据各自职责开展工作。

17）机场出入境检验检疫局

（1）协助机场公安部门对生化威胁进行处置，并制定相应处置方案。

（2）在急救中心协助下按职责开展工作。

18）其他驻场单位

参与处置行动的各保障单位以及各驻场单位，必须制定本单位的航空安全保卫应急行动处置预案或救援行动方案，并具备应急行动的能力。遇到紧急事件发生时，参与行动的各单位都必须严格服从领导小组的统一指挥，按预案行动各司其职。

4. 应急救援信息传递

1）信息传递的内容与程序

接到可能的非法干扰信息时，值班人员应尽可能询问有关详细情况，并立即按照程序上报。传递信息要迅速、准确。得到信息后，用最快的方式向上级做初次报告，并将随后了解到的情况及时续报。联系中应注意从多种渠道核实重要情节，不清楚的要主动联系查清。凡初次报告的情况有出入的，核实后必须立即续报更正。

2）通信系统

应急指挥中心应与塔台、消防部门、急救中心、机场公安部门和航空公司等主要应答单位备有专用通信系统，尽量减少应急行动对机场正常运行的影响。机场非法干扰设应急处置专用通信频道和用语。通信工具可以为专线电话、有线直拨电话、移动电话、800M 对讲机，并按顺序优先使用。

3）专业人员的支持

专业人员包括人质谈判人员、爆炸器械处理人员、翻译人员和武装干警队伍。

4）社会力量支援

依照《国家民用航空安全保卫规划》，民用航空行政管理部门、公安机关、军事部门、公共航空运输企业、机场管理机构有义务为受到非法干扰的航空器上的乘客和机组人员的安全采取适当措施，保证其安全。

5）非法干扰信息的报告

机场范围内任何单位和个人收到或发现非法干扰威胁信息或行为时，均有义务报告机场公安部门或应急指挥中心。

思 考 题

1. 什么是应急救援？应急救援工作的目的是什么？
2. 高原航空应急救援是什么？
3. 高原航空应急救援的主体有哪些？
4. 关于高原机场应急救援实际工作，如何加强指挥与协同？
5. 应急计划的内容有哪些？
6. 对于高原地区航空器失事，应当采取哪些应急救援行动？
7. 机场应急救援组织结构有几层？分别是什么？
8. 机场应急救援指挥中心的工作有哪些？
9. 应急救援指挥机制中，指挥关系有哪些类型？
10. 在航空器受非法干扰的应急处置中，如何保障信息传递的准确、及时？

参 考 文 献

[1]　于耕等. 航空应急救援[M]. 北京：航空工业出版社，2009.
[2]　闪淳昌，薛澜. 应急管理概论：理论与实践[M]. 2 版. 北京：高等教育出版社，2020.
[3]　赵玉明. 机场应急救援[M]. 北京：中国民航出版社，2008.
[4]　中国民用航空局. 民用运输机场突发事件应急救援管理规则（CCAR-139-Ⅱ-R1）[Z]. https://xxgk.mot.gov.cn/2020/gz/202112/W020211227375235214219.pdf.2016.

第8章 通用航空

8.1 通用航空概述

8.1.1 通用航空定义及内涵

1. 通用航空发展史

第一次世界大战结束后,一些国家陆续将飞机用于工农业生产,揭开了通用航空的序幕。美国在1918年第一次用飞机喷洒农药灭棉虫,新西兰1924年第一次用飞机喷施化肥,意大利里佳航空公司1936年首次进行空中摄影。但直到第二次世界大战结束前,通用航空的发展依旧十分缓慢。第二次世界大战结束后,由于大量军用飞机转为民用,通用航空得到了快速发展,到20世纪70年代步入顶峰,根据美国通用航空制造商协会(General Aviation Manufacturers Association,GAMA)统计,1978年交付通用航空飞机达17811架,1979年大致持平。到80年代,由于全球性经济不景气,技术创新减少和国家对通用航空飞机生产厂商的限制,通用航空的发展陷入了低谷。90年代以来,伴随着世界经济复苏、鼓励政策以及航空产品创新,通用航空呈现复苏和重新崛起的态势。

进入21世纪后,随着经济建设的发展,人民生活水平大幅度提高,我国的公务航空和个体航空开始起步,不少公司拥有了自己的公务机或直升机,私人飞机也开始出现。公务航空和个体航空从无到有,方兴未艾,成为我国通用航空中发展最快的部分。放眼未来,我国有着巨大的潜在通用航空市场,要成为一个航空强国,做到两翼齐飞,就必须大力发展通用航空。

中国通用航空整体上保持了持续、快速的发展态势。通用航空企业数量、年飞行(作业)小时、通用航空机队规模、通用机场数量、从业人员、社会经济效益是反映一个国家通用航空发展基本情况的六大指标。2011~2020年通航运营企业数量如图8.1所示。2020年,我国通航企业数量达523家,其中,华北地区111家,东北地区45家,华东地区131家,中南地区120家,西南地区64家,西北地区33家,新疆地区19家。从通用航空机队规模来看,2020年底,通用航空在册航空器总数达到2892架,其中,教学训练用飞机1018架。2020年运输飞机数量如表8.1所示,同时2011~2020年通用航空器数量变化如图8.2所示[1]。从通用机场数量来看,2020年,新增通用机场93个,全国在册管理的通用机场数量达到339个。

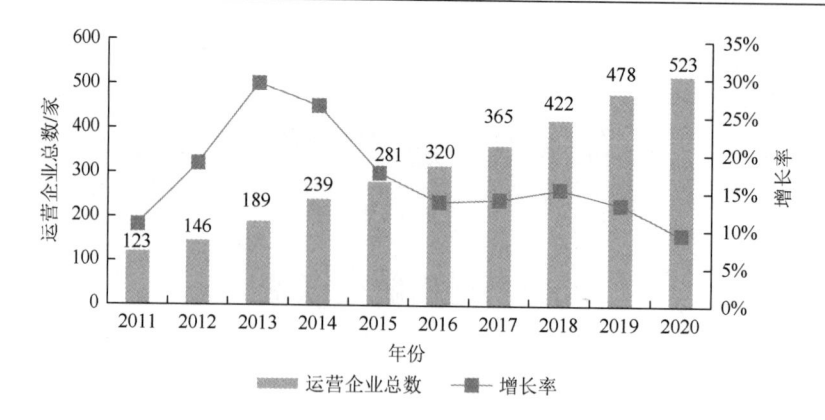

图 8.1 2011~2020 年通航运营企业数量

表 8.1 2020 年运输飞机数量

飞机分类	飞机数量/架	比上年增加/架	在运输机队占比/%
客运飞机	3717	72	95.23
其中,宽体飞机	458	1	11.73
窄体飞机	3058	61	78.35
支线飞机	201	10	5.15
货运飞机	186	13	4.77
合计	3903	85	100

图 8.2 2011~2020 年通用航空器数量变化

2. 通用航空概念及特点

1) 通用航空的概念

中国航空学会理事长林左鸣说:"在我们头顶上的苍穹,就'航空'范畴来说,通常是指 0~18000m 的飞行空间,也可以说是'飞行空域'"。航空飞行空域的种类可以按高度分层来划分,通常划分为以下三层:低空空域(0~3000m)、中空空域(3000~6000m)

和高空空域（6000～18000m）。在功能上，民航局将其划分为两个范畴，分别是"高空航空"和"低空航空"，其中，"低空航空"范畴也常常被俗称为"低空通航体系"，也就是所谓的"通航"。

通常来说，航空活动主要由民用航空和军用航空两大部分组成。民用航空活动又分为公共航空运输与通用航空两大类。

《中华人民共和国民用航空法》对通用航空的内涵进行了划定，即"使用民用航空器从事公共航空运输以外的民用航空活动，包括从事工业、农业、林业、渔业和建筑业的作业飞行以及医疗卫生、抢险救灾、气象探测、海洋监测、科学实验、教育训练、文化体育等方面的飞行活动"。

国际民航组织（ICAO）对通用航空的定义为："定期航班和用于取酬的或租用合同下进行的不定期航空运输以外的任何民用航空活动。"国际民用航空组织把民用航空活动细分为运输航空、通用航空和作业航空三大类，事实上，作业航空并不属于通用航空，但中国把后两类合并称为通用航空。

通用航空活动也可以认为是"通用航空器+"的概念，即利用通用航空器进行各种作业的飞行活动。通用航空包含了公共航空运输之外的多种民用航空活动，是重要的生产作业方式、现代化交通方式以及政府服务方式，应用领域颇为广阔。通用航空活动种类众多，随着社会经济日渐发达，其内容不断丰富。例如，在军民融合发展的背景下，很多通用航空作业不但使用民用航空器，而且有租用军用航空器的情况，通用航空也存在提供乘客及行李服务的活动（如公务飞行）。通用航空所使用的航空器通常是固定翼飞机、直升机和无人驾驶飞行器等。

通用航空的外延既包括航空器维修、机场、航行情报服务和空管、航油等与飞行活动相关的通用航空运营和运营综合保障，同时又包括上游的航空器研发、制造及销售等领域，航材、生活服务设施下游产业也包含其中，还包括为行业发展提供相应支持的金融、保险等行业。

2）通用航空产业

通用航空飞行活动作为通用航空业的核心，包揽通用航空器研发制造、市场运营、综合保障以及延伸服务等全产业链的战略性新兴产业体系。产业作为社会分工形式的表现，与一定社会生产力发展水平相匹配，是一个多层次的经济系统。产业作为经济系统一个宏观层次上的集合概念，位于微观经济的细胞（企业）与宏观经济的体系（国民经济部门）之间。从供给的角度来看，产业是指具有类似生产技术、生产过程、生产工艺等特征的物质生产活动，或者类似经济性质的服务活动的总和。从需求的角度来看，产业是指同类或者具有替代和竞争关系的产品或服务的集合。

通用航空业以通用航空飞行活动为核心，涵盖通用航空器研发制造、市场运营、综合保障以及延伸服务等全产业链的战略性新兴产业体系。通用航空产业供给体系以通用航空企业运营为核心，包括通用航空器研发与制造、通用航空企业运营、通用航空运行支持与保障和通用航空应用产业等，如图8.3所示[2]。

3）通用航空活动的特点

通用航空活动作为一种交通与作业方式，同传统作业方式相比存在如下特点。

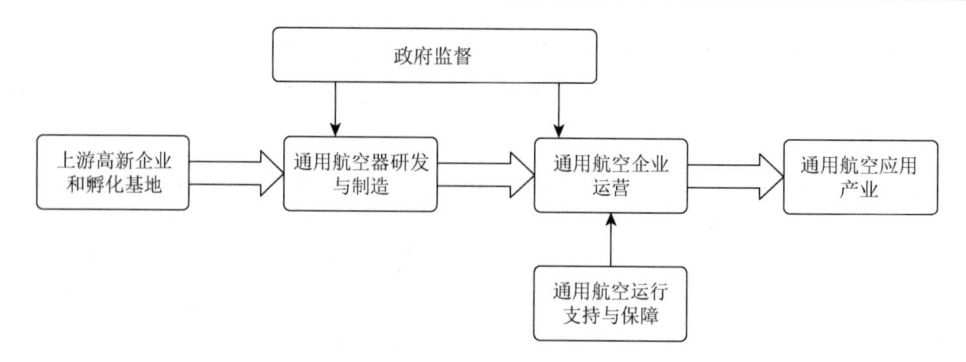

图 8.3 通用航空产业链

（1）种类众多。从公务航空、短途运输再到海洋监测、农林飞行，多达几十种。
（2）以个人娱乐体验和作业飞行为主。
（3）大多项目以目视飞行为主，对天气和地形条件依赖度高。
（4）机型大多较小。不载客或载客的人数较少，如发生事故对社会公众影响小。
（5）专业技术性强。通用航空不同的作业项目有不同的技术要求和质量标准，专业性比较强。通用航空多数情况下利用小型固定翼飞机、直升机或者无人驾驶的航空器，在低空空域或超低空空域执行飞行任务。

8.1.2 通用航空管理

1. 通用航空法制环境

民用航空相关法律设定了通用航空的定义和从事通用航空活动的条件，明确提出保障飞行安全，保护用户、地面第三人与从事通用航空活动的单位和个人的合法权益。

1）行政法规

《国务院关于通用航空管理的暂行规定》于 1986 年 1 月 8 日由国务院发布，根据 2014 年 7 月 29 日《国务院关于修改部分行政法规的决定》修订。该规定首次把"专业航空"更名为"通用航空"，明确了通用航空行业管理机构从事通用航空活动需履行的报批手续，以及从事通用航空经营活动的审批管理程序、要求等。在《中华人民共和国民用航空法》出台之前，此规定为通用航空行业管理提供了法规依据。截至目前，该规定仍作为实施通用航空企业赴境外开展经营活动的行政许可的法律依据。

《通用航空飞行管制条例》（国务院、中央军事委员会令第 371 号）于 2003 年 1 月 10 日由国务院、中央军事委员会发布，2003 年 5 月 1 日起施行。该条例是管理大陆通用航空飞行活动的基本依据，不仅规范了从事通用航空飞行活动的单位或个人向当地飞行管制部门提出飞行计划申请的程序、时限要求，还明确了在大陆范围内进行的一些特殊飞行活动所需履行的报批手续和文件要求，同时对升放和系留气球做出了具体要求。

就民航规章而言，目前涉及通用航空的民航规章共有 30 多部，主要包括经济管理和安全运行管理的内容。

在经济管理的规章方面，《通用航空经营许可管理规定》规范了行业管理部门的通用航空经营许可行为，规定了设立通用航空企业的条件、经营项目、申报文件要求、审批程序、时限等。该项行政许可由民航地区管理局负责实施。《非经营性通用航空登记管理规定》（中国民用航空总局令第130号）规范了行政管理部门对非经营性通用航空活动的行政许可行为，规定了申请登记的条件、内容、文件要求、登记程序、时限等。该项行政许可由民航地区管理局负责实施。《外商投资民用航空业规定》（原民航总局、外经贸部、国家计委令第110号）、《〈外商投资民用航空业规定〉的补充规定》（原民航总局令第139号）等民航规章，规定了境外资本投资民用航空包括通用航空的具体条件、要求以及审批程序等。110号令是2002年经国务院批准，由当时的民航总局、外经贸部、国家计委三部委联合发布的部门规章，110号令及其补充规定明确了外商投资民航业的准入限制及审批程序等，为民航业积极引进外资确定了政策框架。近年来，随着我国对外开放程度不断加深，国家外资准入管理模式也发生重大变化。2019年3月15日，《外商投资法》经表决通过，自2020年1月1日起施行，《外商投资法》明确对外商投资实行准入前国民待遇加负面清单管理制度，清单之外不得对外资设置准入限制。鉴于110号令以"正面清单"方式规定了外商投资民航业的准入限制，这在管理模式和开放水平上与国家外资管理规定已不一致，110号令及其补充规定已经于2020年12月31日废止。110号令及其6个补充规定废止后，民航领域外商投资准入政策将按照《外商投资准入特别管理措施（负面清单）》（2021版）规定及其后续修订执行，民航领域主要保留了公共航空运输、通用航空、民用机场等3个领域外资准入限制。《通用航空飞行任务审批与管理规定》是2013年中国民用航空局与中国人民解放军总参谋部印发的关于通航飞行任务审批的规章；《低空空域使用管理规定》于2014年由中国民用航空局与中国人民解放军总参谋部印发。

安全运行管理规章主要包含了三大类：一是通用航空运行审定类规章，主要包括《一般运行和飞行规则》（CCAR-91）和《小型航空器商业运输运营人运行合格审定规则》（CCAR-135）。上述规章对通用航空所涉及的一般运行、小型航空器商业运行的合格审定标准进行了规范。二是专业机构审定类规章，主要包括《民用航空器驾驶员学校合格审定规则》（CCAR-141）、《飞行训练中心合格审定规则》（CCAR-142）和《民用航空器维修单位合格审定规定》（CCAR-145-R2）。上述规章明确了对飞行训练机构、飞行驾驶执照培训机构以及维修单位的审定标准。三是专业人员执照、资质审定类规章，主要包括《民用航空器驾驶员、飞行教员和地面教员合格审定规则》（CCAR-61）、《民用航空器领航员、飞行机械员、飞行通信员合格审定规则》（CCAR-63FS）、《民用航空器维修人员执照管理规则》（CCAR-66-R1）、《民用航空飞行签派员执照管理规则》（CCAR-65FS-R2）、《民用航空航行情报人员岗位培训管理规定》（CCAR-65TM-Ⅳ）和《民用航空航行情报员执照管理规则》（CCAR-65TM-Ⅲ-R4）等。上述规章明确了对申请专业人员执照、资质的具体条件和要求。

2）通用航空作业标准

为了保证通用航空作业的质量，引导和规范通用航空企业开展作业项目，自1986年以来，我国先后发布了包含多个层面、多种作业类型的通用航空标准，在国家标准层面，有《飞播造林技术规程》（GB/T 15162—2018）、《航空摄影技术设计规范》（GB/T 19294—2003）、

《1∶5000、1∶10000、1∶25000、1∶50000、1∶100000地形图航空摄影规范》(GB/T 15661—2008)、《通用航空机场设备设施》(GB/T 17836—1999)、《航空摄影技术设计规范》(GB/T 19294—2003)等。在行业标准层面，有《农业航空技术术语》(MH/T 0017—1998)、《农业航空作业质量技术指标 第1部分：喷洒作业》(MH/T 1002.1—2016)、《水产品航空运输包装标准》(MH 1007—1997)、《飞机喷施设备性能技术指标第1部分：喷雾设备》(MH/T 1008.1—2021)、《航空物探飞行技术规范》(MH/T 1010—2000)、《民用航空器事故征候》(MH/T 2001—2018)等。

针对通用航空业的发展趋势和特点，要不断地、系统地修订与通用航空相关的法律规章，完善和通用航空发展相适应的法规体系。其中，有降低经营性通航企业许可、通用航空器引进门槛等，通航企业建立实现网上申请、网上受理、网上审批，对通用航空运营、通用航空安全及通用机场实施数字化管理，简化非经营性通用航空登记管理流程等，从而促进通用航空业的健康、快速发展。

2. 通用航空空域使用及监管机制

通用航空运行机制是指为了保障通用航空能够安全、高效地完成飞行任务，需要形成一套对参与主体进行引导和制约的准则和制度，使得通用航空活动的参与主体能够高效协调、灵活配合和有效监督[3]。

1) 空域使用机制

通用航空飞行活动主要集中在低空空域，根据我国目前提供管制服务的等级，把低空空域划分为监视空域、管制空域和报告空域三种类型。

在我国低空空域管理体制与运行机制改革大力推进的背景下，仅管制空域内实施的通用航空飞行活动仍需履行严格的飞行审批程序，报告空域与监视空域内无须申请临时空域，飞行计划只需要报低空飞行服务机构备案并通报飞行动态。

2) 日常监管机制

我国通用航空的管理机构为中国民用航空局、7个民航地区管理局、省（自治区、直辖市）航空安全监督管理局。管理机构又分为中国民用航空局和民航地区管理局两级，航空安全监督管理局是民航地区管理局的派出机构。中国民用航空局的主要职责定位在民航的安全管理、宏观调控、市场管理、空中交通管理和对外关系五个方面，每个职能中都又包含通用航空的管理内容。

3) 运行监管机制

通用航空公司有了经营通用航空的资质以后，就可以承揽通用航空飞行任务，但专业航空飞行种类繁多，每次任务的内容与难度也不相同，特别是对完成任务的技术要求也不相同。因此，每次专业飞行任务的承揽，还要根据通用航空公司的技术力量来决定，称为技术资质。其主要包括公司的飞机机型是否符合本次飞行的要求，机载设备是否符合完成本次任务的要求，飞行技术人员是否具有完成任务的等级标准和水平等。

民航局、民航地区管理局和航空安全监督管理局按照职责分工，负责通用航空企业运行的市场监督检查和管理工作，主要包括企业信息核查、年度检查和专项检查等方式。

伴随着通用航空出现的多样性和复杂性，对载客类企业实施监察员监管，其余飞行作业采用企业自律为主、诚信体系评价为辅的方式，着重加强事中、事后监管，严厉查处违章失信行为。

4）运行保障机制

鉴于通用航空用户多样性、空域使用用户多元化的特点，需要构建分级管理、分类服务和自我补充的运行保障机制。根据功能定位和服务范围的不同，结合不同地区通用航空发展的差异化需求，构建由国家级、区域级和服务站构成的低空飞行服务保障体系；以提供便捷高效服务为出发点，根据飞行服务站（flight service station，FSS）服务范围和服务功能的差异，采用分类管理，建立全覆盖的飞行服务站服务体系；充分理解通用航空的社会属性，发挥社会管理的用途，充分利用和发挥市场机制作用，大力鼓励地方政府和社会力量加入飞行服务保障体系建设；鼓励飞行服务运行单位根据不同通用航空用户需求，扩展服务功能，发展定制化服务与产品。

3. 通用航空企业管理

公共运输航空与通用航空是民用航空的两翼，虽然通用航空起步较早，但是由于市场需要和市场运作问题，通用航空整体发展较慢，落后于公共运输航空，尤其在管理体制、运行机制和法规环境方面还不尽完善。本节对通用航空管理体制、运行机制和运行保障进行初步介绍。

中国民用航空局及其下属的地区管理局是通用航空活动的主管部门。通用航空作业对安全要求高，涉及范围广，联系部门多。在实际工作中，要求有关行业主管部门协调和统一调度各项工作，处理各项事务，担当起行业主管部门行政管理的职能。根据中国的实际，中国通用航空采取中国民用航空局和各地区管理局两级管理的形式，构成通用航空企业的管理主体。此外，通用航空作为企业的一种存在形式，其管理体制与资产所有方式直接相关，按照资产管理体制，可分为独资、合资和股份制三种。

从业务运行体制来看，我国的通用航空企业主要有两种形式：一种是从事专业服务的通用航空公司；另一种是航空运输公司下属的一个通用航空部门或机队。在通用航空发达的国家，通用航空组成一个很大的市场，这个市场由航空器使用者、制造厂和经营服务部门组成。其中，航空器使用者包括通用航空公司、非航空企业的机队和私人飞机拥有者。通用航空服务站是服务经营者的主要企业形式，这些通用航空服务站作为通用飞机制造厂与使用者间的桥梁，它们在经营多项通用航空活动的同时，又为使用者提供买卖飞机、维修等一系列服务，成为通用航空业中的一个关键环节。

8.1.3 通用航空运行与保障

1. 通用航空运行流程

通用航空运行流程如图 8.4 所示。

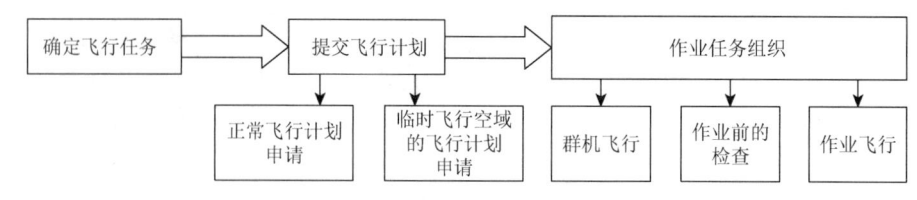

图 8.4 通用航空运行流程

1）确定飞行任务

在通用航空的飞行任务被确认之前，通航企业的生产管理部门会召集有关部门共同研究任务的性质，与历次飞行的差异，需要注意的事项，与飞行任务相关的管辖单位，飞行区域地形地貌特征，作业区着陆点分布情况，是否满足飞行条件，气象条件、飞机状态和装备技术是否满足实际要求以及各种保障措施是否齐全。经统筹安排，全盘考虑，确定飞行任务实施方案。

通用航空如果承担的是国境线附近或其他特殊地区的飞行任务，在进行作业之前，必须上报民航管理局和中央军委有关部门，由民航管理局和有关部门经过协商批准后，方可实施。

2）提交飞行计划

在通用航空飞行活动的单位和个人实施飞行前，应当向当地飞行管制部门提出飞行计划申请，严格按照批准权限，经批准后方可实施。飞行计划申请应当在前一天 15:00 前提出，飞行管制部门应当在拟飞行前一天 21:00 前做出批准与否的决定，并通知到申请人。执行紧急救护、人工影响天气、抢险救灾或者其他紧急任务的，可以提出临时飞行计划申请。临时飞行计划申请最迟应当在拟飞行前 1 小时提出；飞行管制部门应当在拟起飞时刻 15 分钟前做出批准与否的决定，并通知到申请人。

若通用航空飞行活动在划设的临时飞行空域内实施，可以在申请划设临时飞行空域时一并提出 15 天以内的短期飞行计划申请，无须再逐日申请，但是每日飞行开始前和结束后，都应当及时报告飞行管制部门。若使用临时航线转场飞行的，其飞行计划申请应当在拟飞行两天前向当地飞行管制部门提出。飞行管制部门应当在拟飞行前一天 18:00 前做出批准与否的决定，通知申请人并按照规定通报给有关单位。临时飞行空域的使用期限应当根据通用航空飞行的性质和需要确定，通常不能超过 12 个月。

随着通用航空保障体系的完善，飞行计划未来提交的部门是飞行服务站。飞行计划可以通过电报、传真、网络以及专用系统等渠道提出，由民航空域管理部门提供管制服务空域的飞行活动，需要由民航管制单位按现行规定进行批复，其他飞行活动不需进行审批。若飞行计划仅涉及监视空域和报告空域，通过飞行服务站向有关飞行计划管理部门报备后即可飞行。

3）作业任务组织

通用航空的作业飞行多数在临时机场和作业区进行，航空器通常需要从基地机场调机到临时机场，称为调机飞行。临时机场的场道、设备条件比较差且周围的环境条件比较复杂，不为机组所熟悉，因此由基地调往临时机场前，必须进行认真准备。

机组到达临时机场后,应进行下列飞行准备工作:①机长亲自检查机场的修建质量和场面布置是否符合规定的要求;了解航路、作业区有无靶场、射击和爆炸作业场所;使用航空器单位的作业准备工作是否就绪等。②在熟悉场地飞行时,了解机场附近的地形和障碍物;根据机场附近及跑道延长线上的明显地标,确定低能见度进场方法,修订机场使用细则;检查无线电高度表是否准确。③视察飞行时,需要校对作业区地形图和障碍物的位置、高度,选择低能见度条件下进场可以利用的明显地标及可供迫降的场地。④视察飞行后,拟订作业飞行方案,不符合安全规定的地区,应放弃飞行。如果机长认为需进一步摸清某些地段的情况时,还应进行地面视察。根据视察结果,制定保证飞行安全的措施。

通用航空作业飞行不确定因素多,飞行困难,保障难度大。因此,在作业飞行过程中需要做到以下几个方面。

(1) 在安排作业飞行时,应当尽量做到有两套计划:天气稳定时,可以在复杂地区或较远地区作业;天气不够稳定时,仅在简单地区或近距离地区作业。根据作业区距离、地形以及天气特点,研究确定飞行计划和作业飞行方法。

(2) 作业飞行的开始和结束飞行的时间应根据任务性质、作业地区地形确定。只有在能够清楚看到地标和能够目视判断作业飞行高度的情况下才可起飞,但不得早于日出前30分钟(山区日出前20分钟),着陆时间不得晚于日落时间(山区日落前15分钟)。

(3) 作业飞行中,时刻密切注意天气变化,当在超低空飞行有下降气流或出现危险天气时,应立即停止作业。清晨在湖滨多雾、沿海地区作业时,应保持有足够去备降机场的油量。如果作业区与机场距离较远,必须时刻与机场电台保持联络。

(4) 两架或多于两架航空器在同一地区作业飞行时,如果作业区邻近,必须制定安全措施,及时通报情况,正确调配间隔。在飞行中,航空器之间必须保持通信联络。

(5) 在国境地带作业飞行时,必须严格按照飞行计划实施。准确报告进入、飞离国境地带的时间和方位,未经批准,禁止飞越国境线。

2. 通用航空运行保障

通用航空运营服务体系主要由空中交通服务、地面保障服务和运行服务构成,空中交通服务主要包括管制服务、航空情报服务、导航服务等方面;地面保障服务主要包括起降服务、维修服务、加油服务及后勤保障服务等;运行服务指通用航空企业飞行任务的确定、飞行组织与实施、现场作业保障和质量评估等(图8.5)。

1) 空中交通管理

与其他的交通运输方式一样,通用航空的空中交通也要求管理和服务,以保证飞行活动安全和有秩序地运行。由于空中交通本身所固有的一些特点,在向航空器提供服务时,有两个特殊要求:一是一旦空中交通开始实施或运行,它就不能无限期地在航路上等待或延误,中止的方式就是让航空器降落,否则将面临燃油耗尽,进而导致效益急剧下降、成本增加甚至发生事故;二是空中交通与其他交通方式相比,越来越被赋予国际性的特点,常涉及不同国家和地区,因而需要一个国家层面的机构大体按国际通用的准则提供空中交通服务。

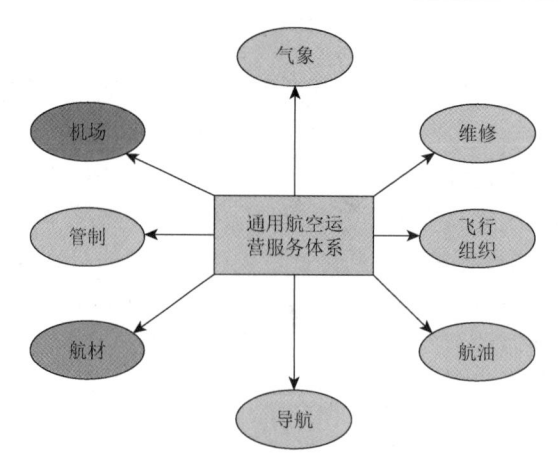

图 8.5　通用航空运营服务体系

空中交通服务由空中交通管制服务（air traffic control service，ATCS）、飞行情报服务（flight information service，FIS）和告警服务（alerting service，AS）三部分组成。

（1）空中交通管制服务是空中交通服务的核心，主要目的是防止航空器相撞，维护空中交通秩序。

空中交通管制服务的内容包括以下两个方面：一方面是空中交通管制的任务和组织。空中交通管制的目的是防止航空器与航空器及障碍物相撞，并且要使空中交通有序高效运行。另一方面是机场管制服务。机场管制服务由机场管制塔台提供，因此管制员也称为塔台管制员。他们在塔台的高层，靠目视来管理飞机在机场上空和地面的运动。近 10 年来，机场地面监视雷达的使用使管制员的工作质量和效率有很大提高。

（2）飞行情报服务通常由区域管制单位兼任，但在有些地区，根据飞行量大、飞行组成复杂等现实情况也可成立专门的机构由专门的人员从事该项工作。航站终端自动情报通播是最常见的情报提供方式。

（3）告警服务是指当航空器处于搜寻和救援状态时，向有关单位发出通知，并给予协助。AS 既不是一项孤立的空中交通服务，又不是某一专门机构的业务，而是当紧急状况如无线电通信系统失效、发动机故障、座舱失压等出现或遭遇空中非法劫持时，由当事的管制单位直接提供的一项服务。

2）保障体系

通用航空飞行的顺利实施，离不开通信、导航、气象、雷达、航行情报和其他飞行保障部门的密切协同、统筹兼顾与合理安排；构建由全国低空飞行服务国家信息管理系统、区域低空飞行服务区域信息处理系统与飞行服务站组成的低空飞行服务保障体系，涵盖低空报告、监视空域和通用机场，为低空飞行活动提供有效的飞行计划、航空情报、航空气象、飞行情报、告警及协助救援等服务。同时，可根据通用航空用户需求，飞行服务体系各组成单位和其他飞行服务相关机构，依据基础服务和产品，发展多样化、个性化服务。通过保障部门互相配合与合作，管制部门按照职责分工或者协议，为通用航空飞行活动提供保障服务。

在执行需要审批的飞行任务时，其航空器需配有二次雷达应答机，或者具备能够保证操作人员与军民航空管理部门沟通联络、及时掌握航空器位置的设备，这样可使空管部门随时清楚得知飞机所处的位置。特别是在飞机飞到国境线附近时，一定要通过二次雷达看到飞机是否飞越了国境线，防止飞机非法进入别国境内，产生外交事件。

在航空运输业中，信息处理对航空运行的安全性具有举足轻重的作用，保障通用航空安全运行最重要的就是要求信息的高效、准确、实时，为通用航空的运行提供安全保障。针对通用航空运行构建完善的通用航空信息服务体系，对通信设备进行有效的维护和通航服务机构保障系统化都是通用航空信息保障不可或缺的。

为体现信息的价值，上述信息获取可以充分利用互联网技术，将通用航空的航图、航行情报、气象信息在公共网站上发布，并提供下载服务，使通用航空信息服务成为国家公共社会服务的组成部分。

飞行服务站（FSS）作为第三方信息化、网络化的基础设施，可以实现一站式受理、审核、报备飞行计划，提供航行情报、气象信息等产品服务，简化通用航空空域使用、飞行计划申请的程序，减少企业、飞行人员的时间和成本投入。在偏远和缺少机场的地区建立航空服务站，通航飞行业务经营者或者驾驶员可以通过互联网直接向飞行服务站申报备案飞行计划，也可以选择到飞行服务站当面申报备案，或以电报、电话、空中传递、空地对讲等方式申请飞行计划。通航运行过程中可根据需要在就近机场或航空站取得保障服务，这样为通用航空飞行提供涉及通航运行的情报服务和告警服务，既可减轻空中交通管制压力，又可带动地方经济飞速发展。

通过飞行服务站（FSS）获取高质量的气象信息。通航航空器以飞行高度低、速度慢、体积小居多，航空器的设备性能和抵御危险灾害性天气的能力远低于大型运输航空器。同时，多数可供通航飞机起飞和降落的机场或站点缺乏天气观测设施、气象资料、可用的天气预报和气象保障能力。因此，通过飞行服务站的功能将运输航空的气象信息提供给通用航空活动运营人员，保障其安全运行。

高质量的信息保障还体现在信息沟通上，为增进军航、民航之间的信息互通与保障，可以成立单一机构专门统筹协调。例如，可创建军航、民航融合的跨地域通航空管信息服务站。服务站实行市场化运作、企业化管理，为通用航空活动提供飞行计划、航空情报、气象信息和告警服务等。

8.1.4 通用航空发展趋势

1. 低空空域管理发展趋势

空域作为军用航空、民用航空、通用航空与公共运输航空必须要用到的介质资源，其有限性阻碍了通用航空与公共运输航空的发展。利用科技破解空域使用难题、提升空域使用效率，扩大低空空域资源供给，是空域创新管理的必要内容。空域具有安全属性，如何通过空域分类技术、空域使用技术满足多元化的需求，做到简化流程、提高运行安全，在现有体制下最大化释放空域资源，是空域管理改革的重要内容。空域改革需要坚持目标导向，加快低空空域改革步伐；坚持需求导向，加快完善服务保障体系；力求创新突破，助力新业态快速发展；鼓励私人飞行发展，增加飞行员、空管、签派、机务等专业人员数量；充分调动地方政府发展通航的积极性，激发产业链活力。建立空管运行领域军民融合发展机制，建立统一的通用航空飞行计划审批和运行保障机制，形成清晰的保障界限。

2. 通用航空器发展趋势

通用航空器的发展必然促进通航市场的发展，具有优良性能、满足多样化功能的航空器会刺激通用航空消费。随着制造技术的不断发展和完善，通用航空器在利用新材料、新技术上会着重从成本、安全和节能上下功夫。未来的通用航空器会向轻便结构、高安全、清洁能源和多功能性方面发展。发展通航产业，需要增强自主创新能力，突破关键技术，提升制造水平，推广应用新技术。在创新过程中，为提升企业的积极性和抗风险能力，在政策方面需要针对通用航空共性关键制造技术研发给予激励和保障。

目前，发展前景较好的通用航空制造主要针对大型水陆两栖飞机、新能源飞机、轻型公务机、民用直升机、多用途固定翼飞机、专业级无人机以及配套发动机、机载系统等的研制应用；可以结合国家"一带一路""国际产能和装备制造合作"等，利用骨干企业平台积极对接国际通用航空产业优质资源和先进技术，引进消化吸收，利用我国在互联网、大数据、云计算等方面的技术优势进行再创新，制造出适用于我国通用航空特殊需求的通用航空整机与关键产品。

3. 通用航空产业发展趋势

未来中国通用航空市场的发展将受市场和政策两大因素的影响。总体来看，通用航空市场发展面临着较为有利的环境，将继续保持增长的势头，主要表现为以下几个方面：一是从总量上，长期来看，中国通用航空业将继续保持快速发展趋势；二是通用航空业酝酿结构性变革，市场竞争日趋激烈；三是中国通用航空机场数量将逐渐增加，运输机场建设规划要兼顾通用航空服务需要，鼓励通用航空企业和社会力量参与通用航空机场以及运行保障设施建设；四是建设和完善通用航空空管、维修、航油配送等保障设施，形成一批航空服务站。

4. 通用航空运行与管理发展趋势

1）通用航空地面保障发展趋势

航空固定基地运营商（fixed base operator，FBO）有可能成为通用航空运行保障发展的重点模式之一。FBO 的服务对象主要是通用航空器，为其提供停场、检修、加油等服务，还可以延伸到航空器的维护、维修，甚至包括飞机销售、租赁和飞行培训等综合服务，为飞机运营人提供全面服务。目前，中国的 FBO 产业处于起步阶段，其建立地点上海、北京、深圳、珠海四地均为中国经济最为活跃的地区。相比美国，无论从运营上还是服务上，中国的这些 FBO 都有较大完善空间，能提供的服务内容和运营规模与国外相差甚远，服务能力远远不能满足国内通航市场和企业的需求。

2）通用航空机场经营模式

通用航空机场的建设运营模式主要有三种：一是以国有资本为主的"国有外包"模式，即国有部门负责投资建设机场，将其中的部分工程委托给外部单位，机场建成后委托国有企业运营；二是以民营企业为主的"自建自用"模式，即民营企业自己投资建设机场，并运营机场，从而形成通航运营的核心竞争优势；三是委托经营模式，即国有资本建设后，通过租赁、出售等方式委托非公企业运营机场，并通过一定的制度安排确保机场的公益性。制定通用机场管理规定，划设分类方法，实施分类管理，在《通用机场分类管理办法》中，按照对公众开放与否分别采用申报审核制和告知承诺制，在总体规划、初步设计和验收等环节实现差异化管理[4, 5]。从目前我国已有和规划的通用机场来看，其投资主体、发展定位、经营环境、空域情况等都存在较大差异，因此，要因地制宜地推进通用机场的运营模式创新。

3）通用航空机场建设发展趋势

《中华人民共和国国民经济和社会发展第十四个五年规划和 2035 年远景目标纲要》第 11 章"建设现代化基础设施体系"中指出：建设现代化综合交通运输体系……加快建设世界级港口群和机场群。稳步建设支线机场、通用机场和货运机场，积极发展通用航空……构建多层级、一体化综合交通枢纽体系，优化枢纽场站布局、促进集约综合开发，完善集疏运系统，发展旅客联程运输和货物多式联运，推广全程"一站式""一单制"服务。规模化、网络化的通用航空机场体系是通用航空蓬勃发展的基本前提，是实现通用航空通达性、便捷性的前置条件，也是通用机场建设发展的目标。根据目前形成的运输机场网络，对能够发挥通用航空职能的机场进行完善，根据通航网络发展需要，不断完善通用机场网络体系。

5. 建设安全高效的监管体系

通用航空具有灵活多样的特点，但是安全管理各项制度又抑制了通用航空的活性。因此，要构建与通用航空发展阶段相适应的、区别于运输航空的、安全高效的监管体系，初步建成功能齐全、服务规范、类型广泛的通用航空服务体系。

从目前的发展现状来看，飞行服务与监视平台可以实现线上飞行计划审批与报备，批准后可以提供与该次飞行相关的飞行情报信息，具有良好的发展前景。利用北斗卫星无线电测定业务（radio determination satellite service，RDSS）系统，实现高效定位与数据传输，提高管制要求与飞行意图的沟通效率。飞行中利用卫星导航手段进行导航，应用 RDSS 链路获取飞行器定位信息，在发生紧急情况时进行预警，为通航飞行提供全时域、全空域、全地域的连续可靠的通信、导航和监视能力。

8.2 高原通用航空

我国 1/3 的陆地面积位于高原地区，特别是青藏高原、云贵高原和川西北多是 4000m 以上的高山峡谷。随着西部大开发和"一带一路"的深入推进，国家应急救援体系建设及保边维稳需求加大，抢险救灾、农业护林、医疗卫生、人工降雨、运动训练等作业飞行活动增加，大大促进了高原地区通用航空的发展。

8.2.1 高原通用航空器

国内外生产的通用航空器种类很多，其体型大小、速度快慢、航程远近、起降特性及用途各有不同。通用航空器按体型大小和飞行特点可分为中小型固定翼飞机、中小型自转旋翼机、中小型直升机、小型电动多轴载人直升机和微型电动多轴无人机。尽管通用航空器种类较多，但适合在高原地区使用的通用航空器种类相对较少。由于高原地区海拔高、空气稀薄、空气密度小，高原通用航空器需要更大推力的发动机，且需要提供机载供氧装置。高原地区通航业务类别以应急救援、抢险救灾、人工降雨为主，另外有少量的勘探巡护任务、公务飞行及短途运输。通航企业根据自身的主营业务，主要采用的机型为旋翼类飞机，而固定翼类飞机使用相对较少；旋翼类飞机中以轻型直升机为主，高原地区通航作业的主流机型为轻型直升机。

随着高原地区通用机场的建设及运营机制逐步成熟，预计各项通航业务的需求会逐步释放（如短途运输、公务飞行、维稳、救援、农林作业、飞行培训等），机型的使用会朝着多元化发展。除了目前正在运营的几种主流机型外，我国也正在研制适合高原运行的新型通用航空器。这些国产飞机将逐步成为未来高原通用机场的主力军，其代表机型有固定翼类中的 PC-12NG 和旋翼类中的 AC311A、AC312E 及 AC313 等（图 8.6）。

(a) PC-12NG   (b) AC311A

(c) AC312E   (d) AC313

图 8.6 高原通用航空器代表机型[6]

8.2.2 高原通用机场

高原地区通用机场包括一般高原通用机场和高高原通用机场，其中一般高原通用机场的海拔为 1524~2438m，高高原通用机场的海拔在 2438m 及以上。我国高原通用机场主要分布在云南、贵州、四川、西藏等地。发展高原通用航空，必须加快高原通用机场等基础设施建设，包括可供航空器起飞、降落、滑行、停放的场地和有关的地面保障设施，并需要根据该通用机场的功能定位综合衡量。伴随着近年来我国通用航空事业的快速增长，更多的高原通用机场也在规划和建设中。

目前，高原通用机场以使用直升机为主，机场设计中应结合机场所在地的实际情况（如海拔、地形等），选用适宜的设计机型，以此来科学合理地确定机场建设规模。通用机场规划建设，需配套建设通航飞机停机位、机库等服务保障设施，以及飞行测试相关配套设施，并建设通用航空固定运营基地等。然而高原地区海拔高、空气密度和大气压力小，气象条件多变、地形复杂、净空条件差、昼夜温差大等，影响着通用机场从选址、建设到运行的全过程。

高原通用机场因海拔高、净空条件复杂，在一般情况下，飞机很难以最大起飞重量起飞，为最大限度地增加飞机的载重，场址通常选择在峡谷（河谷）低地势地带[7]。高原通用机场往往都需要修筑高填方边坡。由于填方高度大、坡度较陡、坡面较长，表面又易受季节性冻融作用、降水冲刷、地下水潜蚀和风力侵蚀等的破坏，位于峡谷（河谷）地带的通用机场，为防止山洪和高山融雪对通用机场的威胁，需要设置场外截洪沟，以便实施自然疏导绕行排放。

高原地区气候恶劣，气象条件复杂多变，通用机场选址要避开强风、对流、雷暴、冰雹等特殊天气频发区域。由于高原地区气象观测资料匮乏，加之山区地形复杂，气象条件与邻近区域的气象观测资料常常差异较大，这需要设置临时气象观测站，还需要通过对场址周边的地形、地貌、河流等进行观察判断并修正。另外，高原地区昼夜温差大，需建设应对强风的航空器系留配套保障设施，增强空管、弱电设备抗寒冻和防辐射的功能，以克服高寒、温差过大和辐射的影响。

近年来，我国大力发展通用航空，加强通用航空基础设施建设。图 8.7 是云南兰坪丰华通用机场现场图，机场位于兰坪白族普米族自治县通甸镇。兰坪丰华通用机场是云南省加快通用航空产业发展规划第一批新建 20 个一类通用机场之一，也是目前云南省建成的国内第一个 A1 级一类高高原通用机场。该机场主体工程于 2019 年 12 月 10 日通过行业验收，是云南通航基础设施建设发展的缩影。

图 8.7 云南兰坪丰华通用机场现场图

8.2.3 通用航线高原特性

高原地区特殊的地形特点和海拔导致通用航线飞行难度加大，对飞机性能要求高。通用机场区域内传统的通信、监视设备也常常受地形影响，会出现作用距离变短、信号屏蔽和假信号的现象。加之航路天气复杂、导航设施有效工作范围受到一定的限制，容易造成高原航线飞行限制多、运行控制难度大等困难。

1. 高原山区地形对航线通信和安全的影响

高原地区的特殊地形会对飞机通信产生影响。直升机等航空器在山间飞行时，还会受到地形波的影响。地形波是气流受地形影响而形成的波状垂直运动，通常发生在气流经过山区时。如果气流较强，则垂直运动会比较强烈。当航空器处于地形波中垂直加速度较大的地方时，航空器的气压高度表指示会产生一定的误差。此外，航空器在遇到地形波中强烈的湍流时，还会发生较强的颠簸现象。

2. 高原地形和海拔对飞机性能的要求高

高原机场地形复杂，导致飞机起降、复飞操纵难度大。高原地区的高海拔对航空器起飞性能影响较大，对于相同的起飞全重，在高原机场起飞滑跑需要的距离会比在平原机场偏长，如果在偏短的跑道运行对相关的性能影响更明显。同时，由于高原航线航路的障碍物较多，其安全飞行涉及的航路安全高度高，稍有不慎就容易造成可控撞地，这对飞机发生发动机失效后飘降性能和客舱释压后的性能提出了更高的要求。

3. 高原地区的特殊气象条件对飞行安全的影响

高原地区气象情况十分特殊，一天的不同时段可以出现低云、浅雾、雷暴和大风等多种天气现象。其中，出现乱流或风切变的频率较高，各种天气现象的产生和强度变化较快，在一定程度上影响高原通用机场的安全运行。由于高原地区大气密度较小，且机场的气象条件复杂多变，不利于航空器正常起降，对航空器重量等限制较多。直升机等航空器在飞过含有过冷水滴的云、冻雨和湿雪区时，航空器表面的突出部位会发生结冰现象。结冰到一定程度将增加飞机的飞行阻力，使燃油消耗增大，并可能导致皮托静压系统仪表和通信设备等失灵。这些特殊的气象条件都会对飞行安全造成不利的影响。

8.2.4 通用航空高原运行与管理特点

高原地区由于其复杂的地形、多变的天气，高原航线超限事件发生率远超一般航线，严重制约着飞行安全。通用航空管理部门需实现高质量服务、安全可靠和高效简便的飞行运行和监视管控，从而使高原通用航空器在各自对应的航线上有序、安全、高效地飞行。

1. 重视影响运行安全的关键气象因素

高原通用机场受地形和太阳辐射影响，气象情况十分特殊，难以对其进行及时准确的预报，是影响高原通用机场安全运行的主要因素。因此，需要加强特殊天气的观测报告（如侧风、低能见度、低云和雷暴等）和气象预报预警服务；加强气象信息资源的应用，综合利用常规的天气分析预报资料、航空气候资料、卫星气象云图分析资料和本场的气象观测资料，构建必要的高原天气分析预报系统；加大气象设备设施投入，配套自动气象观测设备、低能见度探测设备和云高仪等。

2. 考虑飞机性能对飞行程序的影响

高原通用机场周边往往地形复杂，扇区安全高度高，障碍物多，净空条件差，对机动飞行的空间需要进行严格限制。因此，在编制飞行程序时，除详细测量周边地形和障碍物，掌握风向等主要气象要素外，还要重点考虑飞机飞行性能下降的影响，确保飞行安全和高原通用机场的安全运行。在运行高原通用机场复杂航线时，每次飞行前需要重点评估飞机起飞、巡航、着陆等各阶段性能限制，不得超越飞机型号审定数据和运行极限数据。受高原地形影响，高原航线的最低安全高偏高，因此需要针对相应机型设计对应的程序，做好飞机在关键设备改装和性能方面的监控。随着民航新技术的不断发展，特别是基于性能的导航（performance based navigation，PBN）程序、广播式自动相关监视（automatic dependent surveillance-broadcast，ADS-B）系统等在我国高原机场的成功应用，高原通用机场在应对复杂空域环境等方面有了新的技术保障，从而减轻了高原地形对通导监视的影响，并提高了高原通用航空的安全性。

3. 合理规划高原通用机场运输网络

为确保高原通用航空器安全有序和高效地起飞和降落，需合理构建各种航空器的航线网，以实时监视、管控通用航空体系的运行。可依托周边各通用机场、直升机固定起降点，逐步形成通航运输网络，由此构建"内通-外联"短途运输网络，以便重点开展运输业务。例如，可将各县（市）通用机场、直升机固定起降点、直升机临时起降点作为航空应急救援临时起降点，构建全域航空应急救援网络，建立标准化航空应急救援体系。

4. 培养高原通用机场运行专业人才

高原通用机场由于海拔高、地形复杂、气候恶劣，且具有一定的地域特性，与保障一般通用机场运行有着极大的区别，其必须能够对飞机性能下降、净空条件变差、气象复杂多变和人员自身高原反应等综合不利因素进行有效保障。保障高原通用机场的安全和发展，需培养具有高原机场运行经验的专门人才，同时加快培养适应高原通用航空自身运行特点的技术力量，加强日常培训力度，为高原通用机场安全运行和快速发展提供扎实的专业保障。

思 考 题

1. 简述通用航空企业的组织形式和分类方式。
2. 通用航空作业种类有哪些？
3. 通用航空飞行活动需要经过哪些部门审批？
4. 通用航空企业设立需要经过哪些环节？
5. 简述通用航空机场的分类，以及在使用中面临的问题和解决建议。
6. 你认为通用航空未来发展的热点领域有哪些？
7. 简述通用航空产业链包括哪些部分以及各部分之间的关系。
8. 简述通用航空保障体系包括哪三个体系，并简述各体系的构成。
9. 你认为发展低空服务站所必须的条件是什么？
10. 简述高原通用航空运行保障的特点和难点。

参 考 文 献

[1] 中国民用航空局. 2020年民航行业发展统计公报[R]. http://www.caac.gov.cn/XXGK/XXGK/TJSJ/202106/t20210610_207915.html.

[2] 宗苏宁. 中国通用航空产业发展现实与思考[M]. 北京：航空工业出版社，2014.

[3] 谢春生，郭莉，张洪. 低空空域管理与通用航空空域规划[M].北京：航空工业出版社，2016.

[4] 王斌. 浅谈通用机场建设运营模式比较研究[J]. 建筑工程技术与设计，2017，(5)：2139.

[5] 于一，沈振. 通用机场建设和运营模式分析[J]. 国际航空，2014，(4)：76-78.

[6] 白天喜. 高高原通用机场设计机型的探讨[J]. 建筑工程技术与设计，2018，(21)：3392-3395.

[7] 祝海明，林志宇. 高原地区通用机场选址难点分析及思考——以维西通用机场为例[J]. 民航管理，2020，(3)：73-76.

附录 中英文释义

序号	英文简写	英文全称	中文全称
1	ACN	aircraft classification number	飞机等级序号
2	PCN	pavement classification number	道面等级序号
3	ICAO	International Civil Aviation Organization	国际民航组织
4	EFB	electronic flight bag	电子飞行包
5	ELB	electronic log book	电子飞行记录本
6	CPS	cyber-physical systems	信息物理系统
7	APU	auxiliary power unit	辅助动力装置
8	HS	horizontal stabilizer	水平安定面
9	VS	vertical stabilizer	垂直安定面
10	FMS	flight management system	飞行管理系统
11	FMCS	flight management computer system	飞行管理计算机系统
12	HF	high frequency	高频
13	ACARS	aircraft communication addressing and reporting system	飞机通信寻址与报告系统
14	MN	Mach number	马赫数
15	NAIP	National Aeronautical Information Publication	中国民航国内航空资料汇编
16	IATA	International Air Transport Association	国际航空运输协会
17	AOC	Airline Operational Control	航空运行控制中心
18	INS	inertial navigation system	惯性导航系统
19	NDB	non-directional radio beacon	无方向性无线电信标台
20	VOR	VHF omnidirectional radio range	甚高频全向信标
21	DME	distance measuring equipment	测距仪
22	GPS	global positioning system	全球定位系统
23	GLONASS	global orbiting navigation satellite system	全球轨道导航卫星系统
24	GMT	Greenwich mean time	格林尼治时间
25	UTC	universal time coordinated	协调世界时
26	ETOPS	extended twin-engine operations	双发飞机延伸航程运行
27	EGT	exhaust gas temperature	排气温度
28	VHF	very high frequency	甚高频
29	RNP	required navigational performance	所需导航性能运行
30	RNAV	area navigation	区域导航
31	MEL	minimum equipment list	最低设备清单
32	MMEL	master minimum equipment list	主最低设备清单

续表

序号	英文简写	英文全称	中文全称
33	TOD	take-off distance	起飞距离
34	ASD	accelerate-stop distance	加速停止距离
35	TOR	take-off run	起飞滑跑
36	AMM	aircraft maintenance manual	飞机维修手册
37	FIM	fault isolation manual	故障隔离手册
38	AIPC	aircraft illustrated parts catalog	飞机图解零件目录
39	SRM	structural repair manual	结构修理手册
40	MRBR	maintenance review board report	维修大纲
41	MSG-2	maintenance steering group-2	MSG-2 维修程序
42	MSG-3	maintenance steering group-3	MSG-3 维修程序
43	VMC	visual meteorological conditions	目视气象条件
44	IMC	instrument meteorological conditions	仪表气象条件
45	QNE	query normal elevation	标准气压面
46	QNH	query normal height	修正海平面气压
47	MOC	minimum obstacle clearance	最小超障余度
48	GAMA	General Aviation Manufacturers Association	美国通用航空制造商协会
49	ATCS	air traffic control service	空中交通管制服务
50	FIS	flight information service	飞行情报服务
51	AS	alerting service	告警服务
52	FSS	flight service station	飞行服务站
53	FBO	fixed base operator	航空固定基地运营商
54	RDSS	radio determination satellite service	卫星无线电测定业务
55	ADS-B	automatic dependent surveillance-broadcast	广播式自动相关监视
56	PBN	performance based navigation	基于性能的导航
57	CFIT	controlled flight into terrain	可控飞行撞地